山东大学高质量教材出版资助项目

交通安全

吴建清　栗　剑　周　鹏
侯福金　吕　斌　田　晟　编著

山东大学出版社
SHANDONG UNIVERSITY PRESS
·济南·

内容简介

全书共分为九章，包含绪论、交通安全相关理论与方法、人与交通安全、车辆与交通安全、道路与交通安全、交通环境与交通安全、交通事故调查与分析、交通安全管理与法规及道路交通安全评价与预测。各章节内容系统、全面，编入大量图表，注重基本理论与基本概念。首先以国内外道路交通安全发展现状及交通安全基本理论为研究基础，分析道路交通安全的研究范围。然后分别从人、车、路、环境四个要素出发，结合交通事故调查方法，深入探讨交通事故成因及各要素与交通安全相关性。再通过对道路交通安全管理与法规主要内容的讲解，突出交通安全法规的重要性，同时，介绍事故处理的流程和方法以及最新的智能交通系统方面的研究内容。最后，介绍交通安全评价的指标与方法、交通事故预测的程序以及基本模型等。

本书主要作为交通运输、交通工程等相关专业的专科、本科、硕士研究生教材，也可作为从事道路交通安全设计、安全管理、安全评价等相关工作专业人员的业务培训教材。

图书在版编目(CIP)数据

交通安全 / 吴建清等编著．— 济南 ：山东大学出版社，2022.12

智能建造与智慧交通系列教材

ISBN 978-7-5607-7755-9

Ⅰ．①交… Ⅱ．①吴… Ⅲ．①交通运输安全 – 教材 Ⅳ．①X951

中国国家版本馆CIP数据核字(2023)第002150号

责任编辑 祝清亮
文案编辑 蒋新政
封面设计 王秋忆

交通安全
JIAOTONG ANQUAN

出版发行 山东大学出版社
社 址 山东省济南市山大南路20号
邮政编码 250100
发行热线 (0531)88363008
经 销 新华书店
印 刷 济南乾丰云印刷科技有限公司
规 格 787毫米×1092毫米 1/16
12.5印张 286千字
版 次 2022年12月第1版
印 次 2022年12月第1次印刷
定 价 46.00元

前言

交通作为国民经济和社会发展的基础性产业，其发展必须以安全为前提和保障，实现与经济社会的和谐发展。2019年，中共中央、国务院印发的《交通强国建设纲要》提出，要在本世纪中叶，全面建成人民满意、保障有力、世界前列的交通强国，全面服务和保障社会主义现代化强国建设，让人民享有美好交通服务。

近十年来，交通事故各项指标虽然呈下降趋势，但形势仍不容乐观，交通事故指标的绝对值依然较大。2022年，《"十四五"全国道路交通安全规划》指出，我国道路交通安全整体形势依然不容乐观，道路交通安全工作基础仍然比较薄弱，存在不少短板弱项，地区和领域发展不平衡不充分问题仍然突出，农村交通安全问题凸显，交通违法行为仍较为普遍，公众交通安全意识有待进一步提升。总体而言，"十四五"期间我国道路交通安全工作仍将处于爬坡过坎、突破瓶颈的关键时期。

因此，研究交通三要素以及交通环境与交通安全的关系，探索道路交通事故的发生原因及分布规律、特征及影响因素、分析评价方法、预防对策及控制措施，对于提高我国的道路交通安全管理水平、减少道路交通事故带来的巨大损失，都具有十分重要的理论意义和现实意义。

"交通安全"作为普通高等学校交通工程专业的主干专业课程，日益受到各校教师和学生的重视，成为近年来各国交通工程领域科学研究的重点和热点之一。习近平总书记在党的十九大报告中指出："青年一代有理想、有本领、有担当，国家就有前途，民族就有希望。"大学生是历史使命的继承者，是社会主义事业的合格建设者和可靠接班人，肩负着承接我国未来社会主义事业建设工作的重任，更要学习交通安全理论，完善道路交通安全内容，研究减少交通事故的方法与技术，以求能够切实保障人民群众生命财产安全。

本书参照国家最新出台的道路交通安全方面的国家政策、法律法规以及技术标准，并加入了国内外关于交通安全方面的先进研究，以及"智慧交通"方向的最新研究成果。此外，本书还在各个环节融入思政元素，实现授课过程中对学生进行潜移默化的思政教育。

在内容选取方面，尽量遵循"全面系统、重点突出"的原则。在交通安全基础部分，重点介绍了交通安全基础理论、交通事故调查、交通事故统计与分析等内容；在道路交通事故影响因素部分，系统介绍了人、车辆、道路和道路交通环境等因素与交通安全的关系，重点阐述了道路各要素的影响特点及设计要求;在交通安全系统的运用方面,详细介绍了交通安全法规、交通安全管理、安全评价、交通事故处理与预测这四个方面的内容。

本书第1章由栗剑、孟祥龙、王婕撰写,第2章由侯福金、周鹏、宋修广、李涛撰写,第3章由吴建清、张子毅、王建柱撰写,第4章由吴建清、孙仁娟、田源撰写,第5章由张昱、杜聪、时柏营撰写,第6章由吕斌、岳睿、张永生撰写,第7章由吴建清、李凯、韩汶撰写,全书由吴建清统稿,第8章由许孝滨、田晟、陈晓燕、吴建清撰写,第9章由王小超、范俊德、王旭、徐加宾撰写。在本书的编写过程中,山东大学的刘晓庆、霍延强等研究生协助进行了资料查找、绘图和文本校正工作,在此,表示深深的谢意。

本书得到了山东大学高质量教材出版资助项目的资助,在此表示感谢。

本书在编写过程中参阅了大量国内外书籍、期刊、网络平台资讯等文献资料,在此向文献资料原著者表示感谢。

限于编者水平,书中错误和不妥之处在所难免,恳请读者批评指正。

编者

2022年10月

目　录

第1章　绪论

自从交通行为出现以来，交通安全便一直是交通运输领域的重要研究内容。随着城市化的发展以及机动车的普及，交通事故已经成为一个严重的社会问题。据联合国新闻报道，交通事故导致全世界每年约有130万人死亡和5 000万人受伤。据推算，每24秒便有一人在交通事故中丧生，因交通事故带来的伤亡要比火灾、水灾、爆炸等事故造成的伤亡总和大得多。交通事故的危害不仅体现在生命安全方面，在经济损失方面也同样严重，根据2022年联合国统计，道路交通碰撞带来的经济损失占大部分国家国内生产总值的3%左右。

交通是指人们借助某种运载手段，通过一定的组织管理技术，实现人或物在空间位置上移动的一种经济活动和社会活动，包括运输和邮电两个方面。运输有铁路、道路、水路、航空、管道五种方式。就交通事故的研究范畴来讲，道路交通事故造成的人员伤亡与经济损失在全部交通事故中所占的比例最大(达80%以上)，远超过其他交通方式，因此本书中研究的交通主要是指道路交通。交通事故会给个人、家庭和整个国家造成巨大损失，如何治理道路交通事故已成为各国普遍亟需解决的重要问题。

党的十八大以来，习近平总书记深刻把握新时代我国发展的阶段性特征，对交通事业发展作出一系列重要论述，提出了建设交通强国的时代课题。交通联系千家万户，关系国计民生。当前，我国交通运输业仍然大而不强，发展质量还有待提升，在提供更加安全可靠、便捷畅通的交通运输服务上，与人民群众的期待相比仍有较大差距。交通事故数量多、损失大，仍然是困扰交通事业进一步发展的问题之一。因此，研究各国道路交通事故的规律、弄清楚交通事故的基本概念以及寻求相关交通安全问题的解决对策至关重要。

1.1　国内外道路交通事故现状

1.1.1　国外道路交通事故概况

道路交通安全状况的发展趋势以及道路交通事故的数量变化，通常与一个国家和地区的经济与社会发展存在着必然的关联。世界上许多发达国家都经历过道路交通事故高发的时期,而后进入了事故数量比较稳定的低水平发展时期。分析其国家道路交通事故指标的变化规律并从中吸取经验教训,对我国未来交通事故的发展趋势预测有很好的参考价值。

发达国家的交通事故发展历程大致可分为四个阶段,如图1-1所示。第一阶段为19世纪末期到20世纪30年代,随着汽车的发明与普及,道路路网逐渐形成,与此同时人与机动车碰撞死亡事件出现,道路交通事故造成的伤害也逐渐增加。第二阶段为20世纪30年代到50年代,这是各国公路的改善阶段,各国开始考虑城市间、地区间公路的有效连接。期间由于汽车保有量的迅速增加,公路交通需求增长很快,交通事故数量开始有较为明显的增加。第三阶段为20世纪50年代到70年代初,是各国高速公路和干线公路快速发展阶段,交通事故数量迅速上升。第四阶段为20世纪70年代初至今,交通事故各项指标逐渐趋于稳定。20世纪70年代中期出现了影响全球的石油危机,燃料不足导致汽车出行减少、车速受限;此外,许多发达国家从20世纪60年代起实施了一系列综合治理交通、加强交通管理和减少交通事故的措施。因此,在这个阶段,尽管汽车保有量和行驶里程都有较大幅度的增长,但交通事故数量及其严重程度已经得到了有效的控制。

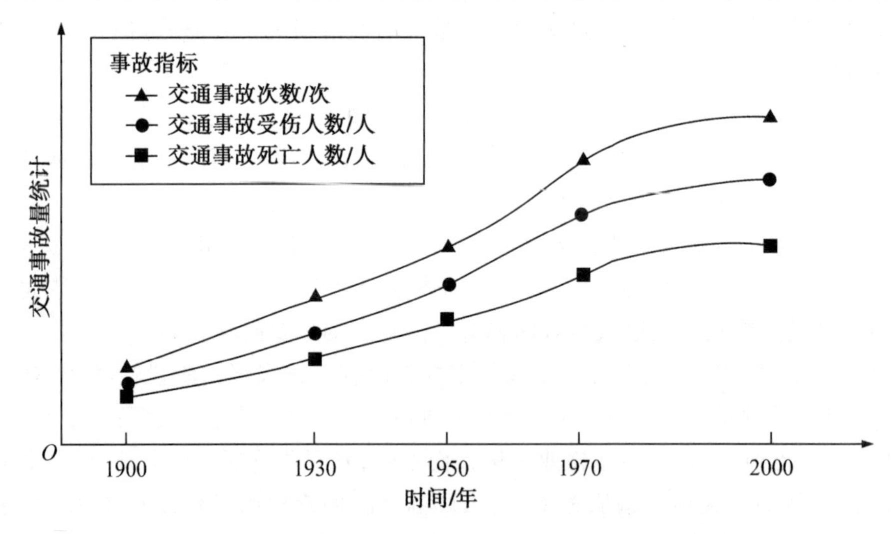

图1-1 发达国家的交通事故发展历程

发达国家在处理道路交通发展与交通安全的关系时,已将交通安全作为交通领域各项工作的重点,除将交通安全作为主要战略目标外,也将提高交通安全性作为交通运输发展的行动指南和判断标准。随着大量人力、物力的投入,交通安全状况逐渐好转。表1-1为2010年和2016年部分发达国家的交通事故死亡人数数据,将死亡数据进行对比,可以证明近年来发达国家道路交通事故死亡人数与十万人口死亡率均保持在较低水平。

表1-1　部分发达国家交通事故死亡人数统计

国家	2010年		2016年	
	死亡人数/人	十万人口死亡率/%	死亡人数/人	十万人口死亡率/%
美国	35 490	11.4	35 092	12.4
法国	3 992	6.4	3 477	5.5
日本	6 625	5.2	4 682	4.1
瑞士	327	4.3	216	2.7
加拿大	2 296	6.8	1 858	5.8
澳大利亚	1 363	6.1	1 296	5.6

由于不同国家和地区在交通发展状况、文化素质、汽车保有量等方面的差异，各国道路交通安全状况相差很大。发展中国家因受到经济条件的约束，道路修建以及交通设施改善方面进展缓慢，不能满足汽车保有量增长的需求，再加上交通管理机关的管理手段落后、国民交通安全意识较弱等原因，在20世纪70年代以后，大多数发展中国家的交通事故率仍在持续上升。根据2016年世界卫生组织（WHO）的统计，发展中国家与地区每年因机动车事故死亡的人数高达35万人，其中2/3与行人有关，很大部分为儿童。直到20世纪90年代，各国的交通事故死亡率才逐渐稳中有降。

1.1.2　我国道路交通事故概况

我国的道路交通事故数量是伴随着经济和生产力的发展而逐渐增加的，并受到社会状况的影响呈现一定的起伏。

新中国成立之初，我国交通运输业非常落后，铁路总里程仅2.18万千米，一半处于瘫痪状态；公路约8.08万千米，大部分是土路；内河航道处于自然状态；民航只有7条国内航线。那一代交通人着力恢复交通运输生产，服务社会主义建设，修建了青藏公路、成昆铁路、南京长江大桥等一批标志性交通工程，解决了“有没有”的问题，有力地支撑了中华民族“站起来”。

改革开放后，我国交通运输在车次、车票等各方面曾长期处于短缺状态，买票难、乘车难、运输难是常态，交通对经济社会发展形成瓶颈制约。那一代交通人着力破除瓶颈制约，使交通基本适应了经济社会发展需要，解决了“够不够”的问题，有效地支撑了中华民族“富起来”。

20世纪90年代以来，随着改革开放的进行，国民生产总值迅猛上升，我国的机动车保有量也快速增加，道路事故数量与伤亡人数也日益增长，道路交通事故已成为我国社会一大“公害”。21世纪以来，我国道路交通安全情况总体上趋于好转，但整体形势依然不容乐观，道路交通安全工作基础仍然比较薄弱，存在不少短板弱项，地区和领域发展不平衡不充分问题仍然突出，农村交通安全问题凸显。总体而言，“十四五”期间我国道路交通安全工作仍将处于爬坡过坎、突破瓶颈的关键时期。我国2000～2020年道路交通事故指标统计情况如表1-2所示，道路交通事故指标总体态势如图1-2所示。

表1-2　我国2000～2020年道路交通事故指标统计情况

年份	事故次数/起	死亡人数/人	受伤人数/人	直接财产损失/万元
2000	616 971	93 853	418 721	266 890
2001	754 919	105 930	546 485	308 787
2002	773 137	109 381	562 074	332 438
2003	667 507	104 372	494 174	336 915
2004	512 508	107 077	463 134	239 141
2005	450 254	98 738	469 911	188 401
2006	378 781	89 455	431 139	148 956
2007	327 209	81 649	380 442	119 878
2008	265 204	73 484	304 919	100 972
2009	238 351	67 759	275 125	91 437
2010	219 521	65 225	254 075	92 634
2011	210 812	62 387	237 421	107 873
2012	204 196	59 997	224 327	117 490
2013	198 394	58 539	213 724	103 897
2014	196 812	58 523	211 882	107 543
2015	187 781	58 022	199 880	103 692
2016	212 846	63 093	226 430	120 760
2017	203 049	63 772	209 654	121 311
2018	244 937	63 194	258 532	138 456
2019	247 646	62 763	256 101	134 618
2020	244 674	61 703	250 723	131 361

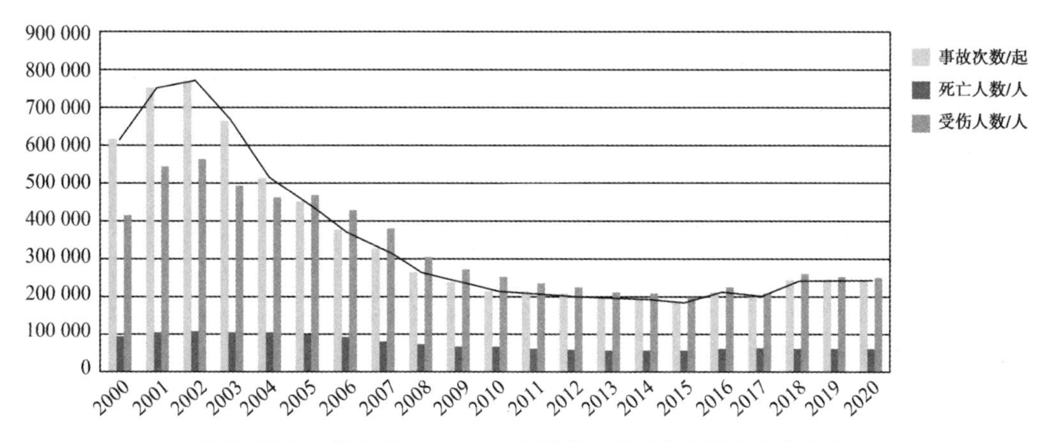

说明：图中连线表示2000～2020年道路交通事故次数的变化趋势。

图1-2　我国2000～2020年道路交通事故指标总体态势

从表1-2和图1-2中可以看出，我国的道路交通事故次数、死亡人数、受伤人数均在2002年达到峰值，此后我国道路交通事故指标总体呈下降态势，最近几年趋于平稳。总体上有以下几个特点：

(1)事故死亡人数多。相对于其他道路交通状况良好的发达国家，从指标的绝对数值、相对数值的横向比较来看，我国道路交通安全形势依然比较严峻，不容乐观。2016年，我国每十万辆机动车道路平均死亡人数高达104.5，同比之下，美国为14.2，日本、英国为5.7，瑞士仅为3.7，这说明我国道路交通安全保障仍需进一步改善。人员死亡是事故最严重的情形，如果能采取有效措施加强道路交通安全整治，公民的安全感将大大提升，国民经济也会随之增长。

(2)交通状况相对改善，但交通违法现象仍然较多。我国交通事故中，低驾龄机动车驾驶人为主要责任主体，交通事故伤亡人员多为道路中弱势群体。超速行驶、未按规定让行、无证驾驶为肇事致人死亡人数最多的三大交通违法行为，此外，逆向行驶、疲劳驾驶等肇事致人死亡人数也在增多。因此，仍然需要对交通违法行为进行进一步整治，采取合理的交通管理措施，加强法律法规的整治力度，以减少交通违法行为的发生，保障交通安全。

(3)高速公路事故率远高于一般公路。高速公路事故率上升主要是由我国高速公路通车里程的迅猛增长、车流量增大以及驾驶人对高速驾驶不适应等造成的。国外高速公路的交通事故死亡率平均约为一般公路的43.76%，而我国高速公路的交通事故死亡率与死伤比要比国道分别高出15.4%和22.2%。因此，解决高速公路事故率偏高的问题是今后道路交通安全工作者最重要的工作之一。

2019年，国家提出了“交通强国”战略，建设交通强国是以习近平同志为核心的党中央立足国情、着眼全局、面向未来做出的重大战略决策，是新时代做好交通工作的总抓手。同时，2022年发布的《“十四五”全国道路交通安全规划》指出：“习近平总书记高度重视安全生产工作，先后作出一系列重要论述和重要指示，反复强调安全是发展的前提，发展是安全的保障,要统筹发展和安全,坚持人民至上、生命至上,把保护人民生命安全摆在首位。”这要求有关管理部门一定要完善保障体系,加强安全设施建设;加强交通安全综合治理,切实提高交通安全水平。

1.2 道路交通事故的基本概念

1.2.1 道路交通事故的定义及构成

1.2.1.1 定义

由于各国国情不同,故不同国家的交通规则和交通管理的规定不同,对道路交通事故的定义也不完全相同。

在我国,道路交通事故是指车辆驾驶人员、行人、乘车人以及其他在道路上进行与交通有关活动的人员,因违反《中华人民共和国道路交通安全法》以及其他相关道路交通管理法规的行为、过失造成人员伤亡或财产损失的事件。

1.2.1.2 基本要素

我国对道路交通事故的定义是结合国情、民情和道路交通状况提出来的,该定义基本上适合我国道路、车辆和人员参与交通活动的状况。从定义中可以得出,道路交通事故必须具有七个基本要素,即车辆、在道路上、在运动中、发生事态、造成事态的原因是过失或意外、违章、有后果,具体解释如下:

(1)车辆。车辆包括机动车和非机动车,在交通事故的各方当中,必须有至少一方使用车辆。车辆是造成交通事故的前提条件,即行人走路发生意外所造成的伤亡不属于交通事故。

(2)在道路上。道路指公用的道路,即《中华人民共和国道路交通安全法》规定的“公路、城市道路和虽在单位管辖范围但允许社会机动车通行的地方,包括广场、公共停车场等用于公众通行的场所”,不包括厂内、校园、庭院内的道路。此外,判断是否符合在道路上时,应以事故发生时人、车所在的位置为准,而非以最后停止的位置判断。

(3)在运动中。在运动中指在行驶或停放过程中。其中的停放过程指交通单元的停车过程,各交通单元均处于静止状态时所发生的事故(如停车后装卸货物时发生的伤亡事故)不属于交通事故。停车后的溜车所发生的事故,在公路上属于交通事故,在货场里则不算交通事故。评判的关键点在于交通事故各方当中是否至少有一方车辆在运动中,如停在路边的车辆被过往车辆碰撞产生的事故,由于有一方车辆在运动中,同样属于交通事故。

(4)发生事态。发生事态是指发生碰撞、碾压、刮擦、翻车、坠车、爆炸、失火等其中的一种或者几种现象。若无上述几种事态发生,由于行人、旅客其他原因(如疾病)导致的事故不属于交通事故。

(5)造成事态的原因是过失或意外。当事故是出于人的意料之外而偶然发生的事件时,造成事态的原因是过失。当发生机件故障,如横拉杆折断,是由于意外发生,属于交通事故。当造成事态的原因是故意时,如故意撞人、自杀等情况,则不属于交通事故。此外,如果是由于地震、台风、山崩、泥石流等人无法抗拒的各种自然灾害造成的事故,均不属于交通事故。

(6)违章。违章是指违反《中华人民共和国道路交通安全法》或其他道路交通管理法规、规章的行为,这是依法追究肇事者肇事责任、以责论处、予以处罚的必要条件。

(7)有后果。有后果指道路交通事故必须要造成人、畜伤亡或财产损失,没有后果的不属于交通事故。因当事人违章行为造成了损害后果,才算道路交通事故,如果只有违章而没有损害后果,则不能算作道路交通事故。

1.2.1.3　道路交通事故现象

道路交通事故的现象又称为道路交通事故的形式,是指由于交通参与者直接发生冲突或自身失控造成的事故所表现出来的具体形态,共可分为碰撞、碾压、刮擦、翻车、坠车、爆炸以及失火七种形式,具体解释如下:

(1)碰撞。碰撞是指相对而言的交通强者的正面部分与他方接触,或同类车的正面部分相互接触。碰撞主要发生在机动车之间、机动车与非机动车之间、机动车与行人之间、非机动车之间、非机动车与行人之间以及车辆与其他物体之间。

(2)碾压。碾压是指作为交通强者的机动车,对交通弱者(如骑车人、行人等)的推碾或压过。大部分情况下,在碾压以前会存在碰撞,但在习惯上一般都直接称为碾压。

(3)刮擦。刮擦是指相对而言的交通强者的侧面部分与他方接触。刮擦与碰撞的区别从强者角度来说,与强者正面接触属于碰撞,侧面接触属于刮擦。刮擦主要表现为车刮车、车刮物以及车刮人。发生刮擦事故时的最大危险来自破碎的玻璃,但也有车门被刮开导致车内乘员摔出车外的现象。机动车间的刮擦,根据运动情况又可分为会车刮擦和超车刮擦。

(4)翻车。车辆并未发生其他事态,部分或全部车轮悬空、车身着地的现象称为翻车。翻车一般分为侧翻和滚翻两种,其中一侧的两个车轮离开地面的叫作侧翻,所有车轮均离开地面的称为滚翻,也称大翻。

(5)坠车。坠车即车辆的坠落,通常是指车辆掉下去,跌落到与路面有一定高差的路外,如车辆坠入桥下、山涧等地。如果车辆有离开地面的落体过程,可以认为发生坠车。坠车与翻车的区别在于车辆翻出的过程中是否始终与地面接触,若始终接触,则属于翻车。

(6)爆炸。爆炸是指将爆炸物品带入车内,在行驶过程中由于振动等原因引起突然爆炸造成的事故。若无违章行为,如汽车正常行驶中由于轮胎爆炸引起的事故,则不属于交通事故。

(7)失火。失火是指车辆在行驶过程中,由于人为或车辆方面的原因引起的火灾。常见的人为原因有使用明火、吸烟、违章直流供油等,车辆原因有发动机回火、排气管过热、电路系统短路或漏电等。

道路交通事故的现象有时候是单一的,有时候是两种及以上并存的。对于两种及以上并存的道路交通事故现象,一般按现象发生时间的先后顺序进行认定,如碰撞后翻车认定为碰撞,刮擦后失火认定为刮擦等;也有按主要现象认定的,如碰撞后产生碾压认定为碾压。

1.2.2 道路交通事故的分类

道路交通事故分类的目的在于对道路交通事故进行分析研究和处理,同时也便于从多个角度预防事故发生。根据分析的角度与方法不同,我国对道路交通事故的划分类别主要有以下四种。

1.2.2.1 按责任分类

根据交通事故的主要责任方所涉及的车种和人员,在统计工作中可将道路交通事故分为机动车事故、非机动车事故、行人事故三类。

(1)机动车事故。机动车事故是指在事故当事方中,机动车一方负主要及以上责任的事故,常见的机动车有汽车、摩托车等。在机动车与非机动车或行人之间发生事故时,如果机动车一方负同等责任,也应视为机动车事故,因为在事故中,机动车相对而言是交通强者,而非机动车或行人则属于弱者。

(2)非机动车事故。非机动车事故是指非机动车一方负主要及以上责任的事故,常见的非机动车有自行车、人力车、三轮车和畜力车等按非机动车管理的车辆。在非机动车与行人之间发生事故时,如果非机动车一方负同等责任,由于其相对于行人为交通强者,故视为非机动车事故。

(3)行人事故。行人事故是指在事故当事方中,行人负主要及以上责任的事故,主要指由于行人过失或违反交通规则而发生的事故。

1.2.2.2 按原因分类

任何交通事故的发生都有必然的原因,根据原因不同,可将道路交通事故分为主观原因造成的事故和客观原因造成的事故两大类。

(1)主观原因造成的事故。主观原因指造成交通事故的当事人本身内在的因素,即主观故意或过失,主要表现为当事人违反规定、疏忽大意或操作不当等行为。

违反规定是指当事人由于思想方面的原因,不按交通法规和其他交通安全规定行驶或行走。例如,酒后驾驶、无证驾驶、超速行驶、非法变道、超载超重、非机动车走快车道、行人闯红灯等。

疏忽大意是指当事人由于心理或生理方面的原因,没有正确地观察和判断外界事物而造成的失误。例如,情绪暴躁或低落、身体疲倦都可能造成当事人反应迟钝、精力不集中等问题,导致其采取措施不及时或措施不当,不能及时做出判断而产生失误。也有当事人凭主观臆断进行操作判断,或对于自己的驾驶技术过于自信,因而引起不当行为而造成事故。

操作不当是指当事人由于技术生疏、经验不足,对车辆、道路情况不熟悉,遇到突发情况惊慌失措而引起的操作错误。例如,有的驾驶人在车辆制动时突然踩下加速踏板,有的人骑自行车时遇到紧急情况不知停车等。

(2)客观原因造成的事故。客观原因指道路条件、气象、水文、环境等方面的不利因素。虽然该类原因造成的事故率相对较低,但它常常是某些交通事故发生的诱因,且在事故分析中往往容易被忽视。目前,对于客观原因,交通管理部门还没有较好的调查和测试手段,还需要事故处理部门和相关人员进一步注意以及采取针对性措施。

1.2.2.3 按对象分类

按事故发生的对象,则可以将交通事故分为车辆间的交通事故、车辆与行人间的交通事故、机动车与非机动车间的交通事故、车辆单独事故以及车辆对固定物的事故五大类。

(1)车辆间的交通事故。车辆间的交通事故是指车辆之间发生碰撞、刮擦引起的事故。碰撞又可分为正面碰撞、追尾碰撞、侧面碰撞和转弯碰撞等;刮擦可分为超车刮擦、会车刮擦等。这类事故在发达的工业化国家(如美国、日本和西欧国家)比较多,占事故总数的70%以上。

(2)车辆与行人间的交通事故。车辆与行人间的交通事故是指车辆对行人发生刮擦、碾压、碰撞引起的事故。其中,碰撞和碾压常导致行人重伤、残疾或死亡,后果严重;刮擦相对前两者后果一般比较轻,但有时也会造成严重后果。

(3)机动车与非机动车间的交通事故。由于我国的交通组成主要是混合交通,因而机动车与非机动车间的交通事故在我国主要表现为机动车碾压非机动车,例如机动车在车道上撞伤自行车骑行人的事故。这类事故在我国特别多,占事故总数的30%以上,有的城市甚至高达50%。

(4)车辆单独事故。车辆单独事故指机动车在没有发生碰撞、刮擦等情况时,由于自身原因导致的事故。例如,车辆由于行驶速度太快或在转弯及掉头时所发生的翻车事故,还有在桥上因大雾天气或机器失灵而产生的机动车坠落事故等。

(5)车辆对固定物的事故。车辆对固定物的事故是指机动车与道路两侧的固定物相撞的事故。其中固定物主要包括道路上的作业结构物、护栏、灯杆、交通标志杆、广告牌杆以及路侧的树木等。

1.2.2.4 按发生地点分类

道路交通事故的发生地点一般指发生交通事故时所在的道路,道路交通事故的分类也可依照道路等级来划分。在我国,公路分为高速公路、一级公路、二级公路、三级公路、四级公路,一共五个等级;城市道路分为快速路、主干路、次干路、支路,一共四个等级。此外,还可按在道路交叉口和不同路段所发生的交通事故来分类。

除上述五种主要分类方法外,其他分类方法还有:按伤亡人员职业类型分类,按肇事者所属行业分类,按肇事驾驶人所持驾驶证种类、驾龄分类。

1.2.3 道路交通事故的特点

道路交通事故具有以下五大特点:随机性、突发性、频发性、社会性及不可逆性。

(1)随机性。以系统论观点看,交通工具本身是一个系统,而当其在道路上运行时,与周围环境相互作用会构成一个更大、更复杂的系统。在这样的动态大系统中,某个环节发生失误就可能引起其他一系列的失误,进而引发危及整个系统的大事故,这些失误绝大部分都是随机的。道路交通事故往往是多种因素共同作用的结果,其中有很多因素本身就是随机的(如天气因素),而多种因素组合在一起或互相作用会更加具有随机性,因此道路交通事故发生的必然中带有极大的随机性。

(2)突发性。道路交通事故的发生通常具有突发性,即并没有任何先兆。驾驶人从感知到危险到事故发生的这段时间极为短暂,驾驶人往往来不及反应以及采取相应措施。即使事故发生前驾驶人有充足的反应时间,但由于驾驶人反应不正确、不准确而操作错误或不适宜,也会导致交通事故的发生。

(3)频发性。由于工业技术高速发展,车辆数急剧增加,交通量增大,车辆与道路比例严重失调,加之交通管理不善等原因,造成道路交通事故频发,伤亡人数增多。道路交通事故已成为世界性的一大公害,许多国家因道路交通事故造成的经济损失约为其国民生产总值的1%。因此,人们称道路交通事故是“无休止的交通战争”。

(4)社会性。道路交通是随着社会、经济的发展而发展的客观社会现象,是人们客观需要的一种社会活动,这种活动是人们日常生活和工作中必不可少的。在现代化的城市中,由于大生产带来的社会分工越来越细,人际交往与合作也越来越密切,使人们在道路上的活动日趋频繁,因此道路交通成为一种社会的客观需求。

道路交通事故是伴随着道路交通的发展而产生的一种现象,无论何时,只要有人参与交通,就存在发生交通事故的可能性。道路交通随着社会的发展不断地演变,从步行到马车再到今天的汽车。这个过程不仅表明了人们对道路交通的追求和发展意识,也证明了道路交通事故是随着社会和经济的发展而不断发展的客观存在的社会现象。因此,道路交通事故具有社会性。

(5)不可逆性。道路交通事故的不可逆性是指其不可重现性。事故是人、车和路组成的系统内部发展的产物,与该系统的变量有关,并受一些外部环境因素的影响。尽管事故是人类行为的结果,但却不是人类所期望的。从行为学的观点看,社会上没有哪种行为的特点与道路交通事故发生时的特点相类似,无论如何研究道路交通事故发生的机理和防治措施,也不能预测何时、何地、何人会发生何种事故。因此,道路交通事故是不可重现的,其过程是不可逆的。

1.3　道路交通安全的研究介绍

1.3.1　交通安全的相关概念

1.3.1.1　交通安全的定义

交通安全是一门“5E”科学，所谓“5E”是指：法规（Enforcement）、工程（Engineering）、教育（Education）、环境（Environment）及能源（Energy）。交通安全的定义从微观层面上理解为：针对人、车、路三要素，实施“3E”准则，即法规（Enforcement）、工程（Engineering）、教育（Education），采取事故前的预防对策、事故中的降低损伤对策和事故后的挽救对策，避免发生人身伤亡或财产损失的过程。从宏观层面上理解，则是交通运行质量的一个测度指标，是经济发展和社会文明进步的重要指标和内容，关系到交通的可持续发展。

1.3.1.2　交通安全与交通事故的关系

（1）交通安全与交通事故是对立的，但事故并不是不安全的全部内容，而是在安全与不安全的矛盾斗争过程中，某些瞬间突变结果的外在表现。

（2）交通系统处于安全状态并不一定不发生事故，交通系统处于不安全状态，也未必一定会发生事故。

1.3.1.3　道路交通系统与安全

道路交通系统是由相互联系、相互作用的人、车、路及交通环境等因素组成的，是能够实现人和物的位移并达到一定安全水平的有机整体，如图1-3所示。其中，人主要包括驾驶人、骑车人、行人等，车包括机动车与非机动车，路包括公路与城市道路，交通环境包括交通设施、自然环境、交通管理等。在系统中，人从道路、交通环境中获取信息，这种信息综合到人的大脑中，经判断形成动作指令，指令通过驾驶操作行为使车在道路上产生相应的运动。运动后车的运行状态和道路、环境中的外界信息指令的变化又作为新的信息反馈给人，这种状态会循环往复，贯穿整个行驶过程。

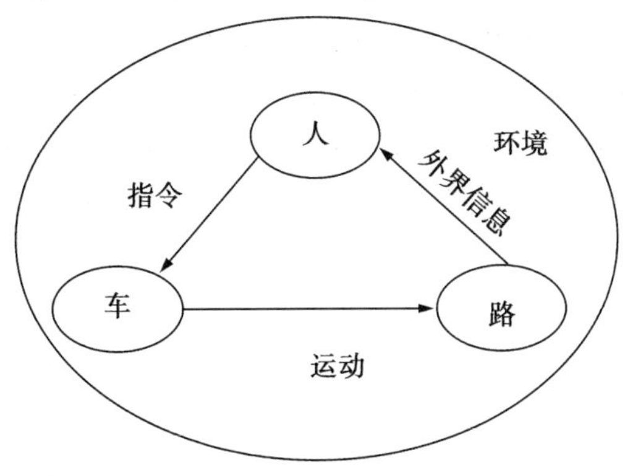

图1-3　道路交通系统

人、车、路被称为道路交通系统的三要素，三要素必须协调运行，以保证整个系统的安全性、可靠性。如果将道路交通事故看作是系统的“故障”，道路交通安全的任务就是对“人、车、路”道路交通系统做好日常“维护”，尽可能减少“故障”和降低“故障”的严重性。道路交通安全的研究就是对“人、车、路”道路交通系统在运行中的安全性、可靠性做出系统的分析评价和提出保障措施。

1.3.1.4 交通要素与事故因素

在道路交通系统的安全分析中，三要素在道路交通事故中的作用，一直是各国专家学者研究的热点之一。对于三者在事故中的作用，学术界有较大争议，不同国家的研究结果也不尽相同。

在发达国家中，美国、英国和澳大利亚的专家学者经过对大量事故的深入研究得到表1-3中的结论，表格中的数值表示不同因素对交通事故影响程度大小。由表1-3可知，与人有关的原因占93%～94%，与车有关的占8%～12%，与道路有关的原因占28%～34%。这表明人是道路交通事故的最主要因素，同时与道路有关的事故比例较大，也同样不容忽视。

表1-3 各因素对交通安全的影响程度(国外)

原因	美国/%	英国/%	澳大利亚/%
单纯路	3	2	4
单纯人	57	65	67
单纯车	2	2	4
路与人	37	24	24
车与人	6	4	4
路与车	1	1	1
人、车、路共有	3	1	3

在我国，有学者采用模糊识别方法，依托黑龙江省的3271起道路交通事故，对7种道路交通事故的原因在交通事故中所占比例进行深入研究，得到了与国外学者类似的结论，如图1-4所示。计算结果表明，采用单因素法分析中国道路交通事故影响因素时，人的因素所占比例超过了90%。同时需要注意的是，与道路因素有关的事故比例也达到了17.0%。这说明不良道路环境条件在国内外的道路交通事故中都起到了重要的诱发作用。

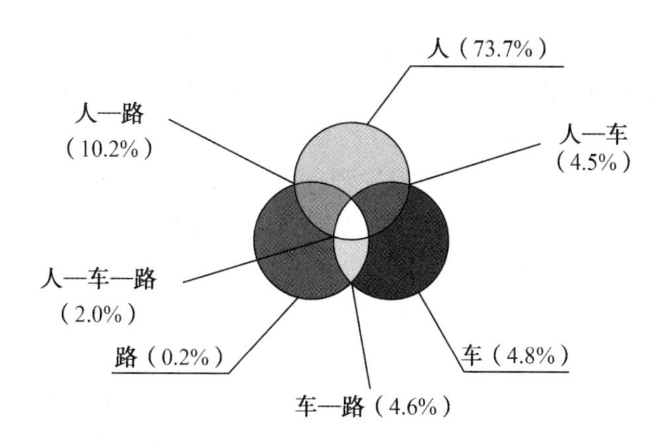

图1-4　人、车、路在事故因素中的比例(国内)

1.3.2　道路交通安全的相关理论基础

道路交通安全研究是一项系统工程,涉及众多学科和领域,因此要求道路交通安全研究者具有广泛的知识和理论基础。要进行道路交通安全研究,需要具备如下相关基础知识:交通工程学、交通心理学、道路工程学、车辆工程、行为学、统计学以及相应的计算机知识等。

(1) 交通工程学。道路交通安全与交通工程学都是研究道路交通系统中人、车、路以及环境的基本特性、相互关系、相互作用的交叉学科,二者的研究范围基本相同。道路交通安全的研究重点在于提高交通系统的安全性、可靠性,兼顾畅通和效益。

(2) 交通心理学。交通心理学是将心理学的方法和原则应用于交通中的人的一种学科,是心理学的应用与延伸。作为道路交通安全研究的基础知识,主要从心理学角度研究交通违法、事故原因以及事故中人的心理状态和行为规律等,从而进行交通安全教育,引导人们树立正确的交通观念,预防交通事故。

(3) 道路工程学。道路工程学是道路交通安全研究的基础学科之一,道路的规划、勘测、设计、施工、养护以及附属设施、排水等都会对交通安全产生重要的影响。为研究道路条件与交通安全的关系,应具备道路工程中有关平纵线形、道路结构、路面、景观、附属设施等方面的基础知识。

(4) 车辆工程。车辆作为交通系统的要素之一,是道路交通安全研究的重点。车辆工程主要研究工程车辆的理论、设计以及制造技术,为道路交通安全研究提供了相应的基础知识。进行道路交通安全研究应具备汽车工程中有关汽车制动性、操纵稳定性、汽车安全装置与结构以及汽车安全监测设备等方面的基础知识。

(5) 行为学。行为学是研究人类行为规律的学科。在交通安全领域中,主要应用行为学相关知识,研究道路交通的参与者在行驶过程中的行为特征,进而提出预防措施,避免交通事故的发生。

(6) 统计学。统计学方面的内容是交通事故调查与分析中必要的基础知识,能够帮助预防和正确处理交通事故。道路交通安全研究应用统计学的知识,对道路交通事故进行统计分析,总结交通事故总体的现状、趋势以及各影响因素对事故总体的影响程度和相互关系等,以便从宏观上认识交通事故的本质和内在规律性。

(7) 计算机知识。道路交通安全的管理、评价等是一个庞大的系统,涉及大量安全信息,包括与安全密切相关的道路信息和与道路相关的交通信息。为了道路安全技术相关研究的开展,加强道路安全管理,应建立包含道路信息和交通信息的道路安全信息系统数据库,需要研究者具备相应的计算机理论知识。

道路交通安全是一门多学科交叉的课程,多学科交叉是现代科学技术发展的趋势,是科技创新的源泉,也是学科增长点最重要的来源之一。通过以上多个学科的融合,可以为交通安全理论、交通事故处理与预防、交通安全评价与预测等方面的研究提供更多的思路,能更好地整合资源,有利于思想交融,有利于综合性地解决交通安全问题;同时激发创新力,促进多学科复合型人才的培养,指导道路交通安全发展,减少道路交通事故的发生。

1.3.3 道路交通安全研究对象与范围

1.3.3.1 研究对象

道路交通安全研究,是指以交通系统为研究对象,以事故信息为基础数据,应用道路交通工程学的基本原理,分析和研究道路交通三要素在交通安全中的相互关系,提出并确定交通控制与管理方面的安全改善措施,为降低事故率、改善交通安全状况提供科学依据而进行的研究。

导致道路交通诸要素劣性组合的原因有道路条件、车辆安全性能、驾驶人安全素质、参与交通者的安全意识以及交通安全管理的水平等。此外,缺乏对道路交通事故发生规律以及预防对策的深入研究,也是导致道路交通事故形势严峻的重要原因。因此,道路交通安全工程通过对道路状况(包括道路路面、道路线形、道路横纵断面、交叉路口以及事故多发地段等)、车辆的结构性能(包括驾驶视野、报警装置、碰撞保护装置、仪表、照明和信号装置、驾驶人工作环境、制动性能、操纵稳定性、车辆类型等)、驾驶适宜性及其影响因素、交通环境(如交通量、特殊气候等)、交通控制(包括交通安全法规、交通执法设备系统等)以及道路交通事故发生原因等深入研究,提出预防和减少道路交通事故的有效措施。

1.3.3.2 研究范围

道路交通安全研究的主要内容是对道路交通事故的发生原因、过程、结果进行调查和处理,对交通事故的相关数据进行统计、分析,并就交通安全问题进行评价、预测。从交通安全工程的研究对象和内容来考虑,至少应该包含以下几方面内容。

(1)交通安全理论。交通安全理论是揭示交通安全的本质和运动规律的学科知识体系,是交通安全研究的基础。主要内容包括可靠性理论、事故致因理论、事故预防理论等。

(2)交通安全技术。交通安全技术是预防交通事故的基本措施,交通安全技术主要研究交通运输中所发生的安全技术问题,是在交通运输设备的设计、选材、制造(建设)、安装、养护、维修、使用(运营)、评价等一系列工程领域中,使交通运输设备实现本质安全化、无害化,以及研制和运用各类专用安全设备和安全装置的科学理论、方法、工程技术和安全控制手段的总和。

(3)交通安全方法。交通安全方法主要研究如何运用系统工程的原理和方法,对交通系统中的安全问题进行定性、定量的分析和评价,并采用综合安全措施予以控制,使系统产生交通事故的可能性降到最低,从而达到最佳安全状态。

(4)交通安全管理。交通安全管理主要研究交通安全管理体制、政策、交通安全法律及各种交通安全法规的制定和执行,研究对驾驶人的交通安全教育与培训等,旨在通过先进的安全管理体制的建立和事故预防、应急措施以及保险补偿等多种手段的有机结合,力争在时间、成本、效率、技术水平等条件的约束下实现系统达到最佳安全水平的目的。

1.4　本书的主要内容

本书主要介绍道路交通安全的基本理论、交通安全技术性方法与技能、交通安全保障技术三个方面,系统地介绍人、车、路、环境与交通安全的关系,交通事故统计与分析,交通安全管理、法规、教育,交通安全评价与事故预测等方面的内容,力求反映道路交通安全的系统性、综合性。全书共分为九个章节。

第1章为绪论,主要介绍国外部分国家以及我国的道路交通事故发展趋势与现状,同时介绍了交通事故与交通安全的相关概念,并分析道路交通安全的研究范围。

第2章介绍了交通安全的相关理论与方法,重点介绍了可靠性理论、事故致因理论、交通冲突理论以及交通安全预防、保障等交通安全基本理论,是交通安全研究的基础。

第3章是交通事故统计与分析方面的内容,主要介绍交通事故数据调查、交通事故统计分析指标与方法、事故分布规律分析以及事故多发点鉴别与成因分析等方面的内容。

第4到7章是对道路交通安全基本原理的分析,分别从人、车、路、环境四个要素出发,详细地分析了四个要素与交通安全的关系。其中第4章为人与交通安全的关系,具体分析了驾驶人、骑车人、行人的特征,以及不良行为对交通安全的影响。第5章为车与交通安全的关系,详细阐述了影响交通安全的汽车性能以及汽车的主动安全、被动安全技术。第6章介绍道路与交通安全的关系,主要包括道路线形、横断面、交叉路口、交通流等要素。第7章为环境与交通安全的关系,详细介绍了交通安全设施、道路景观等环境对交通安全的影响。

第8章为道路交通安全管理与法规,阐述了交通安全法规的重要性以及法律体系的主要内容,并介绍了事故处理的流程和方法以及最新的智能交通系统方面的研究内容。

第9章为交通安全评价与预测部分,主要介绍交通安全评价的指标与方法,交通事故预测的程序以及基本模型等。

习题

(1)道路交通安全课程的研究目的是什么?

(2)交通事故的定义与特点是什么?包括哪些类别?

(3)世界交通事故发展趋势对我国有何启示?

(4)交通安全的定义是什么?与交通事故有怎样的关系?

(5)简述道路交通安全现状以及未来发展趋势。

第2章　交通安全相关理论与方法

道路交通安全理论是道路交通安全研究的基础，是揭示道路交通安全的本质和规律的理论知识体系。本章重点内容包含交通事故致因理论、可靠性理论以及交通事故预防理论等。

在交通事故致因理论部分，首先分析了道路交通系统的危险源，阐述交通事故的生成过程，并介绍了几种较为典型的事故致因理论，如事故频发倾向论、事故因果连锁论等；在可靠性理论部分，首先介绍了可靠性、维修性和有效度等基本概念，并介绍了系统可靠度、交通系统可靠度等基本理论；在交通事故预防理论部分，首先介绍了事故可预防性原理和预防原则以及基于本质安全化方法的交通事故预防对策，并介绍了几种典型的交通安全预防理论，如海因里希工业安全公理、事故预防3E法则等。

2.1　交通事故致因理论

事故是一种可能给人类带来不幸后果的意外事件。由于事故发生具有随机性，因此需要人们在与事故斗争的实践中不断总结经验，进而了解事故发生的规律和特点。只有掌握事故发生的规律，阐明事故为什么会发生、事故是怎样发生的以及如何防止事故发生的理论，才能保证系统处于安全状态。

事故致因理论是掌握事故发生规律的基本理论基础，是通过对大量事故案例的深入分析，在找出共性和本质原因的基础上所提炼出来的事故机理和事故模型，是经过对大量典型事故案例发生原因归纳与总结，用于描述事故发生规律的基本理论。对事故的定量、定性分析以及科学的预测预防对改进安全管理工作具有指导意义。

2.1.1　道路交通系统危险源

事故隐患演变、发展成为事故需要经历从渐变到突变的发展过程，危险因素辨识的根本目的就是在事故隐患演变成事故之前，消除系统的隐患或不安全状态。

2.1.1.1　危险源的定义

在系统安全分析中，通常认为危险源的存在是事故发生的根本原因，防止事故发生就是消除、控制系统中的危险源。危险源一般定义为可能导致人员伤害或财物损失等情况的潜在非安全因素。根据危险源在事故发生和发展中的作用,主要将系统中的危险源分成三大类。

第一类危险源是指系统中存在的、可能发生意外释放的能量载体或危险物质。如产生和供给能量的装置及设备,各种有毒、有害、可燃烧爆炸的物质,生产、加工、储存危险物品的装置、设备及场所。第一类危险源包含的危险物质的量越多,其危险性就越大。

第二类危险源是指安全设施故障等物的故障以及个体行为的失误,以及一些物理环境因素等。其中物的故障可能直接使约束、限制能量或危险物质的措施失效而发生事故,物的故障有时也会诱发人的失误。人的失误也可能造成物的故障,进而导致事故的发生。另外,不良的物理环境也会引起物的故障或人的失误。

第三类危险源是指不符合安全原则的管理或组织因素。不安全的管理或组织因素有可能形成具有重大危险性的危险源或事故,不良的组织因素会使上述第一类和第二类危险源进一步恶化,使事故后果扩大以及严重化。

2.1.1.2 道路交通系统的风险因素

道路交通安全风险是指特定范围的道路交通系统在未来一定时段内,可能出现的由车辆造成的该系统内不确定对象的人员伤亡或经济损失的情景。道路交通安全风险中的危险源是指交通安全风险事件发生的根源,即可能导致交通事故发生的不安全因素,或称为交通事故原因的因素。根据风险理论中危险源的分类研究,道路交通危险源可以分为三类。

(1)第一类危险源主要指车辆。车辆是最直接的致害工具,其影响交通事故的因素主要包括车辆的动力性能、制动性、操纵稳定性等。车辆自身的不安全状态是因为随着使用时间的增加,车辆使用性能下降、技术状况变差,若不及时检查和调整,很容易出现制动失效、转向失灵、轮胎爆裂等异常状况,引发交通事故。

在危险化学品道路运输系统中,第一类危险源还包括所运输的各类易燃、易爆、有毒的危险化学品,这是由其自身特有的物理和化学特性决定的。只有正确识别这些特性,才能采取有效措施,防止事故的发生。

(2)第二类危险源主要包含驾驶人的失误、道路设施故障以及不利环境。

驾驶人的失误一般包括以下两个方面:一方面是因自然环境、道路情况等因素的影响导致的驾驶人错误,如超重装载、闯红灯、违章超车、超速、违法占道行驶等;另一方面是驾驶人内在的自身原因,如过度疲劳驾驶、酒后驾驶、疏忽大意、制动及转向等操作不当、驾驶技术差、应急能力差等。

道路设施故障主要是指引发交通事故的道路因素以及交通设施因素,主要包括道路线形不良、未设置交通安全及防护设施、照明设施损坏、安全设施损坏、道路本身缺陷等。不利的路况因素直接或间接影响着危险货物运输的安全,使危险货物及其包装更容易出现破损和泄漏,同时使驾驶难度增加,导致驾驶人的失误增多,增加了事故发生的概率。

不利环境主要是指不利于道路交通安全的天气条件及气候条件。不利环境对道路交通安全的影响是通过对驾驶人和车辆等的影响来体现的,因此它对道路交通安全的风险作用多数是间接的。

(3)第三类危险源是指道路交通系统在运行过程中,管理部门的决策、组织失误。它会使系统中的驾驶人、行人、乘车人的违法行为增加,进而使系统的秩序混乱,导致事故风险加大。这一危险源对交通安全的影响是通过对系统的整体影响来体现的,因此它对交通安全的风险作用是间接的。

推进行业治理体系和治理能力现代化,是加快建设交通强国的重要内容和制度保障。当前,我国交通运输治理取得了明显成效,但在推进行业治理体系和治理能力现代化方面还有很长的路要走。要以贯彻落实党的十九届四中全会精神为契机,深入推进交通治理体系和治理能力现代化,形成协同高效、良法善治、共同参与的良好局面,以治理现代化支撑交通运输现代化。

2.1.2　事故频发倾向理论

2.1.2.1　事故频发倾向

事故频发倾向(Accident Proneness)是指个别人容易发生事故的、稳定的、个人的内在倾向。

1926年,纽鲍尔德(E. M. Newbold)通过研究大量工厂中事故发生次数分布,证明事故发生次数服从发生概率极小且每个人发生事故概率不等的统计分布。他计算了一些工厂中前5个月和后5个月里事故次数的相关系数,其结果为(0.04±0.09)～(0.71±0.06)。马勃(Marbe)在调查3000人的工厂时发现,第一年里未发生事故的工人在之后的几年里平均事故次数为0.30～0.60,第一年里发生过一次事故的工人在之后几年平均事故次数为0.86～1.17,第一年里发生过两次事故的工人在之后几年平均事故次数为1.04～1.42,数据充分证明了存在事故频发倾向者这一观点。1939年,法默(Farmer)和查姆勃(Chamber)明确提出事故频发倾向的概念,认为事故频发倾向者的存在是工业事故发生的主要原因。

对于发生事故次数较多或有事故频发倾向的人,可通过一系列的心理学测试判别。例如,日本曾采用内田-克雷贝林测验(Uchida-Krapelin Test)测试人员大脑工作状态曲线,采用YG测验(Yatabe Guilford Test)测试工人的性格来判别事故频发倾向者。此外,还可通过对日常行为的观察来判断事故频发倾向者。

一般来说,具有事故频发倾向的人在进行生产操作时往往精神动摇,注意力不能经常集中在操作上,因而不能适应迅速变化的外界条件。事故频发倾向者往往有如下的性格特征:感情冲动、容易兴奋,脾气暴躁,厌倦工作、没有耐心,慌慌张张、不沉着,动作生硬且工作效率低,喜怒无常、感情多变,理解能力低、判断和思考能力差,极度喜悦或悲伤,缺乏自制力,处理问题轻率、冒失,运动神经迟钝、动作不灵活等。

2.1.2.2　事故遭遇倾向

事故遭遇倾向(Accident Liability)是指某些人员在某些生产作业条件下容易发生事故的倾向。

研究表明,在事故发生的前后不同时期,事故发生次数的相关系数与作业条件有关。罗奇(Roche)提出,工厂规模不同,生产作业条件也不同,大工厂的事故发生次数的相关系数在0.6左右,小工厂则或高或低,表现出劳动条件的影响。高勃(P. W. Gob)考察了6年和12年间两个时段事故频发倾向的稳定性,发现前后两段时间内事故发生次数的相关系数与职业有关,其变化范围为－0.08～0.72。当开展重复性作业时,事故频发倾向较为明显。

明兹(A. Mintz)和布卢姆(M. L. Bloom)建议用事故遭遇倾向取代事故频发倾向的概念,认为事故的发生不仅与个人因素有关,而且与生产条件有关。米勒(Miller)等人的研究表明,对于一些危险性高的职业,工人需要一个适应期,在此期间内新工人容易发生事故。内田(Uchida)和大内田(Ohuchida)对东京出租车驾驶人的年平均事故次数进行了统计,发现了平均事故数与参加工作后一年内事故数之间的关系。这些研究都说明了事故发生情况与生产作业条件有着密切关系。

2.1.2.3 事故频发倾向理论的争议

关于事故频发倾向者存在与否的问题一直有争议,事故遭遇倾向就是对事故频发倾向理论的修正。还有许多研究结果证明,事故频发倾向者并不存在。

(1)许多的统计资料表明,大部分的事故发生服从泊松分布理论。如莫尔(D. I. Morh)等人研究了海上石油钻井工人连续两年时间内的伤害事故情况,得到了受伤次数多的工人数符合泊松分布的结论。

(2)许多研究结果表明,某一段时间里发生事故次数多的人,在以后的时间里可能发生事故次数未必多,并非一直是事故频发倾向者。通过数十年的实验及临床研究,很难找出事故频发者的稳定的个人特征。或者说,许多人发生事故是由于他们行为的某种瞬时特征引起的。

(3)根据事故频发倾向理论,防止事故的重要措施是人员选择。但许多研究表明,把事故发生次数多的工人调离后,企业的事故发生率并没有降低。例如,韦勒(Waller)对司机的调查、伯纳基(Bernacki)对铁路调车员的调查,都证实了调离或解雇发生事故多的工人并没有减少伤亡事故发生率。

尽管事故频发倾向论中把工业事故的原因归于少数事故频发倾向者的观点是错误的,然而从职业适应性的角度来看,关于事故频发倾向的认识也有一定可取之处。例如,工业生产中的许多操作对操作者的素质都有一定的要求;特种作业的场合,操作者要经过专门的培训、严格的考核,获得特种作业资格后才能从事该种工作。

2.1.3 事故因果连锁理论

在事故因果连锁论中,以事故为中心,事故的结果是伤害(伤亡事故的场合),事故的原因包括三个层次:直接原因、间接原因、基本原因。由于对事故各层次原因的认识不同,形成了不同的事故致因理论。

2.1.3.1　海因里希因果连锁论

海因里希(Heinrich)首先提出了事故因果连锁论,用来阐述导致事故的各种因素之间以及因素与事故、伤害之间的关系。该理论认为,伤害事故的发生不是一个孤立的事件,尽管伤害可能发生在某个瞬间,却是一系列互为因果的原因事件相继发生的结果。

(1)伤害事故连锁构成。海因里希把工业伤害事故的发生过程描述为具有一定因果关系的事件连锁:①人员伤亡的发生是事故的结果;②事故发生的原因是人的不安全行为或物的不安全状态;③人的不安全行为或物的不安全状态是由于人的缺点造成的;④人的缺点是由不良环境诱发或者是由先天的遗传因素造成的。

(2)事故连锁过程影响因素。海因里希提出的事故因果连锁过程包括五个因素。

①遗传及社会环境。遗传及社会环境是造成人在性格上有缺点的原因。遗传因素可能造成鲁莽、固执等不良性格;社会环境可能妨碍教育,助长性格上的缺点发展。

②人的缺点。人的缺点是使人产生不安全行为或造成机械、物质不安全状态的原因。它包括鲁莽、固执、过激、神经质、轻率等性格上先天的缺点,也包括缺乏安全生产知识和技能等后天的缺点。

③人的不安全行为或物的不安全状态。人的不安全行为或物的不安全状态是指那些曾经引起过事故或可能引起事故的人的行为或机械、物质的状态,它们是造成事故的直接原因。

④事故。事故是由于物体、物质、人或放射线的作用或反作用,使人员受到伤害或可能受到伤害的、出乎意外的、失去控制的事件。例如坠落、物体打击等能使人员受到伤害的事件。

⑤伤害。伤害是事故直接产生的人身伤害。

海因里希用多米诺骨牌来形象地描述这种事故因果连锁关系,在该系列中,若一颗骨牌被碰倒了,则将发生连锁反应,其余的几颗骨牌将相继被碰倒。如果移去其中一颗骨牌,连锁将被破坏,事故中止,如图2-1所示。他认为,企业事故预防工作的中心就是防止人的不安全行为,消除机械或物质的不安全状态,中断事故连锁的进程而避免事故的发生。

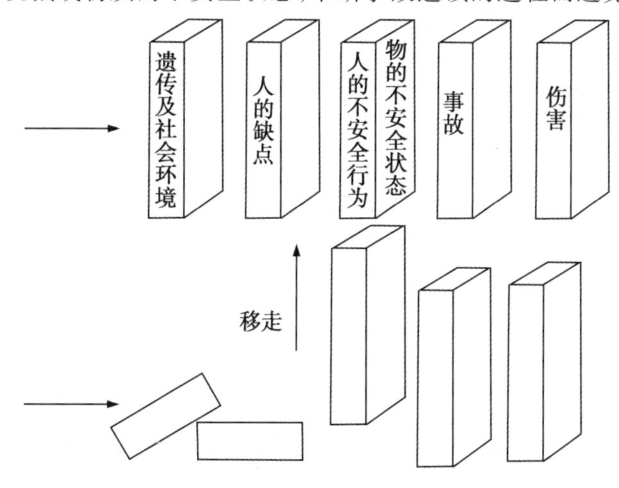

图2-1　海里希因事故因果连锁论

2.1.3.2　对交通安全的意义

海里因希的多米诺骨牌理论模型形象直观地揭示了事故发生过程的因果关系，为正确分析事故致因的事件链提供了途径，对预防道路交通事故的发生具有以下现实意义。

(1)道路交通事故的发生是一系列因素相互作用的结果，若能有效阻止其中任意一个因素参与作用，交通事故致因事件链就将中断，交通事故就能得以避免。

(2)交通参与者的不安全行为和车辆、道路的不安全状态是导致交通事故发生的关键，预防道路交通事故发生应以消除关键环节为目标，使致因事件链始终处于断开状态。

(3)道路交通事故是在一定的环境下，一连串事件以一个固定的逻辑顺序发生的结果，实际中改变这种固定的逻辑顺序，将能有效降低交通事故发生率，如通过强化教育改变交通参与者的行为方式。

多米诺骨牌理论模型从理论上指明了分析道路交通事故应从事故现象入手，逐层解析其内在的原因。该理论模型的不足之处在于将事故致因的事件链过于绝对化。事实上，各块骨牌之间的连锁关系不是绝对的，而是随机的。前面的骨牌倒下并不必然导致随后的骨牌就一定倒下，这对于道路交通系统而言就是交通参与者的不安全行为和车辆、道路的不安全状态并非百分之百导致交通事故的发生。

2.1.4　轨迹交叉理论

2.1.4.1　基本思想

轨迹交叉理论是人、物合一的归因理论，是着重强调人的不安全行为和物的不安全状态相互作用的事故致因理论，如图2-2所示。该理论认为，在事故发展进程中，人的因素运动轨迹与物的因素运动轨迹的交点，就是事故发生的时间和空间。当人的不安全行为与物的不安全状态发生相遇时，会产生能量失控的现象，当失控的能量“逆流”于人体时，则发生了伤害。

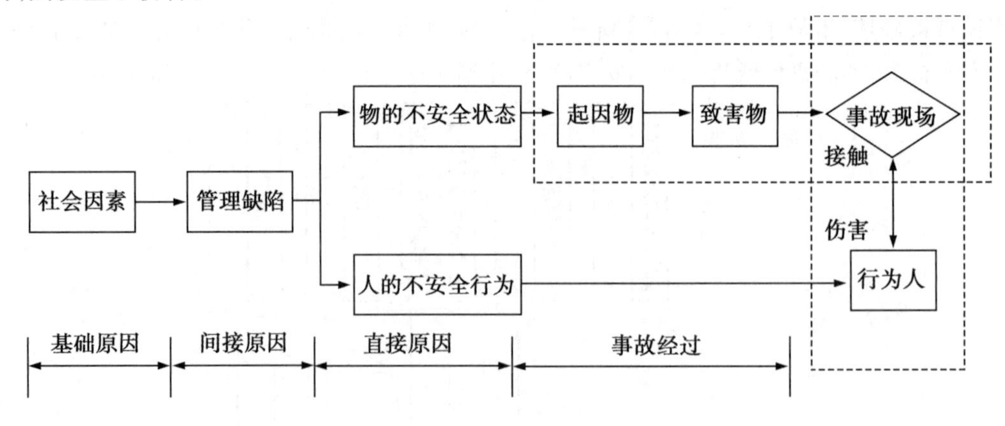

图2-2　轨迹交叉理论

根据轨迹交叉理论的观点，消除人的不安全行为可以避免事故。但是人的行为受各自思想的支配，有较大的行为自由性。这种自由性虽然使人具有安全生产的能动性，但是也可能使人的行为偏离预定的目标，发生不安全行为。消除物的不安全状态也可以避免事故。但是，受实际的技术、经济条件等客观条件的限制，完全杜绝生产过程中的危险因素是不可能的，只能努力减少、控制不安全因素，使事故不容易发生。为了有效地防止事故发生，必须同时采取措施消除人的不安全行为和物的不安全状态。

2.1.4.2　在交通事故预防中的应用

对于道路交通而言，交通参与者的行为是受其交通安全意识支配的，当交通参与者的安全意识薄弱时，在参与交通活动的过程中就会表现出不安全行为，而交通参与者交通安全意识的形成和发展与其生理、心理、知识、技能等因素相关，同时还受到教育、社会因素的影响。道路交通系统中物的状态即为车辆、道路的状态，该状态与车辆和道路的设计、制造（建造）、维护以及管理等因素密切相关，当车辆、道路使用期间的性能状况严重低于相应的技术要求时，在使用过程中就会表现出不安全状态。

轨迹交叉理论作为一种事故致因理论，强调人的因素、物的因素在事故致因中的重要性。按照该理论，通过规避人与物两个发展系列的运动轨迹交叉，即避免人的不安全行为和物的不安全状态在同时、同地出现，可以预防事故的发生。对于道路交通事故预防而言，一是要努力消除或者减少交通参与者的不安全行为和车辆、道路的不安全状态，使交通参与者、车辆和道路在交通活动中始终保持安全状态；二是尽力避免或减少交通参与者的不安全行为和车辆、道路的不安全状态直接接触的机会，以有效阻断交通事故链。

2.1.5　能量意外释放理论

能量是物体做功的本领，人类社会的发展就是不断地开发和利用能量的过程。但能量也是对人体造成伤害的根源，没有能量就没有事故，没有能量就没有伤害。1961年，吉布森（Gibson）提出了解释事故发生物理本质的能量意外释放理论，1966年，哈登（Haddon）等人进行了补充完善。其基本观点是：不希望或异常的能量转移是伤亡事故的致因，即人受伤害的原因只能是某种能量向人体的转移，而任何事故的发生都是能量异常或意外的释放。

能量按其形式可分为动能、势能、热能、电能、化学能、原子能、辐射能、声能和生物能等。在道路交通领域里，主要有势能、动能和热能等。在能量意外释放理论中，能量引起的伤害可分为两类。第一类伤害是由于对人体施加了超过局部或全身性的损伤阈值的能量而产生。人体各部分对每一种能量都有一个损伤阈值，当施加于人体的能量大于该阈值时，就会对人体造成损伤，大多数伤害均属于此类伤害。第二类伤害是由于影响了局部或全身性的能量交换而引起，包括机械因素或化学因素引起的窒息（如溺水、一氧化碳中毒）等。

用能量意外释放的观点分析事故致因的基本方法是：先确认某个系统内的所有能量源，然后确定可能遭受其中某种能量伤害的人员及可能伤害的严重程度，进而确定控制该类能量不正常转移的方法。

能量转移论与其他事故致因理论相比，具有两个主要优点：一是把各种能量对人体的伤害归结为伤亡事故的直接原因,从而确定了对能量源及能量传送途径加以控制作为防止或减少伤害发生的手段这一原则;二是依照该理论建立的对伤亡事故的统计分类方法,是一种可以全面概括、阐明伤亡事故类型和性质的统计分类方法。能量转移论的不足之处是:由于意外转移的机械能是造成伤害的主要能量形式,这就使得按能量转移观点对伤亡事故统计分类的方法虽然具有理论上的优越性,但在实际应用上却存在困难。

能量转移论在道路交通事故预防中有许多应用,不仅能解释道路交通事故伤亡的直接原因,更重要的是可以预防道路交通事故的发生。事实上,已经在交通运输实践中的许多领域运用了这一理论。

在能量源头控制方面,主要有实行车辆的年检制度、高速公路对驶入车辆的管理、车速限制、利用可变信息标志牌、禁止疲劳驾驶、禁止酒后驾驶、治理超载等措施。在控制能量转移路径方面,主要有道路中央隔离带的使用、道路两侧防碰撞物体的利用、设置避险车道、安全带和安全气囊的使用等措施。

2.1.6 系统分析理论

系统分析理论把人、机、环境作为一个系统(整体),研究人、机、环境之间的相互作用、反馈和调整,从中发现事故的致因,揭示预防事故的途径。系统分析理论认为,事故的发生来自于人的行为与机械特性的不协调,是多种因素互相作用的结果。

在道路交通领域,道路交通系统是一个复杂的动态系统,从某一方面或某一角度分析交通事故的方法忽略了事物之间的联系,不能准确、全面地反映交通事故的发生规律,也不能满足道路交通安全管理和事故控制的需要。

当前,新一轮科技革命和产业变革方兴未艾,加速现代信息、人工智能、新材料和新能源技术与交通运输的融合发展,已成为各国培育竞争新优势的重要发力点。随着车路协调等新的发展战略的提出,人、车、路间的信息将会实时动态交互,因此必须采用系统的观点,综合考虑,协调好人、车、路之间的相互关系,从而改善道路交通安全状况。

对于事故致因的系统分析理论有很多系统分析方法,其中最著名的是“哈顿矩阵模型”。美国公共卫生专家威廉·哈顿(William Haddon)将机动车辆的碰撞细分为碰撞前、碰撞中和碰撞后三个不同阶段,把与交通事故相关的要素分为人员、车辆和设备、环境三个方面,将人员、车辆和设备、环境三要素在交通事故中的相互关系采用矩阵形式表示,组成了“哈顿矩阵模型”,如表2-1所示。

表 2-1　哈顿矩阵模型表

<table>
<tr><td colspan="2" rowspan="2">哈顿矩阵模型</td><td colspan="3">因素</td></tr>
<tr><td>人员</td><td>车辆和设备</td><td>环境</td></tr>
<tr><td rowspan="3">阶段</td><td>碰撞前
(防止碰撞)</td><td>交通及环境信息
交通参与者对待交通的态度
人的损伤
交警执法力度</td><td>车辆性能(如制动、操控、照明)
速度管理(限速)</td><td>道路规划和道路设计
速度限制
人行道设施</td></tr>
<tr><td>碰撞时
(防止受伤)</td><td>约束装置的使用状况
损伤状况</td><td>乘员约束系统
防碰撞设计
其他安全装置</td><td>道路两侧防碰撞设计</td></tr>
<tr><td>碰撞后
(生命支持)</td><td>急救技术
获得医疗救助的状况</td><td>起火危险的大小
施救人员进入车内的难易程度</td><td>施救人员及设施到达的及时性
交通畅通状况</td></tr>
</table>

哈顿矩阵模型阐述了在碰撞前、碰撞时和碰撞后三个不同阶段中相互作用的人员、车辆和设备、环境三要素所涉及的相关因素对碰撞事故的影响关系。

就人员要素而言，在碰撞前影响人员的因素有：交通及环境信息，交通参与者对待交通的态度，人的损伤，交警执法力度；在碰撞发生时影响人员伤害的因素有：车辆乘员约束装置的使用状况，损伤状况；在碰撞发生后影响人员伤害的因素有：急救技术，获得医疗救助的状况。

就车辆和设备要素而言，在碰撞前影响车辆的因素有车辆性能（如制动、操控、照明）、速度管理（限速）；在碰撞发生时影响车辆的因素有车辆被动安全技术中的乘员约束系统、防碰撞设计、其他安全装置，这些设施可有效减少交通事故对乘员和行人的损伤；在碰撞发生后影响车辆的因素有起火危险的大小、施救人员进入车内的难易程度，若施救人员可减少起火的危险并容易进入受损车内，将有效减轻交通事故的伤害。

就环境要素而言，在碰撞前影响环境的因素有道路规划和道路设计、速度限制、人行道设施等，在碰撞发生时影响环境的因素有道路两侧防碰撞设计，碰撞发生后影响环境的因素有施救人员及设施到达的及时性、交通畅通状况（是否容易发生交通阻塞）等。

由哈顿矩阵可知，该矩阵九个单元中的每一单元都与交通事故的发生有直接或间接的联系，在一定条件下可能成为导致交通事故发生的主要因素。从预防的角度看，矩阵中的每一单元都是相应的预防交通事故发生和减轻交通事故伤害的措施。因此，对矩阵中每一个单元进行有效干预，都能减少道路交通伤亡人数，降低交通事故发生率。哈顿矩阵模型加深了人们对交通参与者行为、车辆和道路三大要素对交通安全影响的认识。

2.2 可靠性理论

可靠性理论起源于机械工程领域，是为了分析机械零件的故障或人的差错对设备或系统的影响而产生的。故障和差错会使设备或系统功能下降，是导致意外事故和灾害的主要原因。可靠性理论在安全系统工程中占有重要的地位，它不仅直接反映产品的质量目标，还关系到整个系统运行过程的可靠性和安全性。

可靠性也存在于交通运输系统中，交通可靠性是将可靠性思想引入交通研究中，形成了分析复杂交通问题的一个重要方面。例如，浙江大学的陈喜群教授通过交通可靠性的分析方法改变了传统单一路径的计算方式，结合大数据平台，得到了更加精确具体的交通可靠性指标，可以帮助居民更好地规划出行时间，使居民得到更好的出行指导。

2.2.1 基本术语

2.2.1.1 可靠性、维修性、有效性

可靠性是产品或系统(设备)在规定条件下和规定时间内完成规定功能的能力。狭义的可靠性通常包括结构可靠性和性能可靠性。结构可靠性是指一个设备或系统本身不出故障的能力，性能可靠性是指满足精度要求的能力。

对于可修复的产品或系统(设备)，修复的能力通常用维修性表示。维修性是指在规定条件下使用的产品或系统(设备)在规定的时间内，按规定的程序和方法进行维修时，保持或恢复到能完成规定功能的能力。

有效性是指可以维修的产品或系统(设备)在某时刻具有或维持规定功能的能力。产品或系统(设备)的可靠性和维修性能反映其有效工作能力，考虑产品的有效性和耐久性就可获得广义可靠性。

2.2.1.2 可靠度、维修度、有效度

可靠度是可靠性的尺度，它是指产品或系统(设备)在规定条件下和规定时间内完成规定功能的概率。

维修度是表示维修难易程度的客观指标，它是指在规定条件下与规定时间内，可修复产品或系统(设备)在发生故障后能够完成维修的概率。其中，规定条件与维修人员的技术水平、熟练程度、维修方法、备件以及补充部件的后勤体制等密切相关。

有效度是指在某种使用条件下和规定的时间内，产品或系统(设备)保持正常使用状态的概率。

2.2.2 系统可靠度

产品是由许多零件、组件及部件等组合而成的，它们通过相互作用而实现联系，以完成一定的功能。由此可见，产品的系统可靠度是建立在系统中各个零部件之间的作用关

系和这些零部件本身可靠度的基础上的。

系统可分为储备系统、非储备系统和复杂系统，如图2-3所示。其中，储备系统又可分为工作储备系统（热储备，部件在储备期间有可能失效且可立即被更换）与非工作储备系统（冷储备，部件在储备期间不会发生失效或失效率很小）。

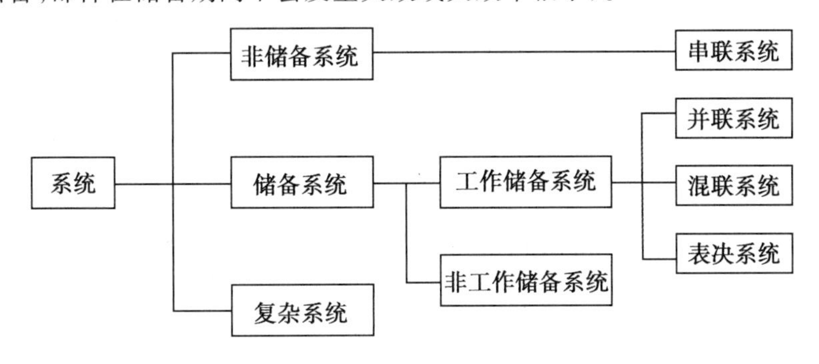

图2-3　系统分类图

2.2.2.1　串联系统

在组成系统的所有单元中，任一单元故障就会导致整个系统发生故障的系统称为串联系统，即只有当系统中所有单元都正常工作时，系统才能正常工作。串联系统属于非储备系统。

如图2-4(a)所示，系统由 n 个相互独立的单元组成，假定第 i 单元的可靠度为 $R_i(t)$，则系统的可靠度为：

$$R_s(t)=\prod_{i=1}^{n}R_i(t) \tag{2-1}$$

由式(2-1)可知，串联系统的可靠度小于或至多等于各串联单元可靠度的最小值。

2.2.2.2　并联系统

并联系统属于工作储备系统。它是指系统中只要有某一个单元能正常工作，系统就能正常工作，即只有系统中所有单元都失效时系统才会失效。

如图2-4(b)所示，并联系统由 n 个相互独立的单元组成，假定第 i 单元的可靠度为 $R_i(t)$，不可靠度为 $F_i(t)=1-R_i(t)$，则系统不可靠度可表示为：

$$F_s(t)=\prod_{i=1}^{n}F_i(t) \tag{2-2}$$

由可靠度与不可靠度的关系，可靠度可表示为：

$$R_s(t)=1-\prod_{i=1}^{n}F_i(t)=1-\prod_{i=1}^{n}[1-R_i(t)] \tag{2-3}$$

由式(2-3)可知，并联系统的可靠度大于或至少等于各并联单元可靠度的最大值。

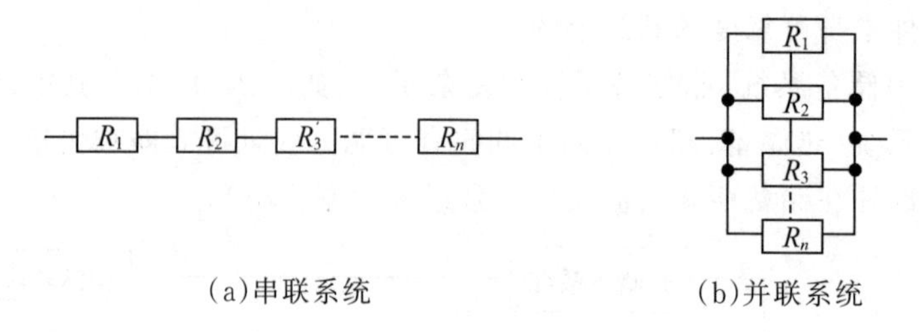

图2-4　串联系统和并联系统

2.2.2.3　混联系统

在实际系统中多为串并联的组合,称为混联系统,如图2-5所示。在这种情况下,可以先把每一组成单元(串联与并联)的可靠度求出,将系统转换成单纯的串联或并联系统,然后求出系统的可靠度。

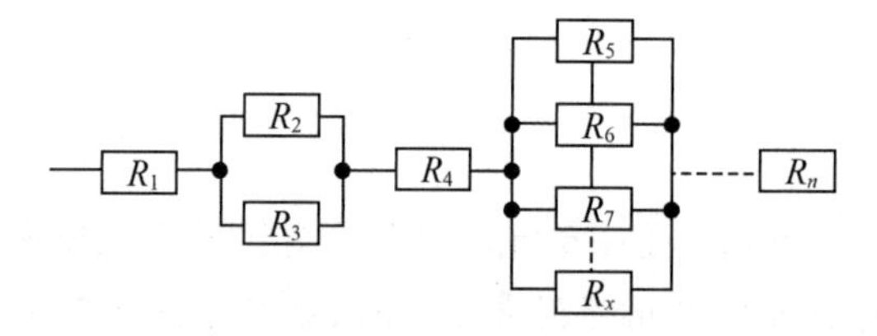

图2-5　混联系统

2.2.2.4　表决系统

表决系统的特征为:系统的n个单元中,至少要有$k(1\leqslant k\leqslant n)$个单元正常工作,系统才能正常工作,也称为$k/n$系统,如图2-6所示。

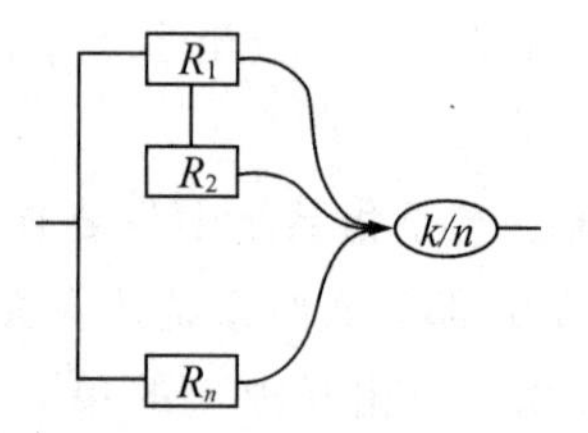

图2-6　表决系统

设表决系统中每个单元的可靠度均为$R(t)$,由二项式定理可导出系统可靠度为:

$$R_s(t)=\sum_{i=k}^{n}C_i^n R^i(t)[1-R(t)]^{n-i} \tag{2-4}$$

式中:n——系统内的单元数;

k——系统正常工作必需的最少正常的单元数。

当k的值为1时,系统为并联系统,即只要有一个单元正常工作,则系统就正常工作;当k的值为n时,系统为串联系统,即n个单元全部正常工作,系统才能正常工作。

2.2.2.5　非工作储备系统

考虑$n=2$时的储备系统，一台部件工作，另一台备用。假定备用期间部件不失效且开关是理想的，根据复合事件概率的计算方法，可得系统的可靠度为：

$$R_{12}(t)=R_1(t)+\int_0^t R_2(t-t_1)f_1(t_1)\mathrm{d}t_1 \tag{2-5}$$

式中：t_1——部件1的平均工作时间；

$R_1(t)$——部件1工作到时间t的可靠度；

$\int_0^t R_2(t-t_1)f_1(t_1)\mathrm{d}t_1$——部件1失效后，部件2继续工作对系统可靠度的贡献。

若部件1和部件2的故障均服从指数分布，且故障率为常数λ，则：

$$R_{12}(t)=\mathrm{e}^{-\lambda t}(1+\lambda t) \tag{2-6}$$

若继续推广，由n个指数分布的部件组成的储备系统的可靠度为：

$$R(t)=\mathrm{e}^{-\lambda t}\sum_{k=0}^{n-1}\frac{(\lambda t)^k}{k!} \tag{2-7}$$

式(2-7)为泊松分布，因此用泊松分布形式计算储备系统的可靠度。

2.2.2.6　复杂系统

在有些系统中，各单元之间是一种网络结构的可靠性问题，并不能简单归纳为某一类系统模型，这类系统即复杂系统，如图2-7所示。

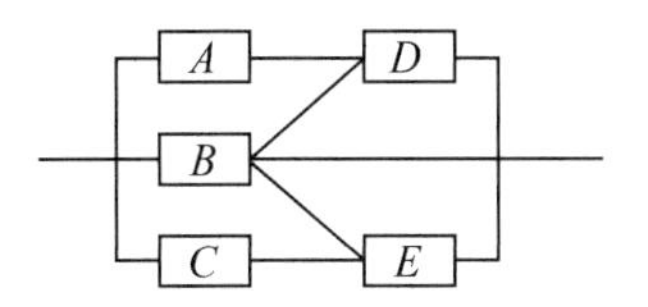

图2-7　复杂系统

计算复杂系统的可靠度可用布尔真值表法、结构函数法、最小路集法、概率分解法、联络矩阵法等方法。

2.2.3　交通系统可靠性理论体系

近年来，可靠性研究逐渐受到人们的重视，一些学者将可靠性分析引入到交通系统。主要研究集中在连通可靠性、行程时间可靠性、容量可靠性、出行行为可靠性等方面，其他交通系统可靠性也陆续被提出。交通系统可靠性指标体系如图2-8所示。

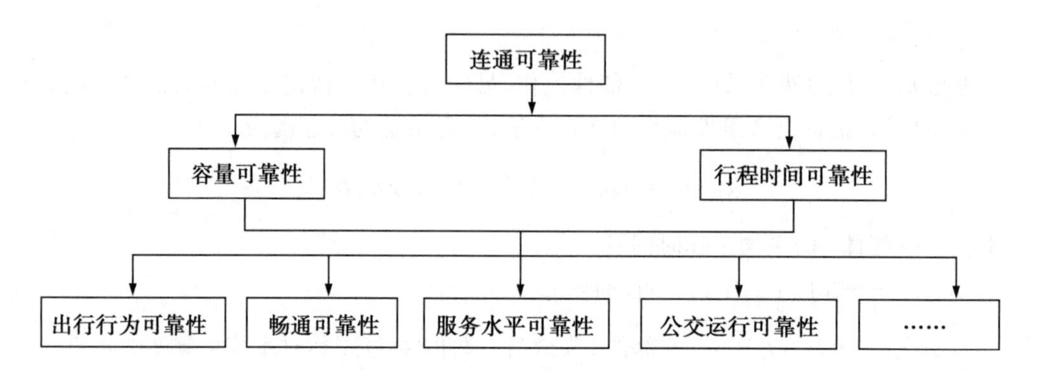

图 2-8　交通系统可靠性指标体系

2.2.3.1　连通可靠性

在连通可靠性研究方面，最先关注的问题是诸如受自然灾害等影响的交通事件的连通可靠性，最初由日本的迈恩(Mine)和井川(Kawai)在 1982 年提出。连通可靠性(Connectivity Reliability)是指网络中的节点保持连通的概率。当某一时刻 OD 对[OD 通常是指"起点-终点"(Origin-Destination)对。具体来说，OD 对描述了人们或货物在交通网络中的起点和终点，通常用于分析交通需求、预测交通流量、优化交通网络等]之间至少还存在一条路径时，则该 OD 对是连通的。连通可靠性路网中的路段有两种状态：连通或者不连通，即具有最大通行能力或通行能力为零。路段通行能力为零，表示路段不连通；反之，则连通。

连通可靠性研究最初较多采用二值法，主要应用在地震和恐怖事件等极端条件下的路网运行状态评价中。它的本质缺陷是只允许路段有两个状态：要么最大能力的运转，要么瘫痪。因此，它不适用于正常状况下交通网络可靠性的分析。

计算网络可靠度的主要算法有图论、布尔代数、整数规划等，这些算法的差别主要体现在计算效率方面。然而，对于一个复杂的路网系统来说，同一路段的状态变量会在结构函数表达式中出现多次，要获得系统可靠度的确定值，必须确定结构函数中包含所有路径并将其进行不交化处理，确保这些路径之间不会相互影响或干扰。因此，对于大规模网络的连通可靠性计算一般采用近似算法。

2.2.3.2　行程时间可靠性

行程时间可靠性是评价出行时间稳定性的一种指标，它也是考察路网可靠度的一种常用测度方法。1991 年，阿萨库让(Asakura)、卡什瓦达尼(Kashiwadani)等人提出了行程时间可靠性的概念。行程时间可靠性(Travel Time Reliability)是指在给定的服务水平的时间内，交通参与者从出发地到目的地成功出行的概率。它揭示了行程时间易变性的规律，可用作确定道路服务水平的标准，可表示为：

$$R(t)=P(t \leqslant t_{m}) \tag{2-8}$$

式中：$R(t)$——OD 对的 rs 间出行时间可靠性；

t——OD 对的 rs 间最小出行时间；

t_m——事先给定的阈值。

OD矩阵中的rs值表示从起点到终点的出行时间、距离或费用等交通出行指标的数值(在这里是出行时间)。OD矩阵中每个起点到终点的组合都有一个对应的rs值,用于计算出行者在不同交通模式下的出行成本、效率和可行性等。根据研究侧重点的不同,行程时间可靠性又可分为路径行程时间可靠性、OD对行程时间可靠性以及系统行程时间可靠性。路径行程时间可靠性是指给定路径上的行程时间在可接受阈值内的概率;OD对行程时间可靠性是综合给定OD对之间所有被用户使用的路径行程时间以得到一个关于OD对服务水平的测度;系统行程时间可靠性则是考虑所有OD对得到的整个系统服务水平的指标。

道路在路段通行能力不变的情况下,影响行程时间可靠性的因素有:由于OD出行量的变动而造成的路段流量的波动以及驾驶人在对交通状况不完全了解的情况下做出的路径选择行为。在道路受损的情况下,影响行程时间可靠性的因素除了上述两者外还包括路段通行能力的下降。

2.2.3.3　容量可靠性

容量可靠性(Capacity Related Reliability)的概念是美国学者安东尼·陈(Anthony Chen)等人提出的,它是指在一定服务水平下,路网容量能够满足一定交通需求水平的概率。这个定义是建立在备用能力基础上的。备用能力定义为现有OD需求量矩阵的一个最大乘子,当按照用户最优分配到路网上时,满足路段通行能力约束。影响容量可靠性的因素有:路段通行能力的下降以及驾驶人在对交通状况不完全了解的情况下做出的路径选择行为。

根据该定义,要计算容量的可靠性,首先要确定基于路线选择行为的路网最大容量,提出了路网储存容量(Network Reserve Capacity)系数,即一个已知需求的OD矩阵扩大若干倍以后,将其分配到路网上时,既不会大于路段的通行能力,也不会超过预先规定的流量与容量之比,这个最大的倍数就被称为路网储存容量系数,此系数采用解析的方法可以求得。该方法与沃德罗普(Wardrop)路径选择行为相一致,容量可靠性可表示为:

$$R_c = P(\mu > \mu_r) \tag{2-9}$$

式中:R_c——容量可靠性;

μ_r——给定的路网服务水平;

μ——OD对最大乘子。

与行程时间可靠性相比,容量可靠性是一个更为综合的路网性能指标,为管理者提供了有效控制交通流、增加路网容量所需的重要信息,也是交通工程师进行道路规划等工作的重要工具。应该注意的是,连通可靠性是容量可靠性的特例,而行程时间可靠性通过用户的路径选择行为与容量可靠性相互联系。

2.2.3.4　其他路网可靠性研究方法

除了上述可靠性指标外,也有学者基于其他系统目标研究了道路交通网络可靠性问题。陈(Chen)等人提出了道路网络通行能力可靠性概念,并于2002年再次系统阐述了路网通行能力可靠性,建立了通行能力可靠性评价方法。贝尔(Bell)基于最不利假设原则,利用博弈论的方法来估计路网可靠度,建立了混合策略下的纳什均衡模型。彭斯俊等人提出了全局意义上的路网可靠性模型,并进行变结构交通网络优化设计,将可靠性概念应用于道路网络规划中。

回顾可靠性研究历程,可将道路系统可靠性指标关系总结,如图2-9所示。

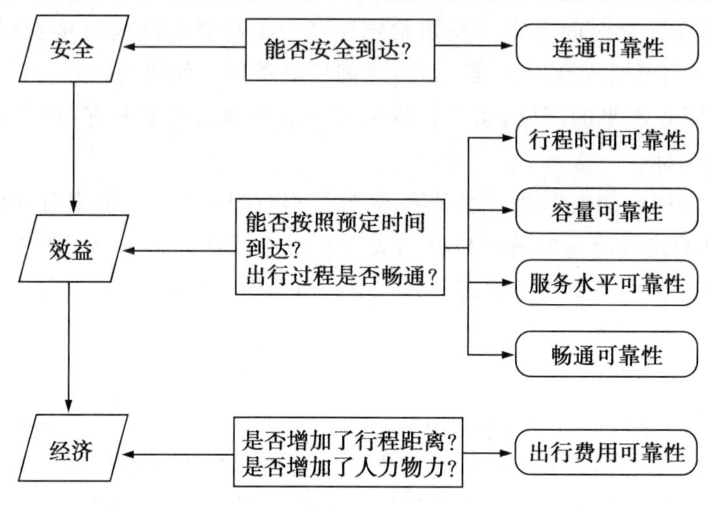

图2-9　道路系统可靠性指标关系

目前交通可靠性研究整体上还是偏向理论化,虽然有一些研究将可靠性研究和实际应用联系起来,但一定程度上缺乏数据的支撑以及工程应用背景,如何将可靠性有效地应用于交通实践中是研究的最终目标。

2.3　交通事故预防理论

交通事故防治是运用系统工程的思想和方法,分析交通事故信息,揭示交通事故发生、发展的规律,科学、有效地预测道路交通系统未来可能出现的状况,综合运用系统论、控制论、行为科学、管理科学、风险决策科学和工程技术等方面的知识,对交通事故的演化机理、相关因素进行定性和定量分析,对交通事故防治对策的分析、评价、优化方法和技术进行研究以及对道路交通安全进行控制的方法。

2.3.1　事故预防原则

交通事故是有其特有规律的,只要对系统进行详细地分析,认真总结以往事故发生的规律,采取合理、科学的预测技术,从不同的角度对其进行有效地预测,全面把握道路交通系统未来可能出现的状态,进而预先采取相应的控制措施,就可对交通事故进行预防。

事故的预防工作应该从技术和组织管理两方面考虑,一般来说,交通事故的预防工作应该遵循如下几个原则。

(1)防患于未然原则。预防交通事故的关键在于减少或控制危害。应做好交通安全的基础性工作,采用各种先进的技术手段和危险源辨识方法,及时发现和处理事故隐患,消除人的不安全行为和物的不安全状态,避免事故的发生。只有控制、消除危险源和事故隐患,才能从根本上防止交通事故的发生。

(2)事故根除原则。要确保道路交通系统的安全,首先应对交通事故进行全面的调查与分析,找出导致事故发生的各种原因(如人、车辆、道路、环境等),彻底消除造成事故的管理原因和基础原因,避免它们发展成为物的不安全状态和人的不安全行为。

(3)全面治理原则。交通事故的原因是多方面的,包括交通参与者、车辆、道路、交通环境、交通组织、交通安全管理水平、交通法律法规等多方面的因素。要预防和减少交通事故,就必须在查明事故原因的基础之上,综合各学科的研究成果,从工程技术、信息技术、管理和教育等方面采取系统的措施,从总体高度提高预防交通事故的能力,进而有效地控制事故的发生,确保道路交通系统的安全功能达到最优。

(4)科学预测原则。预防措施的有效性取决于对研究对象发展状况的了解程度,只有全面掌握具体状况,才能制定科学和行之有效的预防措施。因此,在交通安全管理工作中应依据实际情况,从系统的不同方面入手,依据对象的特点,采用不同的方法对系统进行全面有效的预测,使交通安全管理决策者全面综合地评判系统未来可能出现的状况或发展趋势,进而采取有效措施,确保道路交通系统的安全功能得以正常发挥。

2.3.2　交通事故可预防原理

交通事故可预防原理是通过交通事故因果性、随机性、潜伏性、可预防性、动态性等几个方面的特点体现出来的。

(1)因果性。交通事故的因果性是指交通事故是在相互联系的多种因素(如人、车、道路、环境、管理等)共同作用下造成的。交通事故发生的原因是多方面的,在伤亡事故调查分析过程中,应弄清事故发生的因果关系,找到事故发生的主要原因,才能对症下药,从而进行有效地防范。

(2)随机性。交通事故的随机性是指交通事故发生的时间、地点、事故后果的严重性是偶然的。这说明事故的预防具有一定的难度。但是,事故这种随机性在一定范畴内也遵循统计规律,从事故的统计资料中可以找到事故发生的规律性。因而,事故统计分析对制定正确的预防措施有重大的意义。

(3)潜伏性。表面上,交通事故是一种突发事件,但是事故发生之前有一段潜伏期。在事故发生前,人、车、路、环境系统所处的状态是不稳定的,也就是说系统存在着事故隐患,具有危险性,如果这时有一触发因素出现,就会导致事故的发生。掌握交通事故潜伏性对有效预防事故有着关键作用。

(4)可预防性。任何事故从理论和客观上讲,都是可预防的。认识这一特性,对坚定信念,防止事故发生有促进作用。因此,人类应该通过各种合理的对策和努力,从根本上消除事故发生的隐患,将交通事故发生的可能性降到最低。

(5)动态性。交通事故是由人、车、路、环境等因素相互作用的不良结果。人、车、路、环境这四个要素都是在变化的,所以交通事故发生的可能性也是在不断变化的。这就要求人们在预防交通事故的时候,要用变化的观点和与时俱进的精神,对具体问题进行具体分析。

2.3.3 事故预防的“3E”准则

海因里希把造成人的不安全行为和物的不安全状态的主要原因归结为四个方面:不正确的态度,技术、知识不足,身体不适,不良的工作环境。针对这四个方面的原因,海因里希提出在工程技术方面改进、说服教育、人事调整和惩戒四种对策,后来被归纳为著名的“3E”准则。在交通事故预防方面,包括以下几点。

(1)工程(Engineering),即利用交通工程技术手段消除不安全因素,实现道路、交通基础设施等要素的安全。

(2)教育(Education),即利用各种形式的教育和训练使交通参与者树立安全第一的意识,掌握交通安全所必需的知识和技能。

(3)法规(Enforcement),即借助交通规章制度、法规等必要的行政乃至法律手段约束人们的行为。

安全技术对策着重解决物的不安全状态问题,安全教育对策和管理对策则主要着眼于人的不安全行为问题。安全教育对策主要使人知道在哪里存在危险源、事故的可能性和严重程度如何、对于可能的危险应该怎么做,安全管理措施则是要求必须怎么做。

要做好道路交通事故预防工作必须以工程技术、教育培训和法制管理为主体。为了防止事故发生,不仅要在上述三个方面实施事故预防与控制的对策,还应始终保持三者间的均衡,合理地采取相应措施,只有综合使用上述措施,才有可能做好事故预防工作。

2.3.4 道路交通事故预防体系

事故预防体系是有效解决道路交通安全问题的基础体系,也是从根本上解决安全问题的一个体系。预防体系由理论、技术以及管理三方面构成,如图2-10所示。

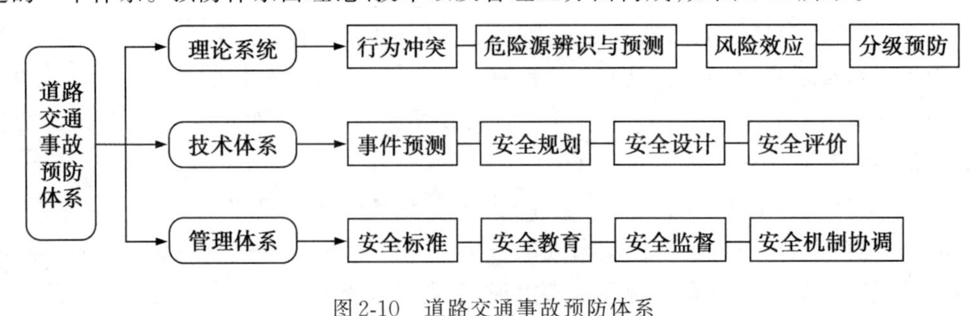

图2-10 道路交通事故预防体系

2.3.4.1 道路交通事故预防理论体系

道路交通事故预防理论体系是针对道路交通事故特性,基于事故预防的普遍性机理构建的一套理论体系，旨在为技术体系的开发以及管理体系的构建提供理论基础。

(1)行为冲突机理。道路交通事故的发生是一系列行为冲突过程的不同表现。行为冲突原因很多：生理的、心理的或系统的等等。如何识别系统行为冲突，构建系统行为规范体系与预防体系，对行为冲突做出快速响应，是行为冲突机理所要研究的关键问题。

(2)危险源辨识机理。危险源辨识机理侧重于从微观角度研究道路交通系统行为冲突中的危险因素及其转化条件，通过建立事故模型模拟交通事故的发生机理。

(3)风险效应机理。风险效应机理研究道路交通系统中可能发生的事故类型及其影响范围，根据对某种事故发生概率的预测与损失程度的评价，合理规划预防性投入与事故整改投入的关系，确定合理的投资结构。

(4)分级预防机理。道路交通事故的类型、发生概率以及可能的损失程度有很大差异，如何根据不同类型的事故采取不同预防措施，使事故的发生概率及其损失程度保持在可接受的水平之内是分级预防机理研究的核心。

2.3.4.2　道路交通事故预防技术体系

道路交通事故预防技术体系是预防理论体系在技术层面的延伸，由事件预测技术、安全规划技术、安全设计技术以及安全评价技术组成，如图2-11所示。其中，事件预测技术和安全评价技术主要实现对道路交通系统的安全评估，明确道路交通系统的安全目标。安全规划技术与安全设计技术则分别从宏观角度与微观角度对道路交通安全进行合理规划与安全设计。

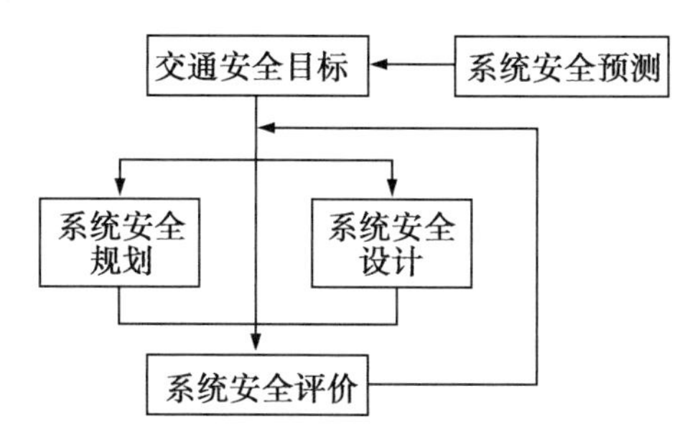

图2-11　道路交通事故预防技术体系

2.3.4.3　道路交通事故预防管理体系

预防管理体系的构建是基于预防基础理论的分析以及技术条件的支撑，实现对道路交通事故的点、线、面预防的综合管理模式，主要可分为安全标准、安全教育、安全监督以及安全机制协调。

(1)安全标准。应构建道路交通系统的安全标准，以此标准来评价道路交通系统的安全状态，实施安全教育、安全监督以及安全综合协调。

(2)安全教育。安全教育以道路交通系统中的“人”为安全的出发点及归宿，从人的角度预防事故，提高交通安全水平以及保护人的安全。

(3)安全监督。安全监督是道路交通事故预防管理体系得以顺利实施的推动力，是实施效果得以有效反馈的重要保障。

(4)安全机制协调。安全机制协调要求在道路交通系统中设置全面、系统、有效的安全管理组织网络,合理配置安全组织机构、科学划分安全机构职能,使安全管理的机制协调高效。

2.3.5 道路交通事故预防对策

控制交通事故应当采取本质安全化方法。本质安全是指从开始就从本质上实现安全、从根本上消除事故发生的可能性,从而达到预防事故发生的目的。本质安全是人类在生产、生活实践的发展过程中,在安全认识上取得的一大进步,它表示人们对事故由被动接受到积极预防的转变,以实现从源头杜绝事故和保护人类自身安全的目的。

以下针对人、车、道路环境、管理、事故应急机制等几方面,从本质安全角度出发,给出预防交通事故的控制对策。

2.3.5.1 人安全化

人是交通活动的主体,是交通事故的制造者又是直接受害者。因此,人为因素的控制显得非常重要。人为事故的预防和控制之所以重要,是在研究人与事故的联系及其变化规律的基础上,认识到了人的不安全行为是导致与构成交通事故的要素。要想有效预防、控制人为事故的发生,就必须依据人机工程学原理和交通安全心理学等原理,运用人为事故规律和预防、控制事故原理,联系实际而研究出一种对交通事故进行超前预防和控制的方法。

加强对人为因素的控制与预防的措施主要有:加强对交通参与者的安全教育与培训,强化交通参与者对交通环境的适应能力,提高人的安全技能,合理调节交通参与者的心理状态等。

2.3.5.2 车辆安全化

车辆造成的交通事故及损害后果与车辆性能密切相关。车辆制动器失效或制动效果不佳、转向系失效等原因会导致交通事故的发生。车辆结构、保险杠、安全气囊、安全带、车内设计等因素也直接影响着交通事故的损害后果。因此,提高车辆性能可以减少交通事故、减轻损害后果。

加强车辆安全化的措施主要有:加强车辆的安全性(包括车辆的主动安全性和被动安全性等),加强车辆日常维护与技术检查(如对车辆牌证实行计算机联网管理、对超龄车辆实行淘汰报废、改革营运车辆的安全检查制度等)等。

2.3.5.3 道路环境安全化

一般而言,道路环境条件主要影响道路交通参与者获取正确信息的能力,进而影响交通事故的发展进程。从事故致因理论可以看出,道路环境的安全化是保障道路交通系统安全功能得以正常发挥的重要组成部分。

加强道路环境安全化的措施主要有:加强道路的安全设计,线形设计的宜人化,道路与环境相适应等。

2.3.5.4　交通安全管理对策

道路交通安全管理是公安交通管理机关的一项重要工作,但保障交通安全是全社会的责任。因此,交通安全管理必须依靠社会力量的参与,进行综合治理,走交通安全社会化和现代化之路,才能最大限度地预防和减少交通事故。

提高道路交通安全管理能力的措施主要有:建立健全交通管理法律法规以及规章制度,严格纠正和处理交通违章,采用先进交通管理手段,提高管理者的素质以及加强交通规划,合理组织交通流等。

2.3.5.5　交通事故的紧急救援对策

交通事故紧急救援系统的任务是及时准确获取交通事故信息,协调有关各方迅速调集救援资源,采取紧急救援行动,交通事故发生后,提供紧急服务,包括消防、救护、环保、车辆牵引起吊,以便于车辆发生故障时,提供维修服务,帮助陷于困境的车辆驾驶人摆脱困境,在交通事故可能影响的范围内,为行车的驾驶人和乘客提供信息服务。其目的就是以最快的反应速度、用最短的时间排除事故影响和恢复交通,针对事故造成的后果应考虑提供救援资源。

此外,随着信息化水平的不断提高、行业企业的持续努力以及国家政府部门的高度重视,我国智能交通行业的技术水平取得了长足的进步,智能交通系统已从早期的探索阶段进入了实际开发和推广应用阶段。其与交通安全有关的功能包括:交通管理系统(在途驾驶人信息、路径引导、交通控制、突发事件管理、公铁交叉口管理等)、应急管理系统(紧急事件通告与人员安全、应急车辆管理)、商用车辆运营系统(自动路侧安全监测、车载安全监测、危险品应急响应等)、车辆控制与安全系统等。系统提供了一套先进的手段和科学的方法,能对道路交通状况进行全面控制和有效管理,进而提高人、车辆、道路环境等的安全水平,减少交通事故的发生,确保道路交通系统的安全功能得以最优发挥。

习题

(1)何谓多米诺骨牌理论?根据多米诺骨牌理论,应当如何防止交通事故的发生?

(2)结合具体事故案例,说明如何运用事故致因理论分析交通事故的发生原因。

(3)预防人的差错的容错与防错措施主要有哪些?

(4)预防交通事故应当遵循哪些基本原则?

(5)道路交通事故演化的一般过程是什么?

第3章　人与交通安全

道路交通安全与所有交通参与者都有直接关系，尤其是与作为交通强者的机动车驾驶人的关系更加密切。在汽车的行驶过程中，驾驶人的感知、判断和操纵三者中任何一项行为出现失误，均可能引起道路交通事故。

本章主要研究人在道路交通中的行为规律，分析人产生失误的原因，寻找预防失误的方法，以求达到减少道路交通事故、保证道路交通安全的目的。本章分别介绍了驾驶人、行人和骑乘者的交通特征及事故心理，同时介绍几种典型的违章行为。

3.1　驾驶人特征

3.1.1　驾驶人视觉特性

在人的众多感知通道中，视觉是人获取外界交通信息的第一通道。驾驶人的眼睛是保证安全行车的重要感觉器官，眼睛的视觉特性与交通安全有密切的关系。无论是静态信息还是动态信息，有80%以上的交通信息是驾驶人靠视觉获取的。

汽车行驶中，驾驶人的视觉判断能力与车辆速度有关。当车速变化时，驾驶人对车外环境的判别能力也发生变化。驾驶人的视觉判断能力在车辆行驶与静止时完全不同，车辆高速行驶时，驾驶人因注视远方，视野变窄。实验表明：速度为40 km/h时，视野角度低于100°；速度为70 km/h时，视野角度低于65°；速度为100 km/h时，视野角度低于40°。因此，对于设计行驶速度较高的道路，特别是高速公路，道路两侧必须要有隔离措施，而且车行道旁不许行人或自行车通行，以免发生危险。另外，驾驶人在驾驶中观察事物时，视线焦点随速度增加而距离变远。实验表明：速度为40 km/h时，眼睛至焦点的距离为200 m，速度为60 km/h时，该距离则为335 m。掌握这些特点，对研究交通安全至关重要。

3.1.1.1　视力

视力也叫视敏度，是指分辨细小的、遥远的物体或物体的细微部分的能力。视敏度的基本特征就在于辨别两物体之间距离的长短。视力分为静视力、动视力和夜间视力三种。

(1)静视力。静视力即静止时的视力,是指在人和视标都不动的状态下检查所得的视力。视力的国际测定方法是以能识别的最小两点所形成的视角为标准,目前采用由1909年第11次国际眼科学会制定的缺口环(C字形环)作为测定视力的“标准环”。这个缺口环,其底色为白色,环为黑色,环的外径为7.5 mm,环宽和缺口均为1.5 mm,如图3-1所示。若在距离为5 m的情况下能辨认出此缺口,则视力为1.0,此时对于缺口的视角为1′;若视角为2′时能看清缺口,则视力为0.5;视角为5′时能看清缺口,则视力为0.2;以此类推。我国对于驾驶人的视力要求是两眼均在0.7以上(可戴眼镜);日本对于领取普通驾驶执照的驾驶人的视力要求为两眼视力在0.7以上,大型车辆及3.5 t以上的小型车辆和车速在40 km/h以上的机器脚踏车的驾驶人,则要求其两眼视力均在0.8以上(包括矫正视力)。在美国,各州的视力标准不一样,一般要求最低视力为0.5(不包括矫正视力)。

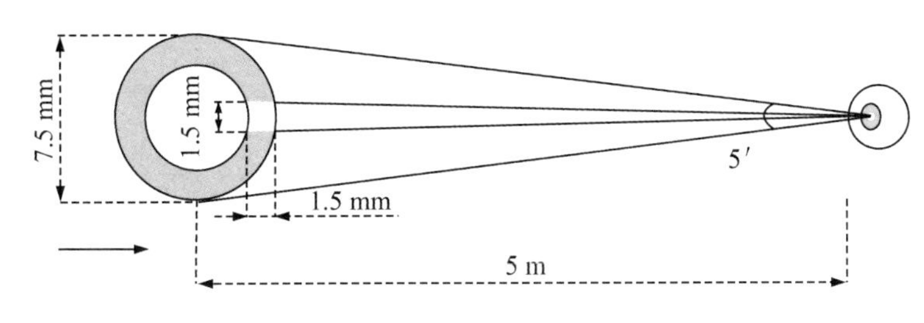

图3-1 视力的国际测定方法

(2)动视力。动视力是指人和视标处于运动状态(其中的一方运动或两方都运动)时检查所得的视力。驾驶人的动视力随车辆行驶速度的变化而变化,速度提高,动视力降低,如图3-2所示。一般来说,动视力比静视力低10%～20%,特殊情况下比静视力低30%～40%。例如,当车辆的行驶速度为60 km/h时,驾驶人可看清距离车辆240 m处的交通标志,但速度提高到80 km/h时,则连160 m处的交通标志都变得模糊。

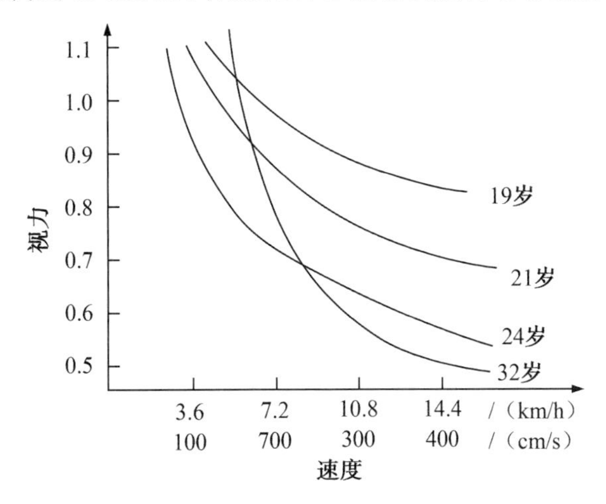

图3-2 动视力与速度的关系

驾驶人的动视力还随着客观刺激显露时间的长短而变化,当目标急速移动时,视力会下降,视力下降情况如图3-3所示。在照明亮度为20 lx的条件下,当目标显露时间长达1/10 s时,视力为1.0;当目标显露的时间为1/25 s时,视力下降为0.5。一般来讲,目标做垂直方向移动引起的视力下降比做水平方向移动所引起的视力下降要大得多。此外,动视力还和年龄相关,年龄越大,动视力与静视力之差越大。

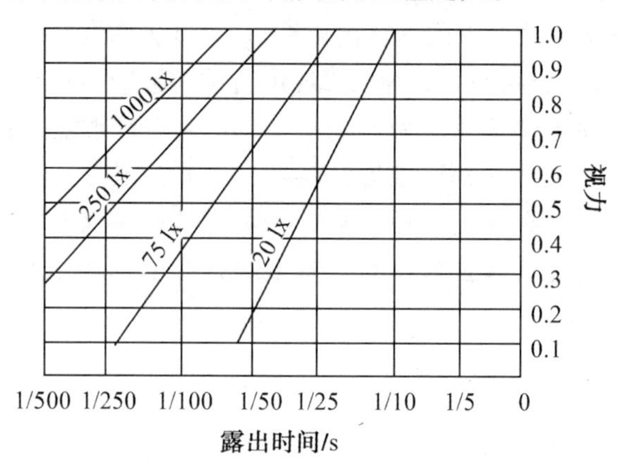

图3-3　刺激显露时间与视力的关系

(3)夜间视力。夜间视力与光线亮度有关,亮度加大可以增强夜间视力,当照度在0.1～1000 lx的范围内时,两者近乎呈线性关系。夜晚照度低引起的视力下降叫作夜间近视,研究发现,夜间的交通事故往往与夜间光线不足、视力下降有直接关系。

对于驾驶人来说,一天中最危险的时期是黄昏。因为黄昏时光线较暗,不开灯视线差,当打开前照灯时,其亮度与周围环境亮度相差不大,驾驶人也不易看清周围的车辆和行人,往往会因观察失误而发生事故。

夜间车辆打开前照灯行驶时,汽车驾驶人应注意以下几种关系。

①夜间视力与物体大小的关系:在白天,大的物体即使在远处也可以确认,但在夜间,离汽车前照灯的距离越远,照度越低,因此在远处,即使大的物体也不易看清。

②夜间视力与物体高度的关系:驾驶人在汽车会车时要将行驶光束变成会车光束(一般会车光束要比行驶光束低),这时处于低位置的物体比处于高位置的物体更容易被发现,且更清晰。

③夜间视力与物体对比度的关系:在夜间,对比度大的物体比对比度小的物体更容易确认。对比度大时,认知距离与确认距离相差较大,此时驾驶人有充分的反应时间,行车比较安全;对比度小时,认知距离与确认距离相差较小,行车容易产生危险。在驾驶人夜间行车可能遇到危险的地方要设置对比度大的警告标志。

④夜间视力与物体颜色的关系:色彩与交通有着密切的关系,红色、白色及黄色是最容易辨认的,绿色次之,而蓝色则是最不容易辨认的。在同样的气候条件下,对于同样一种颜色,夜间的识认性较白天差得多。夜间行车时,驾驶人对于物体的识认能力,是因物体的颜色不同而不同的。

⑤夜间行车驾驶人对路面的观察:车灯直射路面时,凸出处显得明亮,凹陷处很黑,

驾驶人在行车中可根据路面明暗来避让凹坑。但由于灯光晃动,有时判断不准。若远处发现的黑影在车辆驶近时消失,可能是小凹坑;若黑影仍然存在,可能凹坑较大、较深。有月亮的夜晚,路面为灰白色,积水的地方为白色,而且反光、发亮;无月亮的夜晚,路面为深灰色。若行驶中视野突然发黑,则表示前方是公路转弯处。

⑥夜间行车驾驶人对行人的辨认:实验发现,在夜间,行人衣服对驾驶人辨认距离影响很大。有些国家规定,夜间在道路上作业的人员必须穿黄色反光衣服,以确保人员安全。另外,如果驾驶人受到对面来车前照灯的影响,对行人的辨认能力将降低,降低的程度与对方来车前照灯的光轴方向、对方车辆与本车及行人的相对位置等因素有关。此外,一般来说,在道路中心线上的行人比在路侧的行人更容易被驾驶人发现。但在市区,会车时情况恰好相反,因为会车时驾驶人的视线会偏向对向车前照灯轴偏中心线的一侧,由于晃眼不易看清中心线的人和物。因此,夜间在中心线站立的人最危险。

由于夜间行车的视线差,夜间的道路事故危害性、破坏性一直居高不下。针对夜间行车的特点,驾驶人需要掌握必备的夜间安全常识,例如切忌超速行驶、防止近距离跟车行驶、拒绝疲劳驾驶、正确使用灯光等。同时国家也应进一步加强道路交通安全设施建设,如在夜间交通密闭的行车区域内设置防眩目的设施、安装最新的照明设施、采用新型的反光标志标线,使驾驶人更容易看到道路交通信息。随着驾驶人安全意识的提高以及交通基础设施的完善,夜间交通安全事故会进一步减少。

3.1.1.2　视野

驾驶人在驾驶车辆时,注视前方,两眼能够看到的范围称为视野。当人处于静止状态,头部不动,眼球转动所能看到的范围称为静视野,一般有180°左右。在这180°的视野中,只有60°的范围是两眼同时看到的,称为复合视野,人的注意力都集中在复合视野中。

交通心理学研究结果表明,当人处于运动状态时,注视的焦点会前移,复合视野的范围会变窄,称为动视野。运动速度越快,动视野范围越小,以至于产生“隧洞视”。在交通管理中,考虑到车速越快视野下降越多这一特点,一般重要的信息应用相应的标志设置在车道上方,或用路面标志加以标记,如指路标志、限速标志、车道标志等。

3.1.1.3　适应

在实际道路交通中,驾驶人行车时遇到的环境光照度是变化的。当光照度发生变化时,驾驶人的眼睛要通过一系列生理过程进行适应,这种适应主要靠瞳孔大小的变化及视网膜感光细胞对光线敏感程度的变化来实现。当光线由亮变暗时,由于视觉的习惯性,视力需要恢复,称眼睛的这种特性为“暗适应”;反之,当光线由暗变亮时,视力也需要恢复,这种特性叫作“明适应”。

车辆进入暗室时,驾驶人大概需要15 min才开始适应,要完全适应则需要30 min以上,而明适应一般只要几秒到一分钟。图3-4为暗适应的时间经过,这一过程可分为两个阶段,开始5～6 min内曲线下降比较平缓,这一段称为A段,15 min以后,又开始缓慢下降,此段称为B段。暗适应过程对行车安全影响最大,例如,汽车在白天驶入公路隧道时,光线突然由明变暗,在进入隧道最初的几秒钟内,驾驶人可能感到视觉障碍,为了适应人眼的特性,隧道入口处应加强照明,汽车进入隧道后必须打开前照灯。

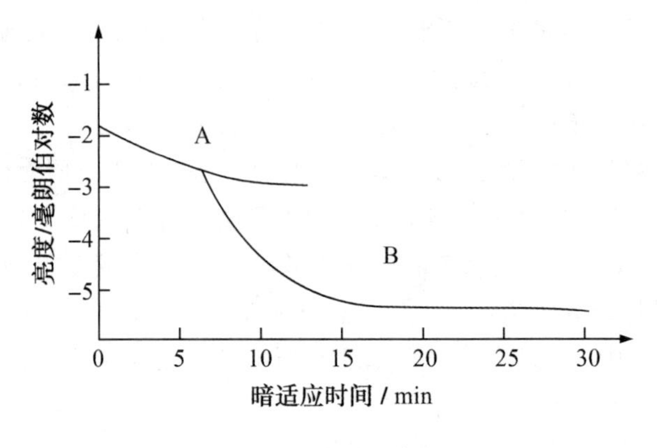

图 3-4　暗适应曲线

当汽车行驶在明暗急剧变化的道路上时,由于视觉不能立即适应,容易发生视觉危害。为了防止视觉危害,必须减少由亮到暗引起的落差,通常采用慢慢减低照明度的方式,即缓和照明。国外一些城市,在城区与郊区边界往往将路灯距离慢慢拉长,直到郊区人较少时才不设路灯,这样避免由市区到郊区的人感到亮度突然变化,从而达到交通安全的目的。

3.1.1.4　眩光

眩光即通常所说的晃眼,是指光在眼球内的角膜与网膜之间的媒介中产生散射而引起的反应。眩光一般分为两种,即生理性眩光和心理性眩光。生理性眩光是由于强光入射眼球内,在角膜和网膜之间的介质中发生散射,致使驾驶人视觉感受到的亮度对比度大大降低,因而造成视觉伤害,如驾驶人在夜间开车时被晃眼;心理性眩光则是由于眼睛经常受到高亮度光源的刺激,使眼部产生不舒适感和疲劳感,如街道照明引起的晃眼。

影响眩光的因素包括光源的发光强度、光源外观的大小、光源与视线的相对位置、光源周围的亮度、光源对眼部的照度、眼睛的明暗适应性、视野内光束发散度的分布。一般情况下,眩光可使视力下降25%,而恢复视力需要30～40 s的时间。实验表明,驾驶人感觉到眩光的距离为100 m±25 m。此外,我国和其他一些国家的交通事故统计表明,夜间的交通事故率比白天大1～1.5倍。

眩光严重影响行车安全。据研究,戴防眩眼镜或服用防眩药物均有一定效果。另外,可在道路中间设置防眩网或在中心隔离带植树,以减少对向车灯照明影响。驾驶人应做到:①严格遵守交通法规,夜间会车时距对面来车150 m内,不使用远光灯,应采用近光灯;②尽量避免直视明亮光线,会车时如对向车使用远光灯,尽量使视线远离对方车远光灯的明亮光线;③驾驶人在夜间行车时要适当降低速度,会车时应慢速行驶。

3.1.2　驾驶人听觉特性

3.1.2.1　基本概念

听觉是人类和许多动物共同具有的感觉现象之一。人的听觉是借助耳朵来实现的,是对一定频率范围内声音刺激的感觉。

听觉有音高、响度和音色的区别。音高是声音的高低，由声音的振动频率所决定；响度是声音的强弱，由声波的振幅决定；音色是由不同的发音体所发出的不同声音，由声波的波形决定。三者的组合，可以传输不同的声音信号。

声音可分为乐音和噪声，其中乐音对身体无害，噪声对身体有害。汽车噪声分为车内噪声和车外噪声两种。对驾驶人来说，影响较大的是车内噪声，主要来自发动机、吸排气、冷却风扇、轮胎及空气系统的噪声。驾驶人长期处于噪声环境中，听力会逐渐发生退行性及萎缩性变化，甚至听觉感受器会发生器质性病变，有的发展为噪声性耳聋。此外，噪声对驾驶人的危害还表现在其他方面，比如视觉运动反应时间延长、中枢神经系统功能下降、彩色视野缩小、视觉清晰度下降等。研究表明，当车内噪声超过95 dB时，发生车祸的概率会大幅度增加。

要避免和减轻噪声对驾驶人的危害，需要对交通环境进行综合治理，也需要从汽车工程角度加以改进。同时，还需要对驾驶人进行系统的听觉训练，以使驾驶人能够掌握车辆正常行驶的整体噪声状况，一旦汽车机件工作状况异常，驾驶人能够及时发现声音的变化并找到故障所在。

3.1.2.2　驾驶人的听觉

在交通活动中，听觉的重要性仅次于视觉，它对视觉可以起到重要的补充作用。听觉的特点是反应快、准确性高，具有全方位性，能及时引起驾驶人的警觉，然后通过视觉进一步确认。在行车过程中，听觉起到了收集信息的作用，驾驶人一旦听到异常响声，会立即警觉起来，再通过视觉去观察确认具体目标。

机动车驾驶人的听力在一定条件下也会出现下降，比如长期连续驾驶、体力消耗过大、外界噪声刺激过重、车辆部件松动而发出的刺耳和颤抖声音过多等情况，都会使听觉器官疲劳。在这种情况下，机动车驾驶人听觉能力下降，觉察不出有可能造成事故的危险声响。所以，机动车驾驶人一旦感觉疲劳，就要适时休息。同时，机动车驾驶人要经常检查身体，使听力保持在两耳均距音叉50 cm的情况下可以分辨方向的状态，低于这个数值就不适合继续开车，应积极治疗恢复。

在汽车工程设计中，一些警告装置和信号反馈装置以声音形式来实现其功能，这种信息传递方式在某种程度上比视觉传递信息有更高的可靠性。在驾驶人视觉信息收集量已经大大“超载”的情况下，开发利用听觉收集信息的装置无疑有助于减轻驾驶人眼睛负担，使其听觉通道也得到利用。增加其他感觉通道的工作量，可以减小驾驶人疲劳感，对保证行车安全有积极的意义。

3.1.3　驾驶人的信息处理

驾驶人驾驶车辆在道路上正常行驶时，需要不断地认知情况、确定措施并实施操作。驾驶人对信息的处理，是在一定的时间条件下进行，并在一定时间内完成的，及时准确地对信息进行处理是安全驾驶的关键。认知情况—确定措施—实施操作这个过程，实质就是获取信息和处理信息的过程。驾驶人的信息处理过程如图3-5所示。

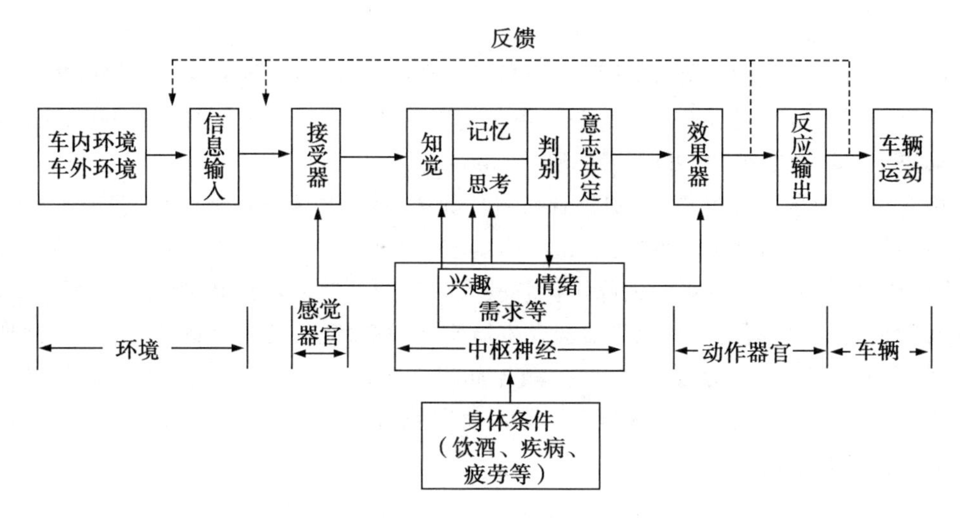

图 3-5 信息处理过程

上述操纵特征是一般情况下的，实际上，驾驶人的情绪、身体条件、疲劳程度、疾病以及药物反应等都与安全驾驶有密切关系，信息处理得正确与否对响应特性有很大的影响。驾驶人员的操作特性是非线性的，不但取决于驾驶人员本身，还与环境条件相互作用。

3.1.4 驾驶人的反应特性

3.1.4.1 基本概念

反应特性主要由反应时间来表征，反应时间是从刺激发生到做出反应之间的时距，是神经对刺激的传递时间与大脑处理过程时间之和。反应时间又分为简单反应时间与复杂反应时间。

简单反应是给予驾驶人以单一的刺激，要求驾驶人做出反应。生理上的条件反射往往都是简单反应，因为它不经过大脑的分析、判断和选择。一般说来，简单反应时间较短。实验表明，从眼到手的简单反应，如要求按响喇叭，通常需要0.15～0.25 s；从眼到脚的反应，如要求踩下制动踏板，约需0.5 s。

复杂反应是给驾驶人两种及以上的刺激，要求驾驶人做出不同的反应。例如，驾驶人在超车过程中，既要知道自己车辆的行驶速度，又要顾及前面被超越车辆的速度和让行超越路面的情况，根据这些信息来选择超越时间。复杂反应的复杂程度取决于交通量的大小、汽车和车流中的另外一些车辆的速度、行驶路线及道路环境情况的变化等多种因素。

此外，驾驶人在驾驶车辆时还要注意制动反应时间。该时间是指驾驶人接受到某种刺激后，脚从加速踏板移向制动踏板的过程所需要的时间。一般来说，在室内模拟实验时，制动反应时间为0.6 s左右，在室外车辆实际运行时，制动反应时间为0.52～1.34 s。

3.1.4.2　影响驾驶人反应的因素

一般情况下，影响驾驶人反应的因素分为客观刺激物和驾驶人自身的特性两个方面。

(1)刺激与反应。

①刺激种类不同，反应时间不同，如表3-1和表3-2所示。各类刺激中，触觉刺激的反应时间最短，最长的是嗅觉。另外，刺激部位不同，反应时间不同，如手的反应速度比脚快。

表3-1　反应时间与刺激的关系

刺激(刺激种类)	触觉	听觉	视觉	嗅觉
反应时间/s	0.11～0.16	0.12～0.16	0.15～0.20	0.20～0.80

表3-2　反应运动系统的种类和反应时间的关系

运动器官	反应时间/ms	运动器官	反应时间/ms
左手	144	右手	147
左脚	179	右脚	174

②同种刺激，强度越大，反应时间越短。刺激物作用于感觉器官的能量越大，则在神经系统中进行的过程越快。因此，若以光线作为刺激物，应提高它的亮度，若以声音作为刺激物，则应提高它的响度，这些都有利于缩短驾驶人的反应时间。

③刺激信号数目的增加会使反应时间增长。如红色信号和有声信号同时作用，驾驶人的反应时间会比只有红色信号作用时的反应时间增加1～2倍。

④刺激信号显露的时间不同，反应时间也不同。在一定范围内，反应时间随刺激信号显露时间的增加而减少。如表3-3所示，光刺激持续的时间越长，反应时间越短，但当光刺激时间超过24 ms时，反应时间不再减少。

表3-3　光刺激持续时间与反应时间的关系

光刺激持续时间/ms	3	6	12	24	48
反应时间/ms	191	189	187	184	184

⑤反应时间与刺激信号的空间位置、尺寸大小等空间特性有关。在一定限度内，驾驶人看刺激信号的视角越小，反应时间越长，反之则短。同时，刺激信号的空间特性对反应时间的影响还表现在：双眼视觉反应时间比单眼反应时间显著缩短，双耳听觉反应时间也比单耳反应时间短等。

(2)年龄、性别与反应。反应时间与人的年龄和性别都有关系。一般来讲，在30岁以前，反应时间随年龄的增加而缩短，30岁以后则逐渐增加，同龄的男性比同龄的女性反应时间要短,如图3-6所示。

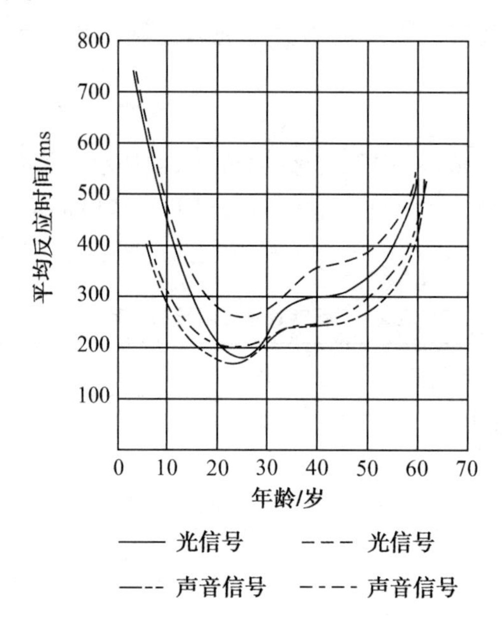

图3-6 反应时间与反应者年龄的关系

(3)情绪和注意与反应。反应快慢不仅与年龄有关,而且与驾驶人在行车途中的思想集中程度、当时的情绪及驾驶技术水平等有着密切的关系,积极的情绪可以提高和增强人的活力,当驾驶人在喜悦、惬意、舒畅的状态下时,反应速度快,大脑灵敏度较高,判断准,操作失误少。而驾驶人在烦恼气愤和抑郁的状态下时,反应迟钝,大脑灵敏度低,判断容易失误,出错多,特别是应激的状态对驾驶人的影响更大。

驾驶人在行车中若注意力分散,如谈话、接听电话、吸烟、考虑与驾驶无关的事情等都会使反应时间成倍增加。在这种情况下,当遇到突发性的险情时,驾驶人易出现惊慌失措、手忙脚乱的现象,甚至发生交通事故。

(4)车速与反应。汽车速度越快,驾驶人的反应时间越长,车速慢时反应时间则短。据测试,驾驶人在正常情况下,当车速为40 km/h时,反应时间为0.6 s左右,当车速增加到80 km/h时,反应时间增加到1.3 s左右。

随着车辆运行速度的提高,驾驶人的脉搏和眼动都加快,感知和反应变慢,对各种信息的刺激反应迟钝,在会车和超车中往往会对车速估计过低,且容易对距离估计失误,从而易导致事故发生。许多事故是因为驾驶人超速行驶,遇到紧急情况来不及反应所致。

(5)驾驶疲劳与反应。疲劳会使驾驶人的驾驶机能失调、下降,给安全行车带来不利影响。驾驶人的疲劳主要是神经系统和感觉器官的疲劳。由于驾驶人在行车中要集中注意力来观察判断和处理情况,脑部需氧量大,所以长时间驾驶车辆时会导致脑部供氧不充分而产生疲劳,开始出现意识水平下降、反应迟钝等症状。在疲劳驾驶状态下,驾驶人容易出现观察、判断和动作上的失误,发生事故的可能性增加。

(6)饮酒与反应。饮酒影响人的中枢神经系统,导致感觉模糊、判断失误、反应不当等情况出现，进而危及行车安全。此外，饮酒还容易导致人的情绪变得不稳定、触觉感受性降低。这些都会使驾驶人的反应迟缓，导致发生事故的可能性增加。

3.1.5 驾驶人的心理特性

并不是所有人都适合驾驶工作，也不是所有人都具备与驾驶工作相适应的心理条件。在驾驶人中，总有一些人比其他人更易发生交通事故。为此，对人体的心理特征做出综合评价，具有十分重要的意义。

3.1.5.1 感觉与知觉

驾驶人认识周围环境是从最简单的心理活动——感觉开始的。感觉是客观事物的个别属性作用于人的感觉器官时，在头脑中引起的反应，是形成各种复杂心理过程的基础。

与驾驶行为有关的感觉有视觉、听觉、平衡觉、运动觉等。视觉和听觉是眼、耳的功能。平衡觉是由人体位置的变化和运动速度的变化所引起的，人体在进行直线运动或旋转运动时，其速度的加快或减慢及体位的变化，都会引起前庭器官中感觉器的兴奋而产生平衡觉。运动觉是由于机械力作用于身体肌肉、筋腱和关节中的感觉器而产生兴奋的结果。

产生感觉必须具备两个条件：一是客观外界事物的刺激，并且要有足够的强度，能为主体所接受；二是主观的感觉能力。为了能更好地感知交通信息，保证行车安全，就必须提高驾驶人对各种信息的感受能力。

知觉是比感觉更复杂的认识形式。知觉是在感觉的基础上，对事物各种属性的综合反应。在实际生活中，人们都是以知觉的形式来直接反映对客观事物的感知。知觉可分为空间知觉、时间知觉、运动知觉等类型。

(1)空间知觉。空间知觉包括对对象的大小、形状、距离、体积和方位等的知觉，是多种感觉器官协调作用的结果。驾驶人的空间知觉是非常重要的一种知觉，行车、超车、会车都要依靠空间知觉。正确的空间知觉是驾驶人在驾驶实践中逐渐形成的。

(2)时间知觉。时间知觉是对客观事物运动和变化的延续性和顺序性的反映。人们总是通过某些衡量时间的标准来反映时间。这些标准可能是自然界的周期性现象，如太阳的升落、昼夜的交替、季节的变化等；也可能是机体内部一些有节律的生理活动，如心跳、呼吸等；也可能是一些物体有规律的运动，如钟摆等。受心理状态的影响，人们的时间知觉具有相对性。

(3)运动知觉。运动知觉是人对物体在空间位移上的知觉。驾驶人在估计车速时，受当时行驶状态的影响，加速时会高估自己的速度，而在减速时则又会低估自己的速度。速度估算的准确性是随工作年龄而增加的，同时，年老驾驶人趋于低估速度而年轻驾驶人则趋于高估速度。在一般条件下，人感觉速度的极限如下：水平线性加速度为 $12\sim20\ \mathrm{cm/s^2}$，垂直线性加速度为 $4\sim12\ \mathrm{cm/s^2}$，角加速度为 $0.2°/\mathrm{s}^2$。

3.1.5.2 注意

注意就是人们心理活动对一定事物对象的指向和集中。车辆在行驶的过程中，驾驶人心理活动会有选择地指向和集中于一定的道路交通信息，经过大脑的识别、判断、抉择，然后采取正确的驾驶操作，保障行车安全。所以，注意能力是影响行车安全的重要心理因素。

(1)注意的特征。注意具有两大特征：一是对象的指向性，二是意识的集中性。

指向，就是指人们在每一瞬间把心理活动有选择地指向一定的对象，同时离开其余的对象。例如，汽车在弯道上行驶时，经验丰富的驾驶人主要注意两点：一是无论处在何种情况下，始终保持正确的行驶路线；二是鸣笛、减速。

集中，就是把我们的心理活动集中于某一事物对象，表现为全神贯注、聚精会神、凝视和倾听等。被注意到的事物，就被感知得比较清晰、完整、正确；未被注意到的事物，就被感知得比较模糊。驾驶人驾驶车辆时，应当具有良好的注意集中性，将注意力集中到驾驶活动上，不受外界的干扰。如果驾驶人不具备这种职业素质，注意力容易分散，往往会造成险情和事故。

(2)注意的特点。注意具有范围、分配、稳定性以及转移等特点。

注意的范围是指在同一时间内，人能清楚地把握的客体的数量。例如，在有路标设置的情况下，驾驶人可捕捉的道路信息数量有限，对较为复杂的路标的了解往往不全面。因此，要使驾驶人的注意范围得到发展，必须通过专门的训练和日常的实践。

注意的分配是指人在实践活动中可以同时把握住几个客体的能力，即将注意力分配到同时存在的两种及以上的对象或活动上。注意力的灵活程度对驾驶人来说很重要，依靠注意力的灵活性，驾驶人能把注意力从一个目标转移到另一个目标，从各种现象的总体中，分辨出本质、首要的现象。有时也要求驾驶人降低注意力的水平以避免疲劳。

注意的稳定性是指在一定的时间内把注意力保持在某一活动或对象上。这是注意的时间特征，注意的这一特征取决于神经过程的强度、活动的性质、对事情的态度、已形成的习惯等等。人的注意不可能长时间集中于客体，而是经常变化的。试验表明，经过15～20 min的注意变化，便会导致注意不经意地离开客体，这对驾驶人来说是非常危险的。因此驾驶人每隔10～15 min应当适当转移一下注意活动，以缓和注意的压力。

注意的转移是指人有意地把注意力从一个客体转移到另一个客体。注意的转移和注意的分散不同，它是有意识的。驾驶人的注意转移是非常重要的，交通环境瞬息万变，灯光信号、交通标志、各种车辆的活动和行人的运动、汽车的运转状态等都是驾驶人的主要注意客体，驾驶人必须不断随着行车的需要转移自己的注意力，如果驾驶人不善于有效、及时地转移注意力，就有可能造成事故。

注意的上述特点是相互密切联系的。行车安全不仅取决于驾驶人是否存在注意的个别特点，而且取决于驾驶人在驾驶活动中是否把它们正确地结合起来。

3.1.5.3 情绪与情感

情绪和情感是人对客观事物是否符合自己的需要而产生的态度，如人的喜、怒、哀、乐就是各种形式的情绪和情感。已形成的情感往往制约着情绪的变化，而人的情感又总能在各种变化的情绪中得到表现。

(1)情绪。情绪一般是指与人的心理需要相联系的态度体验，如防御反射、食物反射等无条件反射引起的高级复杂的体验。人的情绪可以根据其发生的速度、强度和延续时间的长短,分为激情、应激和心境三种状态。

激情是一种猛烈而短暂的、爆发式的情绪状态,如狂喜、愤怒、恐惧、绝望等。处于激情状态下的人,其心理活动特点是:认识范围变得狭窄,理智分析能力受到抑制,意识控制作用大大减弱,往往不能约束自己的行为,不能正确评价自己行为的意义和后果。驾驶人在激情状态下,自制力显著降低,极易产生不正确的反应,做出错误的行为,进而导致事故发生。驾驶人必须尽量控制自己的情绪,掌握一些避免或延缓激情爆发的方法,如自我暗示、转移注意等。

应激是指人在出乎意料的紧急情况下所产生的情绪状态。例如,驾驶人在行车途中,突然发现有人横穿道路,或汽车正在急转弯时突然闯出一辆没有鸣笛的汽车等。在这些突发情况面前,驾驶人有时做不出避让动作,有时会做出错误的反应。因此,在应激状态下,驾驶人必须头脑清醒、判断迅速、行为果断,才能处理好意外发生的情况。

心境是一种微弱持久的情绪状态,对人的活动有很大影响。驾驶人在积极的心境下,判断敏捷,操作准确,能快速处理好行驶中遇到的复杂情况。而驾驶人在消极沮丧的心境下,会表现得萎靡不振或粗鲁易怒,不利于安全驾驶。驾驶人应当努力培养积极的心境,克服消极的心理,始终保持良好的心境。

(2)情感。情感可分为道德感、理智感和美感。

道德感是一个人对人们的行为和自己本人行为的情绪态度。道德感在人们的共同活动中发生、发展,并受该社会实际占统治地位的道德标准的影响和制约。道德感的特点是其具有积极作用,是人们完成工作、做出高尚行为的内部动机。

理智感是人在认识事物和某种追求是否得到满足时所产生的情感。例如寻找驾驶规律,认识驾驶人在各种路面上驾驶的规律,总结出安全行驶的方法、措施等,往往会使人产生喜悦的情感,这种情感会推动他进一步思考、总结规律,从而更有效地完成任务,保证交通安全。

美感是人根据美的需要,按照个人所掌握的社会上美的标准,对客观事物进行评价时所产生的体验。驾驶人应该对给他提供交通方便的人产生尊敬感,主动为别人让车、让路。

3.1.5.4　性格

性格是人对客观现实的态度,其在行为方式上表现为习惯化、稳定化的心理特征,如刚强、懦弱、英勇、粗暴等。驾驶人由于性格不同,对安全行车的态度和行为方式也不同。

人的性格可以划分为多种类型。驾驶人的性格类型是按照个体心理活动的倾向性来划分的,有外倾型和内倾型两种。外倾型性格的驾驶人性格开朗、活泼且善于交际,在行车过程中自我控制能力、协调性差,自我中心意识强;内倾型驾驶人则相反,一般表现为镇静、反应缓慢、喜欢独处、重视安全教育,行车中不冒险。

驾驶人要确保安全驾驶,必须了解自己性格类型的特点,自觉地对自己的性格进行自我调节和优化组合,从而培养良好的性格。

3.2 其他交通参与者特征

随着机动车保有量激增，城市污染和交通事故问题更加严重，更加绿色便捷的非机动车和步行等出行方式受到更多人的青睐。北京市从2011年2月起将每月22日确定为“文明出行推动日”，全市随之连续推出公交出行月、健康步行月、绿色骑行月、路口畅行月和文明行车月五大主题，鼓励市民选择公共交通出行、步行或者骑行。

虽然绿色的出行方式更加便捷环保，但作为交通弱者的行人、骑车人，在引起交通事故的人的因素中，对交通安全的影响也至关重要，在交通事故中也是不可忽视的因素。

3.2.1 行人特征

行人是道路交通系统中的重要组成部分，与其他交通参与者相比，行人是交通弱者。针对此，2021年，《中华人民共和国道路交通安全法》更新了有关礼让行人的规则：机动车行经人行横道时，应当减速行驶；遇行人正在通过人行横道，应当停车让行。这一法规加强了对行人交通安全的保障，但行人的交通安全问题依旧不容忽视。分析行人的交通特征，采取必要的管控措施，对于减少交通拥堵和交通事故、保障行人安全具有重要意义。

3.2.1.1 行人交通特征

行人交通具有两个基本参数：步幅和步行速度。两个参数的值与年龄、性别、心理状态、路况、天气条件等因素有关。其中，年龄和性别是最重要的影响因素。

一般妇女、老年人和儿童步幅较小，男性中青年人步幅较大。男性行人中，步幅在0.5～0.8 m的占95%；男性中青年中，步幅在0.7～0.8 m的人数远超过步幅为0.5～0.6 m的人数；男性老年行人则相反，步幅在0.5～0.6 m的占多数。女性行人中，步幅在0.5～0.8 m的也占94%以上，但步幅在0.5～0.6 m的人数远多于0.7～0.8 m的人数。

我国行人步行速度的平均值一般为0.7～1.7 m/s。根据相关研究建议，对于行人步行速度的规定通常为：人行道采用1 m/s，人行横道采用1～1.2 m/s，天桥采用1 m/s，码头、车站附近天桥采用0.5～0.8 m/s。

不同性别、年龄的行人的过街速度与步幅不同。男性过街速度一般为1.25 m/s，女性为1.16 m/s，老年人为1.0 m/s，中青年为1.28 m/s，儿童为1.19 m/s。一些研究还发现，单人步行速度一般为1.29 m/s，但人们结伴而行时，速度为1.17 m/s。行人的出行目的不同，其过街速度就不同，如因上班而出行时，步速较快，而由于购物休闲等个人生活方面的需求出行时，步行速度较慢。

3.2.1.2 行人行为特征

(1)儿童的特征。儿童在参与道路交通系统时，往往具有以下特征。

①儿童在过街时，不懂得观察和确认是否安全，在没有确认安全的情况下，容易横穿道路。研究表明，1～4岁的儿童中，有60%以上的人在不确认安全的情况下横穿道路，

5～8岁的儿童有30%左右。儿童到9～12岁时，才能够对道路交通情况进行很好的观察和判断。交通量和行人平均确认安全次数的关系如图3-7所示。随着儿童年龄的增加，确认安全的次数增加，但与成年人还有一定差距。

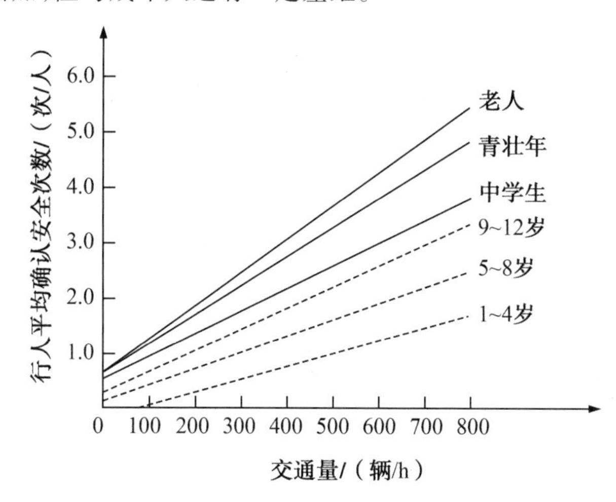

图3-7　交通量与行人平均确认安全次数的关系

②儿童对成人有依赖性。有成人带领时，儿童的行动更倾向于与成人同步。如果成人忽视了对儿童的看管，则容易造成交通事故。儿童和大人一起横穿道路时，违反交通法规的比例明显增加，由大人带领横穿道路时，不走人行横道和违反交通信号的比例较儿童单独行走时要高。

③儿童身材矮小，眼睛距地面高度低，视野比成人狭窄，对交通状况的观察受到限制。另一方面，儿童的目标小，不易引起机动车辆驾驶人的注意，特别是儿童前面有大人或有障碍物时，对儿童的安全会产生不利影响。

(2)老年人的特征。老年人在参与道路交通系统时，往往具有以下特征。

①老年人生理机能衰退，感觉和行为变得迟钝，发现和躲避车辆的能力下降。

②老年人对机动车辆的速度和距离的判断误差较大，有时因判断不清而与机动车辆争道抢行。

③老年人交通安全意识较薄弱，对车辆的防范意识较差。

④老年人喜欢穿深颜色的衣服，在夜间或傍晚时，不易被发现。

⑤老年人在横穿道路时，会发生突然折回的现象。这种情况很危险，常使驾驶人措手不及。

据统计，老年人死于交通事故的情况大多发生在横穿道路的时候。虽然老年人有以上的不足，但老年人比较谨慎，乱穿道路的行为不多。日本的一项分析表明，55岁以上的人在人行横道上等待穿越的平均时间为29 s，比13～19岁的青少年等待时间长4 s，并且等待时比较耐心。

(3)青年男性的特征。青年男性在参与道路交通系统时，往往具有以下特征：青壮年男性精力充沛、感觉敏锐、洞察力强、反应速度快、应变能力强，对交通法规也比较熟悉，一般不易发生行人交通事故。但是青壮年人的社会工作和家庭负担较重、出行时间多、行走距离长，这些客观因素就增加了交通事故发生的概率。特别是有些青年人，好胜心强，常与汽车抢行，如对汽车鸣笛置之不理、对过往车辆视而不见、经常任意穿越道路。因此，这些人发生交通事故多在横穿道路和交通拥挤的时候，尤其在强行拦车、强行搭车、偷扒汽车时发生的交通事故最多。据统计，青壮年在车祸中的死亡人数占交通事故总死亡人数的30%以上。

(4)青年女性的特征。青年女性在参与道路交通系统时，往往具有以下特征。

①女性行人一般较男性细心，观察周围交通环境较仔细，规范行为的意识比较强，能自觉遵守交通规则。这一心理特征有利于女性行人自身安全。

②女性行人的反应一般较男性慢，行动略为迟缓。这一特点造成她们穿行道路的时间较长，导致事故发生的可能性增加，不利于自身安全。

③女性行人情绪一般不如男性稳定，应变能力较差，属于非稳定型的交通参与者。女性行人在正常情况下，比较细心、耐心，能自觉遵守交通法规，但在紧急情况下，往往惊慌失措。这一心理特征很容易导致自身受到伤害。

④女性行人偏向于穿色彩鲜明的衣服，较容易被驾驶人发现，从而避免不必要的交通事故。女性行人的这一心理特征有利于自身安全。

3.2.1.3 行人心理特征

行人在参与交通时，是本身既无任何防护装置，又完全依靠自己的体力行走的交通参与者，是交通的弱者。行人对步行的质量要求是最基本的，即希望能舒适、迅速、方便地到达目的地。行人在参与道路交通系统时，往往具有侥幸、贪利、集团和从众的心理特征。

(1)侥幸心理。行人过街时，往往过于信赖机动车驾驶人会遵守交通规则，当听到鸣笛或者汽车驶近身边时，可能也不避让，当机动车驾驶人躲避或刹车不及之时，行人易受伤害。

(2)贪利心理。行人只要可能避开车辆碰撞就容易不遵守交通规则，如在人行横道外斜穿、快步抢行，或者在机动车流中危险穿行，将自己置于十分危险的境地的同时，也会极大地干扰其他车辆通行。

(3)集团心理。行人单独过马路时一般都较为小心，但当多人同时穿越时，则会在心理上产生一种盲目的安全感。尤其是走在人群中间的人，更少考虑躲避车辆的问题。

(4)从众心理。如当行人横穿马路时，看到别人抄近路或闯红灯时，自身也会受到影响，也会不顾交通规则，与机动车抢行。这样极易造成交通秩序混乱的局面，影响交通安全。

3.2.2 骑车人特征

在非机动车交通方式中，自行车占据着很大的比重，我国是自行车拥有量最多的国家之一。自行车在带给人们生活便利的同时，也存在一定的安全问题。骑车人在交通事故中也处于交通弱势，发生交通事故时容易受到伤害，所以研究骑车人的心理和行为特征至关重要。

3.2.2.1　骑车人的心理特征

(1)胆怯心理。作为交通弱者,骑车人惧怕机动车,在骑行过程中会产生胆怯心理。在骑车过程中离机动车越近,机动车的速度越快时,骑车人心理就越畏惧。同时,有些骑乘者在骑行过程中,处于一种不稳定的骑行状态。自行车停车易倒的特点,致使骑车人产生一种惧怕的心理状态,造成骑车人精神高度紧张,越恐慌越摇晃,最后出现倒向机动车的可怕场面。胆怯心理多发生于初学者、老人及少年。

(2)超越心理。自行车、电瓶车等轻巧灵活、省时省力,便于在一定时间内快速到达目的地,所以除了老年人和妇女,很多骑车人都有骑车抢时间的习惯,特别是受上班、上学时间等因素限制时,遇到前自行车速度慢就超车抢道。

(3)离散心理。骑车人希望选择一个相对安全、宽敞的出行空间,且自行车体积小,能够在机动车无法行驶的地方通行,所以自行车在道路上的分布呈现离散的特点。如多辆自行车在一条路上行驶,骑车人来回穿插,从慢车道穿到快车道,从车多处穿到车少处,就容易扰乱正常的交通秩序。

(4)其他心理特征。非机动车辆缺乏外界防护,骑车人注意力易分散。而且,天气情况对骑车人的心理影响很大。如雨天时,骑车人很少顾及路上的交通情况,穿雨衣者视野狭小、听觉受限、行动不便,对道路交通情况不能及时了解,容易导致事故发生。

3.2.2.2　不同骑车人的行为特征

(1)男性。对交通事故的研究表明,男性骑乘者事故率高于女性,且男青年事故率最高。男青年骑自行车的心理特征主要有:逞强心理,表现为骑车时喜欢高速度,盲目求快,互不相让;出风头心理,表现为骑车撒把,搭肩并行。

(2)女性。女性骑车人的心理特征一般分为两类:第一类为胆怯型,表现为骑车不稳,遇机动车易恐慌,躲躲闪闪,当遇到复杂情况时容易惊慌失措,处理不当;第二类为冒险型,表现为骑车时与机动车抢道,互不相让。

(3)儿童。儿童骑车的心理特征是无意识。其行为表现为:行动冒失,骑车时不避让行人和机动车辆;骑自行车追逐玩耍,所有注意力集中于骑车,而忽视其他机动车;缺乏交通安全常识,不了解交通法规,保护措施不当。

(4)老人。老年人由于生理原因,反应迟钝,容易受到惊吓,遇机动车时易惊慌失措,精神过度紧张,对情况处理不当,容易发生事故。

3.2.2.3　骑车人交通违法行为表现

由于骑车人可以完全控制车辆的行驶状态,故骑车人的行为表现在非机动车交通事故中起着决定性作用。常见的骑车人交通违法行为有以下几方面。

(1)危险骑行。该类违法行为表现为骑车人超速行驶、互相追逐、攀扶车辆、逆向行驶等。该类违法行为容易导致骑车人与正常行驶的非机动车发生碰撞,且在机非混行的情况下会干扰机动车行驶,容易引起交通事故。

(2)违法转弯。在骑车人的违法行为中,违法转弯的比重最大,主要有提前转弯、不伸手示意以及突然转弯等表现。骑车人在骑行过程中,需要严格遵循法律法规,不能在未进入路口时提前转弯,在人多的路口转弯应伸手示意,不得突然转弯或更改骑行轨迹。

(3)违法承载。骑车人在自行车两旁挂载重物或载人,增加了车子的不稳定性,容易分散骑车人的注意力,若骑车人遇到险情,很难及时采取制动措施。特别是用自行车运载超宽、超重货物时,自行车重心偏高,造成了自行车蛇形轨迹宽度过大,容易被行驶的车辆刮擦,也容易伤及其他的骑车人和行人。

(4)侵占机动车道或人行道。骑车人侵占机动车道,干扰了机动车正常行驶,导致骑车人易与行驶的车辆发生碰撞,引发交通事故。在本来设置非机动车道的路段上,有的骑车人占用人行道逆行,容易与行人发生冲撞,影响正常交通秩序。

3.3 不良行为与交通安全

随着中国经济快速发展,车辆的增多使得交通状况变得日益复杂化。但目前,很大一部分交通事故并不是由于道路等客观因素引起的,而是由于人的主观职业道德素养的缺失造成的。

3.3.1 驾驶人事故心理

交通事故的直接原因主要是驾驶人员观察、判断和操作方面所发生的错误,一般包括两个方面:一是驾驶人员思想放松,注意力不集中,车与车之间不保持安全距离等,这是驾驶人行动方面的错误;二是驾驶人员的身体、生理、精神和情绪等状态以及驾驶经验等内在原因,如饮酒、疲劳等均属于这一方面。

3.3.1.1 观察错误

在行驶时,驾驶人的观察十分重要。美国印第安纳大学卫生研究所对交通事故的成因进行分析,得出以下结论:由于观察错误所引起的交通事故所占比重最大,占48.1%;其次是因判断错误所引起的事故,占36.0%;因操作错误所引起的事故占7.9%;因打瞌睡等引起的事故占0.9%;因其他原因引起的事故占7.1%。

日本学者在20世纪70年代初,调查了105起交通事故(66起车对行人的事故与39起车对车的事故),在分析车速与发现对向车的距离等因素后,得出的结论是:81%的事故属于观察错误,19%属于判断与操作错误。

3.3.1.2 判断错误

驾驶中的判断,是处理已观察到的情报和进行意志决定的过程。如驾驶人在行车中要调整自己的车与前车的车头间隔及速度,决定超车或合流等。但是,对于所出现的情况,驾驶人员所进行的判断往往与实际情况有出入,比如驾驶人员判断的车头间隔往往比实际的间隔小。美国人洛克威(Rockway)于1972年对12名驾驶人员进行了两个实验,以调查驾驶人员对车头间距的判断情况,如表3-4所示。

表 3-4　驾驶人对车头间距的判断

项目	速度/(km/h)	80			112		
实验 1	实际的车头间隔/m	30	91	152	30	91	152
	驾驶人员判断的车头间隔/m	21	55	85	15	40	64
实验 2	所指定的车头间隔/m	30	91	152	30	91	152
	驾驶人员调整的车头间隔/m	27	55	73	18	40	55

判断错误所引起的交通事故,大都是因为驾驶人员自己主观的危险感与实际的危险有差距。在判断的过程中,由于驾驶人员的认知能力、知识水平和经验等方面的不足造成的错误,可以称为由于驾驶人员对于交通事故的预测体系认识不足造成的判断错误。

3.3.1.3　操作错误

操作错误主要是驾驶人不能正确地踏制动踏板或加速踏板,或者是对方向盘转动过度或不足。一般来说,操作错误引起的交通事故比观察和判断错误所引起的交通事故少得多。驾驶人员所发生的操作错误以女性驾驶人员为多。英国的道路交通研究所的研究表明,操作错误引起的交通事故的发生率,女性驾驶人员比男性驾驶人员要高。

3.3.2　驾驶人违章

3.3.2.1　酒后驾驶

酒精影响人的中枢神经系统,导致人感觉模糊、判断失误、反应不当,从而危及行车安全。虽然法律对于饮酒驾驶有明确禁止,但因酒后以及醉酒驾驶而造成的事故仍不断发生。酒精对人的心理以及生理影响主要表现在以下几个方面:

(1)饮酒使人的色彩感觉功能降低,视觉受到影响。驾驶人80%左右的信息是靠视觉获得的,而在这些信息中,绝大部分都是有颜色的。当色彩感觉降低后,就不能迅速、准确地把握环境中的动态信息,使感觉输入阶段的失误增加。

(2)饮酒影响人的思考、判断能力。在驾驶人饮酒后驾驶车辆的穿杆试验中发现,即使是经验丰富的驾驶人在试验时也不能正确判断车宽和杆距的关系,穿杆连续失败。当血液中酒精浓度达到0.94%时,判断力会降低25%。

(3)饮酒使人记忆力降低,对外界事物不容易留下深刻印象,即使以前留下印象的事物也因酒精的影响而难以回忆。

(4)饮酒使人注意力水平降低。据实验研究表明,当酒精进入人体内后,人的注意力偏向于某一方面而忽略对外界情况的全面观察,人对注意力的支配能力大大下降。驾驶人在驾驶时,若不能合理分配和及时转移注意力,必然会影响对变化的交通环境的观察,以致可能忽略必要的道路信息,使道路交通事故发生的概率增大。

(5)饮酒使人的情绪变得不稳定,通常无法控制语言和行为。因为酒精对人的中枢神经系统的麻醉作用,会使大脑皮层的抑制功能减低,一些非理智的、不正常的兴奋得不到控制,因而人会表现出感情冲动、胡言乱语、行为反常等现象。驾驶人在驾驶车辆时,则可表现为胆大妄为、不知危险,出现超速行驶、强行超车等违章行为,极易发生道路交通事故。

(6)饮酒使人的触觉感受性降低,即触觉的感觉阈值提高了。这导致汽车行驶时,驾驶人不能及时发现故障,增加了危险性。

德国一项研究表明,血液中酒精含量与交通事故之间存在一定的关系,如表3-5所示。

表3-5　血液中酒精含量与交通事故的关系

血液中酒精的含量/%	交通事故/%			血液中酒精的含量/%	交通事故/%		
	死亡	受伤	财产损失		死亡	受伤	财产损失
0.00	1.00	1.00	1.00	0.08	4.42	3.33	1.77
0.01	1.20	1.16	1.07	0.09	5.32	3.87	1.90
0.02	1.45	1.35	1.15	0.10	6.40	4.50	2.04
0.03	1.75	1.57	1.24	0.11	7.71	5.23	2.19
0.04	2.10	1.83	1.33	0.12	9.29	6.08	2.35
0.05	2.53	2.12	1.43	0.13	11.18	7.07	2.52
0.06	3.05	2.47	1.53	0.14	13.46	8.21	2.71
0.07	3.67	2.87	1.65	0.15	16.21	9.55	2.91

用人驾驶模拟器研究驾驶人饮酒后的驾驶操作情况,发现当血液中酒精浓度为0.08%时,操作失误增加16%;血液中酒精浓度进一步增加时,驾驶人连转向盘都控制不了,判断力明显下降;当血液中酒精的含量超过0.1%时,驾驶能力下降15%。尤其在夜晚,车辆发生事故的概率显著增加。

3.3.2.2　超速行驶

超速行驶,指的是车辆的行驶速度超过一定道路条件所允许的行车速度。超速行驶并不只是简单的高速行驶,在不同的道路条件下,驾驶人做出的决策是不同的。例如,30 km/h的速度适宜在城市道路上行驶,然而在拥挤的城市道路上,10 km/h的速度也可能太快。在有紧急事务或道路条件好的情况下,驾驶人往往选择高速行驶,超速行驶的违章行为非常普遍,当遇到弯道或意外情况需要减速时,往往难以及时降速,导致事故发生。

车速的快慢对事故发生的可能性及其严重性有着直接的影响,超速行驶所带来的危害是多方面的,主要有以下几点。

(1)超速行驶使车辆发生机械故障的可能性大大增加,直接影响驾驶人操作的稳定性,很容易造成爆胎、制动失灵等机械故障事故。

(2)超速行驶过程中,如遇紧急情况,往往令驾驶人措手不及,容易造成碰撞、翻车等事故,而且冲击破坏力大,多为恶性事故。

(3)超速行驶使驾驶人视力降低、视野变窄、判断力变差,一旦遇到紧急情况,驾驶人采取措施的时间减少,使发生事故的可能性大大增加,而且会加重交通事故造成的后果。

(4)超速行驶时,驾驶人精神紧张,心理和生理能量消耗大,极易疲劳。

(5)超速行驶使驾驶人对相对运动速度的变化估计不足,从而造成采取措施迟缓,影响整个驾驶操作的及时性和准确性。

(6)超速行驶使车辆的制动距离增长。研究表明,车速每增加1倍,制动距离约增加4倍,尤其是在车辆重载情况和潮湿路面上,制动距离更长,一旦前车突然减速,极易造成追尾事故。

(7)在弯道上行驶时,车速越高,横向离心力越大,从而使操作难度增加,稍有不慎,车辆就会驶入别的车道或发生车辆倾覆,极易造成道路交通事故。

3.3.2.3　*疲劳驾驶*

疲劳是许多重大道路交通事故的根源。驾驶人长时间在速度快、噪声大、驾驶姿势单调、注意力高度集中、身体肌肉处于紧张的状态下行驶,在条件恶劣的道路状况和环境下行驶,或者长时间得不到恢复和调节,驾驶人的身体就会发生生理机能和心理机能下降的现象,这种现象就是驾驶疲劳。如果疲劳过甚或休息不充分,日久则可能发生疲劳的积累,这时驾驶人工作能力的降低便带有一些持久性特征。

引起驾驶疲劳的原因是多方面的,包括生活上的原因(如睡眠、生活环境等)、工作上的原因(如车内环境、车外环境、运行条件等)、社会原因(如人际关系、工作态度、工资制度等)。其中,睡眠不足、驾驶时间过长以及社会心理因素对驾驶疲劳的影响最大。

(1)睡眠与疲劳。睡眠不足是引起驾驶疲劳的重要因素。在睡眠严重不足的情况下,要求驾驶人在几分钟内集中注意力是可以办到的,而要求集中注意力半小时以上就很难办到了。此外,睡眠时间不当或睡眠质量不高也会引起疲劳。人在白天的觉醒水平高,深夜到凌晨则觉醒水平低,人的这种昼夜节律是难以改变的。

(2)驾驶时间与疲劳。长途或长时间驾驶是导致驾驶疲劳的主要原因之一。驾驶和乘车的疲劳感可按身体症状、精神症状和神经感觉分成五个阶段。

0～2 h为适应新驾驶工作的努力期;2～4 h是驾驶的顺利期;6～10 h为出现疲劳期;10 h以后为疲劳的加重期,其神经感觉症状明显加强;14 h以后为过度劳累期,身体及神经感觉症状急剧加重。

(3)身体条件与疲劳。驾驶疲劳与驾驶人的年龄、性别、身体状况、驾驶经验等都有着密切关系。一般年轻驾驶人容易感到疲劳,但也容易消除疲劳,而老年驾驶人对疲劳的自我感觉较年轻人差,但消除疲劳的能力较弱。在同样条件下,女性驾驶人较男性更易疲劳。技术熟练的中年驾驶人驾驶时感到很轻松,观察与动作准确,不易疲劳,而新驾驶人则精神紧张,多余动作多,易疲劳。

表3-6中数据为不同年龄的驾驶人反应能力在疲劳前后的变化情况,说明了长时间开车出现疲劳后会使感觉迟钝,反应时间延长,失误率上升,其中青年反应时间最短。

表 3-6 不同年龄的驾驶人疲劳前后的反应时间

年龄/岁	疲劳前的反应时间/s	疲劳后的反应时间/s
18～22	0.48～0.56	0.60～0.63
22～45	0.58～0.75	0.53～0.82
45～60	0.78～0.80	0.64～0.89

(4)车内外环境与疲劳。驾驶室内的温度、湿度、噪声、振动、照明、粉尘、乘坐姿势与座位舒适性等,都会对大脑皮层有一定的刺激,超过一定的限度都会使驾驶人过早疲劳。噪声如果超过 90 dB,会使人头晕、心情急躁,超过 120 dB 会使人晕眩、呕吐、恐惧、视觉模糊和暂时性的耳聋。车内环境对疲劳的影响很大,所以现代汽车工程师均在积极改善驾驶室的环境。

车外环境也会对驾驶人的疲劳产生影响。例如,长直并且景观单调的道路,交通混乱、拥挤、山路险峻等情况,都会使驾驶人过早地疲劳。

此外,疲劳后,驾驶人动作准确性下降,有时发生反常反应(对较强的刺激出现弱反应,对较弱的刺激出现强反应);动作的协调性也受到破坏,以致反应不及时,有的动作过分急促,有的动作又过分迟缓,有时做出的动作并不错,但不合时机。在制动、转向方面,表现得最为明显。

疲劳后判断错误和驾驶错误都远比平时增多。判断错误多为驾驶人对道路的畅通情况产生误判,对潜在事故的可能性及应对方法考虑不周到。驾驶错误多为驾驶人掌握转向盘、制动、换挡等行为不当,严重者可发生手足发抖、脚步不稳、动作失调、肌肉痉挛等情况,对驾驶产生严重影响。不同疲劳状态对驾驶行为的影响如表 3-7 所示。

表 3-7 不同疲劳状态下的驾驶行为

行为	正常状态	疲劳状态	瞌睡状态
控制车速	加速、减速动作敏捷	加速、减速操作时间较长,速度较慢	操作速度变换很慢或干脆不变
行车方向控制	能迅速、正确做出判断,并不断地调节操作动作	不能及时迅速做出调节性操作动作,甚至产生错误动作	停止操作
身体动作	操作姿势正常,无多余动作	较多的身体动作,如揉搓颈或头、伸懒腰、吸烟等	睡眠、身体摇晃

3.3.3 不良行为管理

3.3.3.1 酒后驾车行为管理法规

由于酒精对人体心理和生理的影响过大,因此国家规定严禁酒后驾车。车辆驾驶人员每百毫升血液中的酒精含量大于或等于 20 mg、小于 80 mg 为饮酒驾车,每百毫升血液中的酒精含量大于或等于80 mg为醉酒驾车。

《中华人民共和国道路交通安全法》第二十二条规定:“饮酒、服用国家管制的精神药品或者麻醉药品,或者患有妨碍安全驾驶机动车的疾病,或者过度疲劳影响安全驾驶的,不得驾驶机动车。”

《中华人民共和国道路交通安全法》规定:“饮酒后驾驶机动车的,处暂扣六个月机动车驾驶证,并处一千元以上二千元以下罚款。因饮酒后驾驶机动车被处罚,再次饮酒后驾驶机动车的,处十日以下拘留,并处一千元以上二千元以下罚款,吊销机动车驾驶证。”“醉酒驾驶机动车的,由公安机关交通管理部门约束至酒醒,吊销机动车驾驶证,依法追究刑事责任;五年内不得重新取得机动车驾驶证。”

3.3.3.2　连续驾驶时间限制

为防止驾驶人因过度疲劳造成交通事故,每次连续行车以及每天行车的时间不能过长。日本学者随车调查长途载货汽车驾驶人的疲劳情况后认为,驾驶人每天行车时间不宜超过10 h,每次连续驾驶2 h后应休息调整,累计驾驶时间未超过5 h之前,需进行1 h左右的休息,1天之内总累计驾驶时间以不超过8 h为宜。若出现判断不够准确、瞌睡的现象,必须强迫驾驶人停车休息。

在安排运输任务时,必须考虑驾驶人的身体承受能力,尽量做到劳逸结合。长途运输必须安排正、副两个驾驶人交替驾驶。对于驾驶重载车、大型载货车、拖挂车的驾驶人,连续驾驶时间应再缩短些。年纪大的驾驶人,恢复精力比年轻人慢,疲劳后的休息时间可略长些。

如今,智能汽车辅助浪潮来临。智能设备使车辆具备智能的环境感知能力,可以感知驾驶人的驾驶状态。例如,最近比较流行的DMS驾驶人监控系统,它能够持续监控司机状态并向司机发出危险警报,这样可遏制司机的疲劳驾驶和分心驾驶行为,从而避免事故发生。除去硬件设施外,作为驾驶人来讲,也应该努力提高自身的身体素质、加强科学管理。

3.3.3.3　限制车速管理对策

合理地限制车速是确保道路安全、高效运营必不可少的措施。各国的车速确定方法通常考虑下列因素:85%位车速、道路两侧土地开发的程度、停车和行人、交通量和车辆组成、设计速度、曲线的安全速度、可见度限制、路面特性和道路宽度、路肩类型和宽度、交叉口数量、现有的交通控制设施及平均车速等。

其中,85%位车速法通常被用来确定车速限制值。研究表明,85%位车速处于事故率最低的车速范围。平均车速加上1倍的车速标准差大约等于85%位车速,如果车辆以高于平均车速2倍标准差的速度行驶,则事故率将明显提高。

驾驶人不仅仅需要掌握技术性的问题,更需要具备良好的职业道德素养。只有在驾驶人具备了专业性的技术和职业道德素养这两种素质的时候,才能真正的使得交通安全成为有利于精神文明建设的一部分,才能真正的减少一些不良事件的发生。作为一名优秀的驾驶人,应有良好的职业道德,要端正驾驶作风,不断提高服务质量;应自觉加强对交通法律、法规和其他相关知识的学习,提高自身的交通安全意识;应有良好的身体素质和良好的心理素质。

习题

(1)视觉、视力、视野的含义是什么?

(2)试简述驾驶人的信息处理过程。

(3)驾驶人的心理特性有哪些?

(4)请分析驾驶人、行人和骑乘者的交通特性。

(5)疲劳驾驶、超速行驶对交通安全的影响有哪些?

第4章　车辆与交通安全

车辆是现代道路交通的主要运行工具，是道路交通系统的重要组成元素，与交通安全有密切的关系，汽车安全性能对交通安全具有重要意义。车辆的结构和性能完好、车辆的技术状况优越及安全化的设计，对于减少交通事故发生的概率、降低交通事故的伤害程度有着至关重要的作用。

汽车安全性分为被动安全性和主动安全性。汽车被动安全性是指发生交通事故后，汽车本身减轻人员受伤和货物受损程度的性能，又可分为内部被动安全性和外部被动安全性。汽车主动安全性是指汽车本身防止或减少道路交通事故发生的能力，主要取决于汽车制动性、行驶稳定性、操纵性、动力性及驾驶人工作条件等。

4.1　车辆性能与交通安全

4.1.1　车辆的动力性

车辆的动力性是指汽车在良好、平直的路面上行驶时，由其所受到的纵向外力决定的、所能达到的平均行驶速度。它是车辆使用性能中最基本的性能，其好坏直接影响汽车平均速度，影响汽车运输效率，同时也影响道路的安全与畅通。因此，动力性是汽车其他性能研究的基础。

4.1.1.1　动力性评价指标

动力性代表了车辆行驶可发挥的极限能力，动力性指标主要包括最高车速、加速性能和最大爬坡度。

(1)最高车速。最高车速是指在无风条件下，汽车在良好的水平路面上所能达到的最高行驶速度。通常，最高车速 v_{max} 的测定是以 1.6 km 长的试验路段的最后 500 m 作为最高车速的测试区，共计往返 4 次，最后取平均值。

(2)加速性能。加速时间是衡量车辆加速性能最主要的指标，通常用原地起步加速时间和超车加速时间来评定。

原地起步加速时间是指汽车由静止状态起步后，以最大加速度迅速换至最高挡，加速到一定车速或行驶一定距离所需要的时间。所需时间表示汽车原地起步的加速能力，时间越短加速能力越好。

超车加速时间是指车辆在最高挡或次高挡状态下，由该挡最低稳定车速或预定车速以最大加速度加速到某一规定车速所需的时间。超车加速能力越强，汽车在超车过程中与被超车辆并行时间越短，与对向车辆发生碰撞的概率就越低。

(3)最大爬坡度。最大爬坡度i_{max}用来描述汽车的上坡能力，指的是汽车满载时在良好路面上用1挡所能爬上的最大坡度，代表了汽车的极限爬坡能力。对越野汽车，一般要求能够爬坡度不小于60%的坡路；对载货汽车要求有30%左右的爬坡能力；轿车的车速较高，并且经常在路况较好的道路上行驶，一般要求爬坡能力在20%左右。

4.1.1.2 动力性能的影响因素

汽车的动力性是由汽车纵向受力条件决定的。汽车行驶时受多种纵向外力作用，包括驱动力和其他行驶阻力。建立汽车行驶平衡方程式，就可利用受力关系，确定汽车的加速度、最高车速和最大爬坡度，汽车行驶方程式如式(4-1)所示。

$$F_t = F_f + F_w + F_i + F_j \tag{4-1}$$

式中：F_t——汽车的驱动力；

F_f——汽车的滚动阻力；

F_w——汽车的空气阻力；

F_i——汽车的坡道阻力；

F_j——汽车的加速阻力。

汽车在水平道路上等速行驶时，需要克服地面滚动阻力F_f和空气阻力F_w。汽车上坡行驶时，需要克服重力沿着坡道的分力，即坡道阻力F_i。汽车加速行驶时，需要克服加速惯性阻力F_j。

汽车正常行驶必须满足两个条件，即驱动条件和附着条件。

(1)驱动条件。为了使汽车行驶，驱动力必须大于等于所有的阻力之和。即满足的驱动条件如式(4-2)所示。

$$F_t \geqslant F_f + F_w + F_i + F_j \tag{4-2}$$

(2)附着条件。为了使汽车驱动力增大，除去换低速挡以及增大油门外，还必须在驱动轮和地面不发生滑移现象时才能实现。因此，还需要满足附着条件。轮胎与地面的切向作用力有一个极限值，超过界限轮胎才会滑转。

$$F_\varphi = Z\varphi \tag{4-3}$$

式中：F_φ——轮胎与地面的切向作用力；

φ——附着系数，它与轮胎结构、路面状况以及车轮滚动情况有关；

Z——驱动轮上的法向反作用力。

因此汽车行驶时也必须要满足驱动力F_t小于等于附着力F_φ，如式(4-4)所示。

$$F_f + F_w + F_i + F_j \leqslant F_t \leqslant F_\varphi \tag{4-4}$$

4.1.1.3　驱动力平衡图与动力因数

当驱动力的大小等于各项阻力之和时，即$F_{\varphi}=F_f+F_w+F_i+F_j$时，汽车处于匀速行驶状态，它反映了各项阻力与驱动力之间的关系，故又称为驱动平衡方程式。图4-1表示的是一个具有四变速挡位的驱动平衡图。

在图4-1中，驱动力曲线与行驶阻力曲线的交点，表示最高车速。在未达到最高车速时，驱动力曲线与行驶阻力曲线之间的差值可以用于爬坡、加速或牵引(如图中的虚线所示)。若维持原来的车速，驾驶人可以减小油门，使驱动力与总阻力达到新的平衡。

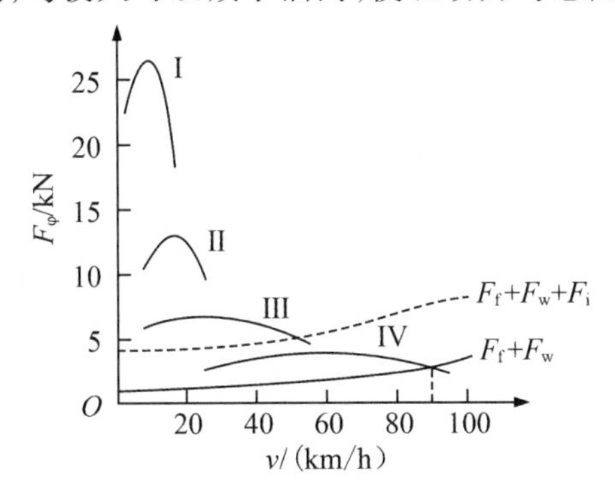

图4-1　四挡位驱动平衡图

驱动平衡图可以用来评价一辆汽车的动力性，但无法比较不同类型的汽车。对于总重、外形不同的汽车，其驱动性能的评价指标是动力因数D，如式(4-5)所示。动力因数是汽车牵引性能的主要指标，是剩余牵引力(总牵引力减空气阻力)和汽车总重之比。此值越大，汽车的加速、爬坡和克服道路阻力的能力越大。不同的车辆，只要有相同的动力因数，便能够克服同样的坡度和产生相同的加速度。

$$D=\frac{F_k-F_w}{G} \tag{4-5}$$

4.1.2　车辆的制动性

汽车的制动性是指汽车行驶时能在短距离内停车且维持行驶方向稳定性和在下长坡时能维持一定车速的性能，通常也包括在有一定坡度的坡道上能长时间停放的能力。

车辆制动性是汽车的主要性能之一。在车辆安检以及交通事故分析中，制动性是重要的分析检测内容。制动效能越好，高速行车就越安全。

4.1.2.1　制动性评价指标

通常来说，汽车的制动性主要从制动效能、制动效能的恒定性和制动时汽车的方向稳定性三个方面来评价。

(1)制动效能。制动效能是制动性能最基本的评价指标，指的是汽车在良好的路面上，以一定初速度制动到停车的能力。它主要包括制动距离、制动减速度以及制动力。

①制动距离。它反映了驾驶人从开始操纵制动踏板到汽车完全停止所行驶的距离。

一般轿车和轻型载货车行驶车速高,要求的制动效能偏高,重型载货车行驶车速低,要求偏低。

②制动减速度。汽车在给定的初速度下开始制动,到汽车完全停止,这一过程中速度的减少强度,称为制动减速度。减速度越大,制动效果越好。制动减速度与地面制动力有关,因此它的大小取决于制动器制动力及路面附着力。

③制动力。它是指在汽车制动过程中,各车轮所受的制动力,即制动器产生的阻力。它不但可以表明汽车的减速度情况,还反映了各车轮的制动力及其分配情况。它是对汽车制动性能最本质的检验指标。

(2)制动效能的恒定性。制动效能的恒定性是指汽车制动过程中,制动器的抗热衰退性能和抗水衰退性能等。其中,抗热衰退性能是指汽车高速行驶状态下或下长坡时制动性能的保持程度,抗水衰退性能是指汽车涉水后对制动效能的保持能力。

在高速制动下,大量的动能要转变为制动系统内的摩擦热能,使制动器温度迅速增高,摩擦力矩显著下降,制动效能明显下降,这种现象通常称为热衰退现象。制动器抗热衰退性能一般用汽车在一系列连续制动时的制动效能保持程度进行评价。根据国际标准草案(ISO/DIS 6597)要求,汽车以规定车速连续实施15次制动,每次的制动减速度为3 m/s^2,最后制动效能不得低于规定的冷试验效能(5.8 m/s^2)的60%。

当汽车涉水后,因制动器被浸湿,短时间内制动效能也会降低,这一现象称为制动效能水衰退现象。为了保证行车安全,汽车在涉水后,驾驶人应连续踩几次制动踏板,利用制动蹄对制动鼓摩擦产生的热使制动器迅速干燥,有利于制动效能恢复正常。

(3)制动时汽车的方向稳定性。制动时汽车的方向稳定性是指汽车在制动过程中维持直线行驶或按预定弯道行驶的能力。汽车制动时的方向不稳定现象主要表现为制动跑偏、制动侧滑或前轴失去转向能力。

①制动跑偏。制动跑偏是指汽车在制动过程中自动向左或向右偏驶的现象。产生的原因有:左右车轮制动器制动力不等,前轮定位失准、车架偏斜、装载不合理或受路面的影响,制动时悬架导向杆系与转向系拉杆在运动学上的相互干扰等。跑偏现象多数是第一点造成的,可以通过维修解决。

②制动侧滑。制动侧滑是指制动时汽车的某一轴或多轴发生横向移动的现象。侧滑会对汽车的稳定性造成极大的影响,尤其是高速行驶的汽车,后轴侧滑会引起汽车的剧烈回转运动。严重的跑偏必然引起汽车侧滑,易侧滑的汽车也有跑偏的趋势。通常,跑偏时车轮印迹重合,侧滑时前后印迹不重合。

③前轴失去转向能力。前轴失去转向能力是指汽车在弯道制动时不再按原来的弯道行驶而沿弯道的切线方向驶出,或汽车在直线行驶制动时虽然转动转向盘但汽车仍按直线方向行驶的现象。汽车在制动时,若前轴车轮先抱死,后轴车轮后抱死或不抱死,此时前轴车轮将失去转向能力。

4.1.2.2 制动的过程

汽车上一般都装有液压式或气压式的行车制动装置。车辆制动时,驾驶人脚踏制动踏板,通过液压或气压机构的作用使制动器启动,利用制动器内部的摩擦和车轮与路面间的摩擦消耗汽车的动能，达到减速或停车的目的。汽车的制动过程如图4-2所示。

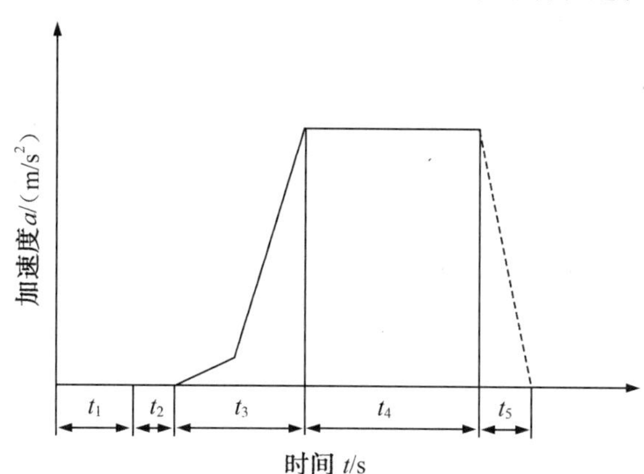

图4-2 汽车制动过程

其中t_1为驾驶人反应时间，即驾驶人发现危险情况至脚踩制动踏板所需要的时间。一般来讲，驾驶人反应时间t_1为0.3～1.0 s。反应时间的长短与驾驶经验、熟练程度和驾驶时间有关。

t_2为制动滞后时间，是指驾驶人开始踩踏板到汽车上出现制动力所经过的时间。依据《商用车辆和挂车制动系统技术要求及试验方法》(GB 12676—2014)要求，气压制动系不能超过0.6 s。

t_3为制动力增长时间，是汽车开始产生制动力至达到某一稳定值所经历的时间。试验表明，气压制动系的此段时间为0.4～0.9 s，液压制动系为0.15～0.2 s。

t_4为制动力达到最大值后的持续制动时间。在持续制动时间t_4中，车轮呈现拖滑状态，其减速度基本保持不变。

t_5为驾驶人放松制动踏板到制动解除所需要的制动放松时间，此时减速度为零。制动放松时间影响汽车的操纵稳定性，因此规定t_5不得超过0.3 s。

从以上分析可知，制动全过程包括驾驶人反应、制动系统协调、持续制动和制动彻底放松四个阶段，其中制动系统协调包括制动滞后和制动力增长两个阶段。一般所说的制动距离是指t_2～t_4这段时间汽车行驶的距离。

4.1.2.3 制动性对道路交通安全的影响

汽车的制动性是汽车主动安全性能之一。重大交通事故通常与制动距离太长、紧急制动时发生侧滑及前轮失去转向能力等情况有关。汽车制动时，跑偏、侧滑及前轮失去转向能力是造成交通事故的重要原因。例如，对在我国某市市郊的山区公路两周内(雨季)发生的7起交通事故分析发现，其中6起是汽车制动时后轴发生侧滑或前轮失去转向能力造成的。西方一些国家的统计表明，发生人身伤亡的道路交通事故中，在潮湿路面上约有1/3与侧滑有关，在冰雪路面上70%～80%与侧滑有关。根据对侧滑事故的分析，发现有50%与制动有关。因此，汽车制动性是汽车安全行驶的重要保障。

4.1.3　车辆的操纵稳定性

操纵稳定性包括“操纵性”和“稳定性”两方面含义。操纵性是指汽车能够正确的按照驾驶人的要求，维持或改变原行驶方向的能力。稳定性是指汽车在行驶过程中，受到外力扰动后恢复原来运动状态的能力。汽车的操纵性和稳定性两者密切相关，相互影响，它们都是汽车的基本运动性能。

车辆的稳定性包括车辆的纵向稳定性和横向稳定性。车辆的纵向稳定性是指汽车在上(或下)坡时抵抗绕后(或前)轴翻车的能力。车辆的横向稳定性是指汽车抵抗侧翻和侧滑的能力。

4.1.3.1　车辆操纵稳定性的影响因素

(1)汽车本身结构参数。如汽车的轴距、轮距、重心位置、轮胎特性以及悬架导向装置等设计与结构因素。

(2)使用因素。驾驶人反应快、技术熟练、动作敏捷、体力好，就能及时准确地采取措施，从而使汽车的运动状态趋于稳定。反之，如果驾驶人反应迟钝、判断错误，就可能导致汽车稳定性的破坏、操纵性的丧失。

(3)地面不平、纵向和横向的坡度、左右车轮附着差异、横向风、交通状况等外界条件。

此外，还应注意速度对汽车操纵稳定性的影响。低速时，汽车容易转向不足，但在高速时，汽车有可能转向过度。所以在高速行车时，驾驶人一定要注意方向盘的操纵，避免产生过大的离心力，以保证高速行车安全。

4.1.3.2　车辆横向稳定性的极限

汽车保持稳定行驶的能力是有一定限度的，如果驾驶人对汽车的操纵动作使汽车的运动状态超过了这一限度，汽车的运动就会失去稳定，发生侧滑或翻倾，从而危及行车安全。

(1)汽车抗横向侧滑稳定性界限。汽车在曲线上行驶时，受到侧向力的作用。当车轮上的侧向反作用力达到车轮与路面间的附着极限时，汽车便将因车轮滑移而失去控制。根据前后轮上侧向反力达到附着极限的先后，汽车的侧滑可分为“跑偏”和“甩尾”两种情况。

当前轮上的侧向反力先达到附着极限时，因前轮发生侧滑，汽车的横摆角速度减小，转向半径增大，汽车将向外侧甩出，发生跑偏现象，严重时，汽车会被甩出路外，导致交通事故。如果后轮上的侧向反力先达到附着极限，后轮将先于前轮向外侧侧滑，汽车的横摆角速度增加，转向半径减小，发生甩尾现象，容易诱发汽车打转甚至翻倾。

车辆在横向坡道上曲线行驶时，其受力情况如图4-3所示。

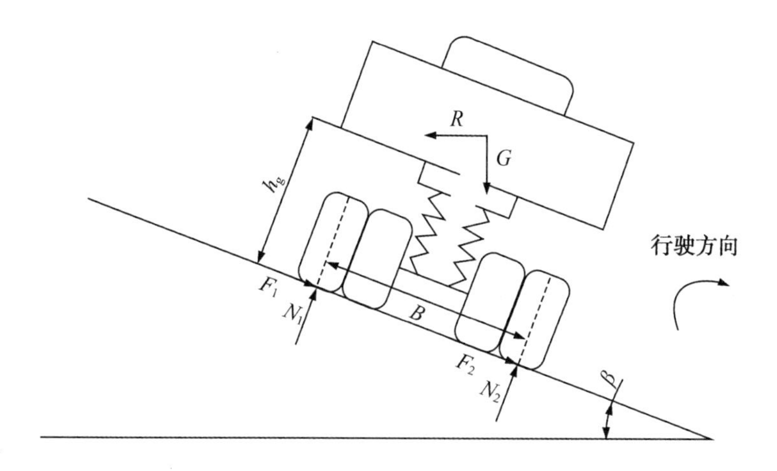

图4-3　汽车在横坡道上曲线行驶时的受力

设汽车转向的极限稳定车速为v_{max},横向作用力为F_1,由式(4-6)计算。

$$F_1 = C \pm Gi_0 = m\frac{v_{max}^2}{R} \pm Gi_0 \tag{4-6}$$

式中:m——汽车质量,kg;

C——向心力,N;

R——车辆转弯半径,m;

i_0——路面横坡度;

G——汽车的自重,N;

$\pm$——表示重力和离心力在平行于路面方向上的分力相同或相反。

设车轮与地面的附着极限为F_2,计算过程如式(4-7)。

$$F_2 = mg\varphi \tag{4-7}$$

式中:g——重力加速度,通常取9.8 m/s^2;

φ——轮胎与路面间的横向附着系数。

当$F_1 = F_2$时,为极限稳定行驶状态,故有:

$$m\frac{v_{max}^2}{R} = mg(\varphi \pm i_0) \tag{4-8}$$

则极限稳定车速可以由式(4-9)表示。

$$v_{max} = \sqrt{Rg(\varphi \pm i_0)} \tag{4-9}$$

(2)汽车抗横向侧翻稳定性界限。在倾斜的横坡面上曲线行驶的汽车,由于横向力的作用,当位于曲线左侧车轮上的法向反作用力为零时,汽车将发生横向侧翻。对图4-3中的车辆,反作用力$N_0 = 0$为汽车发生侧翻的临界状态。不发生横向倾覆的极限车速v_{max}可以依照此边界条件计算。

对图4-3受力分析可知:

$$(Ci_0 + G)\frac{B}{2} = (C \pm Gi_0)h_g \tag{4-10}$$

因Ci_0与G相比，其值较小可以忽略不计，故可得到式(4-11)所示条件。

$$\frac{GB}{2h_g}=(C\pm Gi_0)=\left(\frac{v_{max}^2}{gR}\pm i_0\right)G \tag{4-11}$$

式中：v_{max}——汽车不发生横向倾覆的极限车速，m/s；

B——轮距，m；

h_g——汽车重心高度，m。

可得出R为定值时，为保证汽车不发生横向倾覆，汽车行驶的最大速度v_{max}为：

$$v_{max}=\sqrt{gR(\frac{B}{2h_g}\pm i_0)} \tag{4-12}$$

4.1.3.3 提升操纵稳定性的主要措施

(1)动力转向。随着车速的提高、长途运输车载货质量的增加以及驾驶人操纵舒适程度要求的提高，驾驶人对车辆转向轻便性的要求也越来越高。对转向盘的要求是既要操作起来灵活、轻便，还要有适当的路感，特别是低速转弯或紧急避让时能按驾驶人的意愿正确运行。提升转向性能的措施有：一是靠改变转向器结构、形式来改善原有性能；二是借助动力转向机构。

(2)自适应感应器。汽车正常行驶中，当由于侧向风或路面不平产生的外力使车辆偏离行驶路线时，检测仪器应自动检测偏移量，使执行机构动作，带动转向联动机构自动进行方向修正，以保持汽车原行驶路线。

(3)警报信号与控制系统。为了使车辆正常行驶，工程师设计了许多警报控制系统，以提醒驾驶人注意操纵车辆或利用自动调节装置限制或修正车辆的运行状态。如在车辆的信号装置中设置车辆超速警告灯或设警示区域来提醒驾驶人；在某种发动机上设置一个速度控制开关，当车速超过限制时，停止供油；一些科研机构研制出车间距控制系统，使用微波雷达测量车距，对危险状态发出警告。

(4)四轮转向系统。四轮转向系统由前后轮两套转向器组成，二者由中间轴连接，由前轮转角与车速或前轮转向力与车速作为后轮转向的控制信号。

(5)制动转向控制系统。减少事故率及其损失的方法中，制动加转向回避的效果要比单纯制动回避、单纯打转向回避好得多。根据此原则，工程师研制出汽车旋转稳定装置(VSC)，其原理就是在汽车转弯的过程中，如车轮出现侧滑趋势，自动调整各轮的制动力，同时控制发动机输出功率，从而降低车辆旋转的可能性。

(6)驱动力自动调节系统。为了提高和改善车辆的转向性能以及车辆在复杂路面上直线行驶的稳定性，美国、日本和欧洲一些国家先后开发了不同形式的驱动力自动调节系统。其原理就是改变了普通车辆在任何运行情况下左右两侧驱动力都一样的情况，根据具体情况使内侧车轮驱动力向外侧车轮转移，从而产生转向力矩，同时使内外轮转速不一致。

4.2　车辆的主动安全性

车辆的主动安全技术又被称为积极安全技术，它是汽车上避免发生交通事故的各种技术措施的统称，目的是“防止事故”。汽车主动安全技术旨在提高汽车的安全性能，以确保行驶安全。

4.2.1　车辆主动安全装置与结构

4.2.1.1　制动安全装置

汽车制动系统是汽车的重要组成部分，是汽车安全性能的重要保障。

汽车制动系统的功能是使汽车迅速减速或停车，并保证驾驶人离去后汽车能可靠地停驻。每辆汽车的制动装置都包括若干个相互独立的制动系统，主要为行车制动系统、驻车制动系统。当行车制动系统失效时，驻车制动系统可用作紧急制动。经常在山区坡道行驶的汽车，为了避免下长坡时装在车轮上的制动器负荷过重，还常装有辅助制动器。

制动系统主要由制动操纵装置和制动器两大部分组成，如图4-4所示。

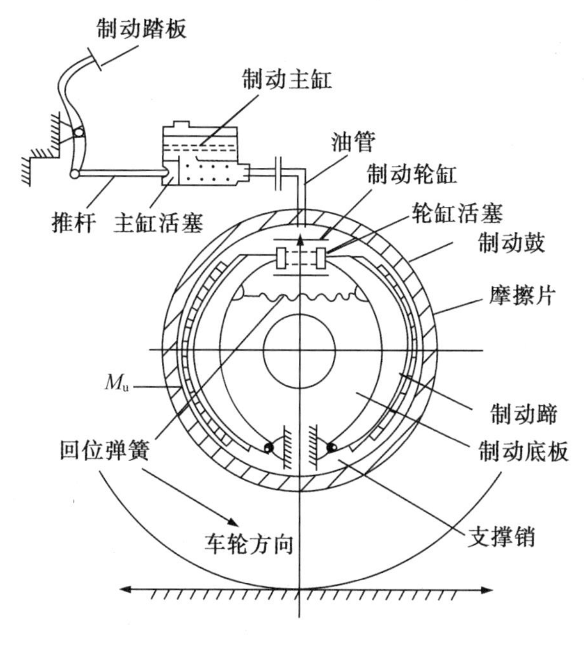

图4-4　制动系统的组成

制动操纵装置产生制动动作、控制制动效果并将制动能量传输到制动器的各个部件，如图4-4中所示的主缸活塞、制动主缸及制动轮缸和制动管路。

制动器是产生阻碍车辆的运动或运动趋势的力（制动力）的部件。汽车上常用的制动器都是利用固定元件与旋转元件工作表面的摩擦而产生制动力矩，称为摩擦制动器。

它有鼓式制动器和盘式制动器两种结构形式。

4.2.1.2　汽车自动防撞装置

在汽车高速行驶情况下，驾驶人的反应稍不及时就会造成交通事故的发生，其中追尾事故在道路交通事故中占有相当数量，严重威胁驾驶人和乘客的安全。因此，研究和推广汽车防撞装置显得日益重要和迫切。常见的自动防撞装置具有以下三种功能：环境监测、防碰撞判定和车辆控制。

汽车激光扫描防撞系统就是一种自动防撞装置。它将激光扫描雷达安装在车辆前端的中央位置，将测得的车距和前面车辆方位信号送入防碰撞预测系统。在进行追尾碰撞危险程度即安全/危险的判定时，首先根据路面干湿情况、后车车速及相对车速计算出临界车距，然后与实测的车距进行比较，当实测车距接近临界车距时，报警触发信号就会产生，当计算出的临界车距等于或大于实测车距时，自动制动控制系统便开始启动。

4.2.1.3　汽车驱动防滑控制系统

汽车驱动防滑控制系统（Traction Control System，简称TCS）的作用是在汽车加速时自动地控制驱动力、转向力，使轮胎的滑移量处于合理的范围之内，从而保持汽车行驶的稳定性。驱动防滑控制系统由车轮速度传感器、TCS控制器、加速踏板控制器、加速踏板执行机构、TCS制动执行机构、TCS指示器、TCS ON/OFF指示器等构成，如图4-5所示。

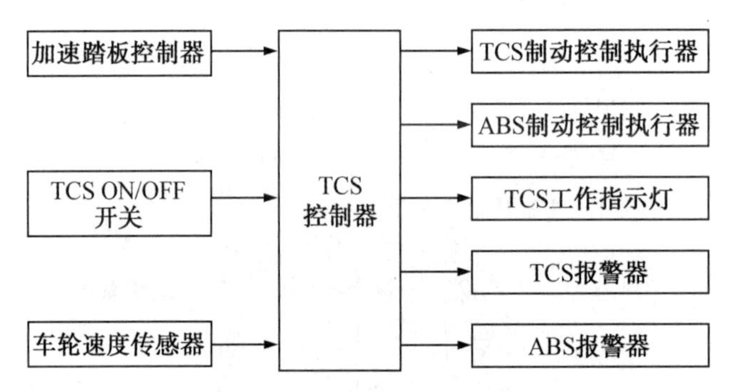

图4-5　驱动防滑控制系统的组成

车轮速度传感器分别安装在各个车轮上，用于检测各车轮的转速。TCS控制器根据从车轮速度传感器等输入的信号，综合判断车轮的滑移状态、路面状态和行驶状态，并把信号传送到TCS制动机构和发动机加速踏板控制器，进行最优TCS控制。此外，驱动防滑控制系统与防抱死制动系统（ABS）互相协调，实现TCS系统与ABS系统对车辆进行综合控制。

TCS系统利用传感器检测车轮和转向盘转向角度，如果检测到驱动轮和非驱动轮转速差过大，系统立即判断驱动力过大，发出指令信号减少发动机的供油量，降低驱动力，从而减小驱动轮轮胎的滑转率。系统通过转向盘转角传感器掌握驾驶人的转向意图，然后利用左右车轮速度传感器检测左右车轮速度差，从而判断汽车转向程度是否和驾驶人的转向意图一样。

4.2.1.4　轮胎气压检测报警装置

轮胎气压不仅对车辆的行驶稳定性和燃油经济有重大影响，而且当轮胎气压显著下降时，极有可能导致轮胎破裂爆炸，引发重大交通事故，所以轮胎气压检测报警装置尤为重要。

轮胎气压检测报警装置通过直接测量的方式获得实际轮胎气压信号，通过车轮速度传感器测得的车速获得轮胎振动频率及扭转弹性常数信号。车辆行驶过程中，当实际轮胎气压信号与理想轮胎气压相差较大时，轮胎气压检测报警装置会立即向驾驶者发出报警信号。

轮胎气压检测报警装置主要由速度传感器、报警灯、调置开关、停车灯开关及控制单元ECU等组成。轮胎气压检测报警装置系统如图4-6所示。

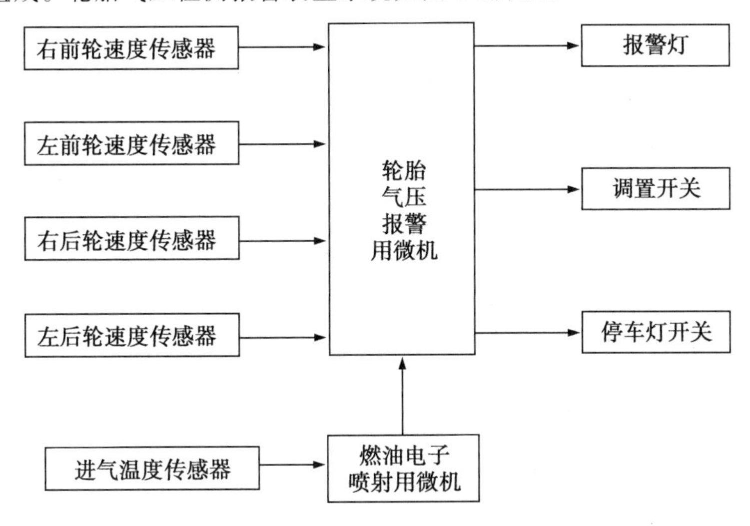

图4-6　轮胎气压检测报警装置系统

4.2.1.5　车辆巡航控制系统

车辆巡航控制是指汽车的定速控制。在汽车行驶过程中使用巡航控制系统，可使汽车在发动机功率允许范围内，不用调整加速踏板的位置便可按照驾驶人的要求，自动地适应外界阻力的变化，保持一定速度的行车状态。这种控制系统可以由驾驶人通过选择开关来增减车速。特殊情况下，关闭选择开关或踩下制动踏板，都能迅速解除巡航控制而转换到怠速或驾驶人操作状态。

图4-7是一种典型的闭环汽车电子巡航控制系统原理图。图中ECU有两路输入信号：一路是车速传感器测得的实际车速信号，另一路是驾驶人按所需车速调定的指令车速信号。ECU将这两种信号进行比较，由减法得出两信号之差，即误差信号，再经处理后成为供油控制信号，送至供油执行器，调节发动机供油数量，使实际车速恢复到驾驶人设定的车速并保持恒定。

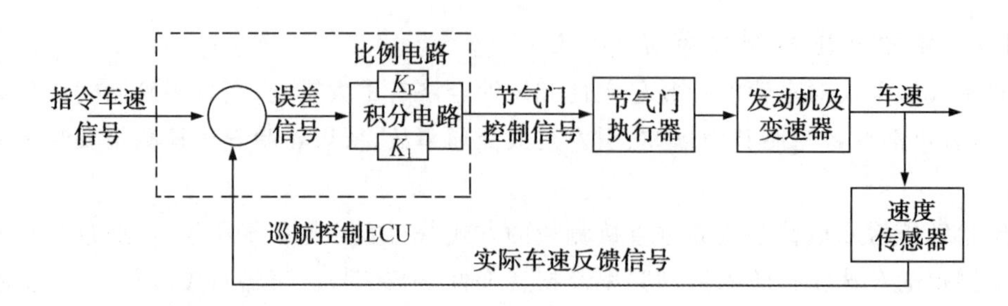

图4-7　汽车电子巡航控制系统原理

4.2.2　汽车防抱死制动系统

4.2.2.1　防抱死制动系统概述

汽车防抱死制动系统(Anti-lock Braking System,简称ABS),是一种机电液一体化装置。它在传统制动系统的基础上,采用电子控制技术,实现制动力的自动调节,防止制动车轮抱死,以期获得最有效的制动效果,并大大提高车辆主动安全性。ABS系统能够利用轮胎和路面之间的峰值附着性能,提高汽车抗侧滑性能,充分发挥制动效能,同时增加汽车制动过程中的可控性,减少事故发生的可能性,是一种具有防滑、防锁死等优点的安全制动控制系统。

汽车防抱死制动系统主要由轮速传感器、电子控制单元、制动压力调节器等组成,构成一个闭环制动系统,如图4-8所示。

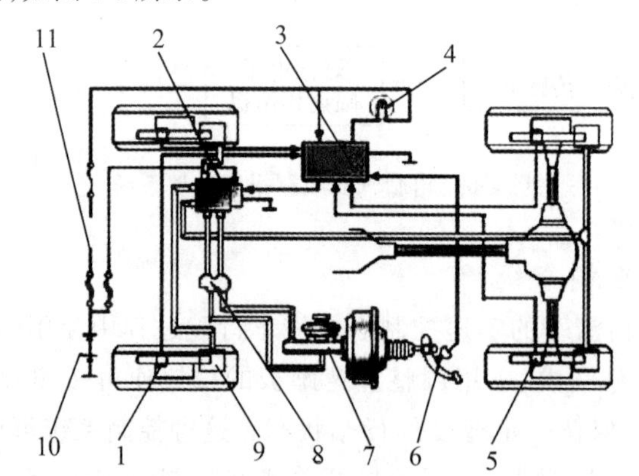

1—前轮速度传感器;2—制动压力调节装置;3—ABS电控单元;4—ABS警告灯;
5—后轮速度传感器;6—停车灯开关;7—制动主缸;8—比例分配阀;
9—制动轮缸;10—蓄电池;11—点火开关。

图4-8　汽车防抱死制动系统(ABS)的组成

4.2.2.2　防抱死制动系统的工作原理

对于汽车防抱死制动系统工作原理而言,首先通过轮速传感器获取与制动车轮转速呈正相关关系的交流电压信号,然后将这一信号传输至电子控制器,并通过电子控制器计算得出车轮速度、滑动率以及车轮增减速度,接着电子控制器中的控制单元再对该部分信号开展比较处理,并向制动压力调节器发出调节指令,促使制动压力调节器中的电磁阀实现对制动压力的有效调节,进而控制制动力矩,使其符合地面附着状态的需求,防止车轮抱死。

为提升载客汽车安全性能,提升客运车辆阻燃性能水平以及安全逃生能力,《"十四五"全国道路交通安全规划》提出:"到2023年,新出厂的大型客车自动紧急制动系统、轮胎爆胎应急防护装置装备率达到100%,新出厂的重型货车自动紧急制动系统装备率达到50%;到2025年,大型客车自动紧急制动系统装备率、轮胎爆胎应急防护装置装备率分别达到40%、60%,重型货车自动紧急制动系统装备率达到20%。"

4.2.3　车辆安全驾驶辅助系统

4.2.3.1　车辆安全驾驶辅助系统技术概述

车辆安全驾驶辅助系统研究的目的就是使车辆在较差的环境中能够识别路况信息,并能够辅助驾驶人安全行车。从车辆安全驾驶辅助系统当前的发展状况来看,基于视觉的环境感知、多传感器的融合和自动驾驶等技术是今后的发展趋势。

交通信号、道路标识等均可以看作是环境对驾驶人的视觉通信语言。在车辆安全驾驶辅助系统的研究中,视觉系统主要起到环境探测和辨识的作用。除视觉传感器外,常用的还有雷达、激光、全球定位系统(GPS)等遥感技术。在实际应用中往往采用多种传感器和遥感技术,并采用传感器融合技术对检测数据进行分析、综合和平衡,利用数据间的冗余和互补特性进行容错处理,以求得所需要的环境特征。

4.2.3.2　车辆安全保障技术

(1)驾驶人注意力监视。汽车长途行驶或在高速公路上行驶时,驾驶人往往由于疲劳或所见目标单调而注意力不集中或打瞌睡,导致车辆偏离行驶路线,甚至引发交通事故。有资料表明,高速公路上发生的交通事故中有一半以上是由于上述原因造成的。要解决这一问题,必须用技术手段及时监测车辆驾驶人的注意力是否集中,是否有打瞌睡的苗头,这就是注意力监测。例如,可利用摄像机等传感器来监测驾驶人面部表情、眼睛的睁开程度、眼皮眨动的频率等,并用声光报警。

(2)车辆技术状况监测。及时监测汽车自身各系统的技术状况,将安全隐患消灭在萌芽状态。例如对发动机运转状况、轮胎气压、转向机构、制动系统等进行实时监测。

(3)驾驶人视觉增强。视觉是人类观察世界、认识世界的最重要感知途径。因此基于视觉的感知技术已成为安全驾驶辅助系统中获取信息的主要手段。现今的视觉感知技术已能够实现在特殊天气或环境条件(如夜间,雨、雪、雾天气,弯道,上下坡,视觉盲区等)下使驾驶人具有良好的"视野"。红外传感器在这方面具有很强的优势,其最大的特点就是能够在夜间和各种能见度低的恶劣天气下探测到路况信息。目前红外传感器已广泛应用于多种车辆的夜视和后视报警系统。

(4)防撞安全预警。防撞安全预警系统全面监测车辆当前状态及周边其他车辆或障碍物的情况,如有碰撞等安全隐患,则警告驾驶人。例如,当车道前方有其他车辆或障碍物时,该系统将自动监测并及时发出警告,以便驾驶人提前做相应的处理。由于某些原因,在驾驶人未执行转向操作的情况下,车辆可能会自行偏离行驶路线。因此,国外一些汽车公司正在研制车道变换避撞系统。在车辆换道时,该系统可对接近车辆进行监测并发出警告。

4.3 车辆的被动安全性

随着科学技术的发展,汽车主动安全技术将在道路交通安全中起到越来越大的作用。尽管如此,仍然不可避免地会发生意外事故,此时,汽车被动安全技术将是减轻人员伤害和财产损失的唯一保障。

汽车被动安全性是指发生事故后,汽车本身减轻人员受伤和货物受损的性能,即汽车发生意外的碰撞事故时,应对驾驶人、乘员及货物进行保护,尽量减少其所受的伤害和损坏。其中,减轻车内乘员受伤和货物受损的性能称为内部被动安全性,减轻对事故所涉及的其他人员和车辆损伤的性能称为外部被动安全性。

4.3.1 内部被动安全技术

在汽车碰撞事故中,减轻驾驶人和乘客受伤程度的被动安全技术类似,因此,文中所提到的乘员泛指驾驶人和乘客。

4.3.1.1 乘员与汽车内部结构的碰撞分析

汽车发生碰撞事故一般是指汽车和外部事物之间的碰撞,称为一次碰撞。乘员与汽车内部结构的碰撞,称为二次碰撞。

汽车发生碰撞时,乘员的伤害主要是由以下几种原因造成的。

(1)碰撞时,汽车结构发生变形,汽车构件侵入乘员生存空间,导致乘员受到伤害。

(2)碰撞时,由于汽车结构被破坏等原因,使得乘员的部分身体或全部身体暴露在汽车外面而受伤。

(3)碰撞作用下,汽车的速度迅速降低,这使乘员由于惯性作用继续前移,与汽车内部结构(如转向盘、仪表板等)发生碰撞而造成伤害。

由此可见,提高汽车的被动安全性,要从汽车结构设计和乘员保护系统两方面入手。汽车结构设计要考虑车身、车架、座椅、转向柱、内饰等的合理设计。乘员保护系统则应考虑使用安全带、安全气囊等安全装置。

4.3.1.2 减轻乘员伤害的结构措施

(1)安全车身。汽车碰撞时,车体结构的安全作用是在吸收汽车动能的同时减缓乘员移动的程度,并保证乘员有生存的空间,即安全车身结构应包括“经得住碰撞的车身”和“吸收冲击能量的汽车前部及后部”。其设计原则是:使乘员舱具有较大的刚度,在碰撞时减少变形;使前部发动机舱和后部行李舱刚度相对较小,以便在猛烈撞击时产生变形吸收能量。

(2)安全座椅。汽车座椅是汽车中将乘员与车身联系在一起的重要部件。在汽车交通事故中,座椅在减少乘员损伤方面起到重要的保护作用。首先,在事故中它要保证乘员处在自身的生存空间内,并防止其他车载体(如其他乘员、货物)进入这个空间。其次,它要使乘员在事故发生过程中保持一定的姿态,使其他约束系统能充分发挥保护效能。因此,安全座椅应具有在事故发生时能最大限度地减轻对乘员造成伤害的能力。

(3)吸能转向柱。汽车发生正面碰撞时,碰撞能量会使汽车的前部发生塑性变形,布置在汽车前部的转向柱在碰撞力的作用下要向后(驾驶人胸部方向)运动,同时,驾驶人受惯性的影响有冲向转向盘的趋势。这些运动的能量应通过转向柱以机械的方式予以吸收,防止或减少其直接作用于驾驶人身上,避免造成人身伤害。因此,转向柱除了要具有转向功能,还要在汽车发生正面碰撞时,能够有效地吸收碰撞能量。可以防止或减少碰撞能量伤害驾驶人的转向柱称为能量吸收式转向柱。

吸能转向柱的目的是有效地吸收汽车发生正面碰撞时转向柱与驾驶人之间的二次碰撞能量,其基本原理是当转向轴受到巨大冲击时,产生轴向位移,使支架或某些支承件产生塑性变形,从而吸收冲击能量。

4.3.1.3　减轻乘员伤害的安全装置

为了防止事故在极短的时间内对乘员造成伤害,车辆必须配置安全设备。汽车被动安全设备主要包括座椅安全带和安全气囊系统。

(1)安全带。安全带是将乘员身体约束在座椅上的安全装置,用以避免车辆发生碰撞事故时,乘员身体冲出座椅发生二次碰撞,以降低车辆碰撞事故的受伤率和死亡率。安全带的作用主要是减少正面碰撞、追尾碰撞及翻车事故中人体相对于车体的运动,尤其可以减轻乘员头部和胸部受到的伤害。

国外的一项研究表明,使用安全带后,驾驶人负伤率可降低43%～52%,副驾驶人负伤率可降低37%～45%。然而,在未使用安全带的情况下,即使在20 km/h车速下发生的正面碰撞事故,也能引起驾驶人死亡。

汽车座椅安全带按固定点数分类,主要有两点式、三点式和四点式。最初的汽车安全带是瑞典人发明的,20世纪40年代,安全带成为别克轿车的标准配置。1964年以后,美国、日本等国家就开始强制在轿车、轻型客车的驾驶座位装备两点式安全带,美国还将安装和使用安全带确定为强制性的联邦法规,由此开始了安全带的大规模普及。当时的安全带仅仅是简单的两点式腰部约束,其约束的松紧程度完全由驾驶人自己调节。

经过近80年的发展,安全带技术逐渐走向成熟,现在的安全带均由强度极大的合成纤维制成,带有具有自锁功能的卷收器,采用对乘员的肩部和腰部同时约束的三点式设计。乘员系上安全带后,卷收器自动将其拉紧,当车辆出现紧急制动、正面碰撞或发生翻滚时,乘员会使安全带受到快速而猛烈的拉伸,此刻卷收器的自锁功能可在瞬间卡住安全带,使乘员紧贴座椅,避免摔出车外或碰撞受伤。

(2)安全气囊。作为乘员的安全保护装置,安全气囊(SRS)的原意是辅助约束系统,起到辅助保护乘员的作用,它的基本前提是乘员佩戴安全带。因为汽车前部因发生碰撞会产生很大的冲击力,即使佩戴了安全带,驾驶人的脸部也会撞击在转向盘上,乘客的头部则会撞到风窗玻璃上,安全气囊系统可弥补安全带不能完全固定身体、保护不足的缺陷。统计资料表明,单独使用安全气囊可减少18%的死亡事故,与安全带配合使用可减少47%的死亡事故。

安全气囊系统主要由控制装置、气体发生器和气囊组成,如图4-9所示。其中控制装置又包括传感器、电子控制系统及触发装置。

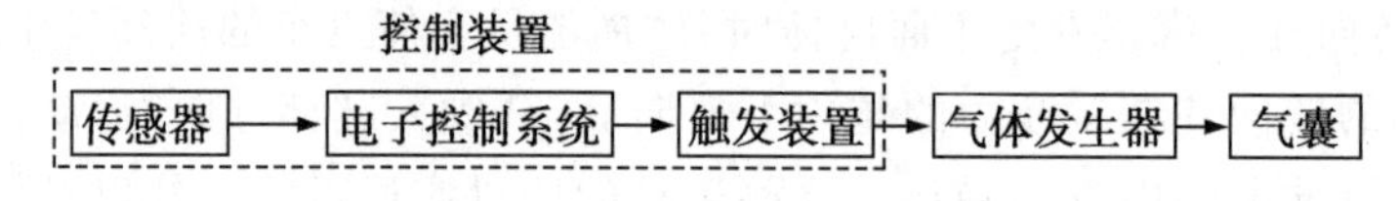

图4-9　安全气囊系统的组成

其工作原理为:安全气囊平时折叠收容于转向盘中央及仪表板下部。在汽车发生碰撞事故时,传感器感受汽车碰撞强度,电子控制系统接收并处理传感器的信号。当判断有必要打开气囊时,立即由触发装置发生点火信号触发气体发生器,气体发生器收到信号后迅速产生大量气体,并充满气囊,使得乘员能够与较柔软的吸能缓冲物件相接触。依靠气袋的排气孔节流阻尼来吸收碰撞能量,从而达到减少伤害、保护乘员的目的。

4.3.1.4　其他构件安全设计

为减轻事故中乘员因二次碰撞所受到的伤害,除上述安全带及安全气囊装置外,还应在设计时注意以下各种结构措施。

(1)乘员头颈保护系统。乘员头颈保护系统一般设置于前排座椅。当轿车受到后部的撞击时,头颈保护系统会迅速充气膨胀,整个靠背都会随乘坐者一起后倾,乘坐者的整个背部和靠背安稳地贴在一起,以最大限度降低头部向前甩的力量;座椅的椅背和头枕会向后移动,使身体的上部和头部得到轻柔、均衡地支撑与保护,以减轻脊椎及颈部所承受的冲击力,并减少头部向后甩带来的伤害。

(2)安全玻璃。安全玻璃有钢化玻璃与夹层玻璃两种。钢化玻璃是在玻璃处于炽热状态下使之迅速冷却而产生预应力的强度较高的玻璃,钢化玻璃破碎时分裂成许多无锐边的小块,不易伤人。夹层玻璃共有3层,中间层韧性强并有黏合作用,被撞击破坏时内层和外层仍黏附在中间层上,不易伤人。汽车用的夹层玻璃,中间层加厚1倍,由于有较好的安全性而被广泛采用。

(3)仪表板表面处理。仪表板表面应以弹性材料覆盖,以便受到撞击后能产生一定的变形,吸收冲击能量,减轻对人体的伤害。

(4)减少车内突起物。车内的结构物如门把手、遮阳板、搁板等,其表面不允许有尖棱和粗糙面,并以弹性材料覆盖。

4.3.2　外部被动安全技术

汽车在行驶过程中,不仅要对车内的乘员进行保护,还必须保证车外的行人具有一定的安全性。

4.3.2.1　汽车与行人的碰撞分析

(1)小客车与行人的碰撞。在小客车与行人的碰撞过程中,首先行人的腿部撞到汽车保险杠上,然后骨盆与发动机罩前端接触,最后头部撞到发动机罩或前风窗玻璃上,这时行人被加速到车速,这就是所谓的“一次碰撞”。车速越高,头部撞击点越靠近前风窗玻璃,随后由于汽车制动使行人与汽车分离,行人以与碰撞速度相近的速度撞到路面上,这是“二次碰撞”。在有的事故中,还发生行人被汽车碾压的情况,这是“三次碰撞”。

汽车与行人碰撞过程中,人体的损伤部位可以覆盖全身,但主要部位是头部和下肢。研究表明,行人头部和下肢的损伤在汽车与行人碰撞造成的损伤中各占约30%。因此,降低汽车前部在与行人碰撞过程中对行人头部和下肢造成的伤害非常重要。

(2)载货汽车与行人的碰撞。载货汽车与行人相撞造成的伤亡远比小客车严重,因为“一次碰撞”中,无论是长头还是平头驾驶室的载货汽车,都不可能存在小客车事故中的行人身体在发动机罩上翻滚的过程,而是在很短的时间内行人就会被加速到货车速度,易于造成行人的伤亡。同时,驾驶室上突出的后视镜、驾驶人上车踏板以及保险杠也容易使行人受伤。

另外,在不同的碰撞过程中,行人的身材和姿势存在较大的差异,行人与汽车的初始接触部位也存在较大的差异,致使行人的身体尤其是头部与汽车撞击部位的范围很广,从发动机罩前端到风窗玻璃再到顶盖都可能成为撞击区域。因此,要想提高汽车与行人碰撞的安全性,需对整个汽车前部不同区域采取不同的措施。

4.3.2.2　减轻行人伤害的结构措施

(1)保险杠及其改进措施。工程师在设计保险杠时,应该不仅考虑到内部被动安全性,而且也顾及外部被动安全性。为此,要求一切在公路上行驶的车辆前后均应装有保险杠。从减轻事故中人员受伤程度的效果来看,行人与保险杠的碰撞部位在膝盖以下为好,因此,应将保险杠降低。但保险杠过低,会加大头部在发动机罩或风窗玻璃上的撞击速度。所以保险杠高度取为330～350 mm是合适的,可以保证大部分行人的碰撞部位发生在膝盖以下。

为了降低保险杠对行人腿部造成的伤害,可以采取的措施是降低保险杠的刚性,改进保险杠的吸能性能,优化保险杠与汽车主梁的连接。另外,降低保险杠的界面高度,适当增加保险杠与发动机罩前端的距离,采用刚度在高度方向上变化的保险杠,保险杠下边缘比上边缘适当前移,都将对行人腿部有较好的保护效果。

(2)发动机罩的结构及其改进措施。从安全角度出发,发动机罩前端圆角半径应大一些,机罩的高度应低一些。降低发动机罩的刚性可以降低行人头部与发动机罩的撞击力。降低发动机罩刚性的措施有减小发动机罩外板的厚度,改变发动机罩内、外板截面形式等。但是发动机罩的整体刚性不能太低,否则发动机罩在汽车行驶过程中会产生振动。另外,仅仅降低发动机罩的刚性,会进一步增加头部撞击发动机罩下面的硬物的可能性。为解决上述问题,一种较好的解决方案是采用可变形的发动机罩支撑结构。该结构可以在行人与发动机罩发生碰撞时产生一定的压溃变形,从而在不过分降低发动机罩整体刚性的情况下,降低发动机罩对行人产生的伤害。

(3)汽车前端造型改进措施。研究表明,以前老车型的发动机罩前端高度较高,边缘轮廓较硬,对行人的保护效果较差。近年来推出的新车型多采用流线型造型,从而可以对行人的大腿、骨盆及腹部产生较好的保护效果。

4.3.2.3 行人安全防护的新技术

(1)汽车前保险杠安全气囊和前风窗玻璃安全气囊。据统计,在50%以上的汽车碰撞事故中,驾驶人在碰撞发生前均采取了紧急制动措施,但由于制动距离不够,导致事故发生。因此,如果利用传感器技术在汽车碰撞前检测到碰撞即将发生而将前保险杠安全气囊释放出来,则行人将不会直接与刚度很大的汽车前部结构发生碰撞,而是首先与气囊接触,从而有效地保护行人。

汽车与行人发生碰撞时,行人头部极易撞击到前风窗玻璃上,很可能造成致命伤害。因此,也可以采用前风窗玻璃安全气囊。该装置需要控制系统及时正确地判断汽车与行人碰撞的发生时间,及时打开安全气囊来保护行人。

(2)自动弹出式发动机罩。自动弹出式发动机罩的工作原理是在汽车保险杠与行人碰撞的瞬间,由传感器检测到碰撞信号,迅速控制发动机罩后端向上开启一定距离(或前后端同时弹出一定距离),从而有效增加发动机罩与发动机舱中零部件之间的间距,避免行人头部与硬物接触。该方法已在一些运动型轿车上得到应用。

(3)电子行人发射器和接收器。为了使驾驶人能够尽早发现行人并采取相应的措施,研究人员研制了一套电子行人发射器和接收器。行人随身携带一个小型的发射器,在可能与汽车发生碰撞的情况下开启发射器,通过安装在汽车上的接收器提醒汽车驾驶人注意行人,尽量避免事故的发生。该方法的效果取决于行人和汽车驾驶人是否能正确携带、安装和使用发射器和接收器,推广应用尚有一定困难。

习题

(1)试分析因车辆因素导致事故发生的主要原因。

(2)试述动力性评价指标、制动性评价指标及影响操纵稳定性的因素是什么?

(3)什么是车辆的主动安全性?其包括哪些方面?

(4)减轻行人、乘员伤害的被动安全技术有哪些?

(5)试述安全带、安全气囊及车辆其他各种结构措施的作用原理。

第5章　道路与交通安全

道路交通基础设施既是经济社会发展的重要命脉，也是一个地区文明程度的重要标尺和对外形象的集中展示。像我国大力推行的"一带一路"倡议，其中就包含交通节点的打造和交通服务的一体化。该倡议提出以来，承建了全国各地公路的几十个新改建项目，涌现出一批令世人瞩目的标志性项目，通达城市、契合期盼、带活经济，"一带一路"上的公路项目，已经成为当地源源不断的活力供给。

道路条件对交通安全同样有着巨大的影响，每年因道路因素导致的交通事故不计其数。影响交通安全的道路因素有道路几何线形、横断面、交叉口、交通流的状态等。本章主要论述各个客观因素与交通安全的关系，从而有的放矢地制定安全措施，提高行车安全性。

5.1　道路几何线形与交通安全

道路线形是指道路中心线的立体形状。其中，平面描述的道路中心线形状称为平面线形，立体描述的道路中心线形状称为纵断面线形。道路几何线形设计是道路建设的前提，其好坏直接影响到道路功能的表现，影响道路行车安全，美观、合理的线形可以保证汽车行驶的稳定性和舒适性。

道路线形设计在道路建设运营的过程中起到至关重要的作用，一般应遵循以下原则。

(1)要以减少道路交通事故、保证车辆行车安全作为第一要务。在道路线形设计过程中，应避免出现交通事故黑点，设置安全的行车视距，确保设计的合理性。

(2)与地形地物相适应，与自然条件相协调。道路线形设计应匹配当地地形，尽量避免破坏周边环境，避免出现破坏地貌、影响居民生活的情况。设计时要做到安全经济，也要重视线形的美感，尽量做到自然环境与社会环境相结合。

(3)保持线形的平顺与连续。道路线形应具有连续性和均衡性，即车辆能够保持均匀的驾驶速度，在驾驶人视线反应距离内不出现突变、转折、遮挡等特殊线形。

(4)平面线形要与纵断面线形相协调。在平面线形设计过程中，应考虑纵断面线形设计的要求，在路线交叉等平纵曲线容易出现重合的地方，要为纵断面线形设计留好余地。平面线形的直线、圆曲线之间应有缓和曲线逐渐过渡，平曲线与竖曲线的几何要素应保持均衡。

(5)线形设计应与路况勘探和定线、选线同步推进。若在确定路线后再进行线形设计工作，不仅容易导致工作周期长，施工过程中还可能出现返工以及浪费资源的现象。

5.1.1 平面线形

平面线形由直线、缓和曲线、圆曲线三种线形要素组成，对三种线形进行合理的组合，可以达到行车安全舒适、道路美观和工程造价经济的目的。

5.1.1.1 直线

直线是最常用的线形，具有现场勘测简单、方向明确、距离短捷的优点。对于公路来说，直线部分景观单调，对驾驶人缺乏刺激，在选用直线线形时，一定要十分慎重。长直线段容易对驾驶人产生催眠作用，使驾驶人感到单调、易瞌睡，因此并非理想的线形。但同时直线长度也不宜过短。

考虑到线形的连续和驾驶的方便，相邻两曲线之间应有一定的直线长度。我国规定最小直线长度为：当设计速度大于等于60 km/h时，同向曲线间最小直线长度(以m计)以不小于行车速度(以km/h计)的6倍为宜，反向曲线间最小直线长度以不小于行车速度的2倍为宜。

5.1.1.2 圆曲线

圆曲线具有方便与地形相协调、线形观感好、便于测量设计等优势，在道路线形中应用广泛。《公路路线设计规范》(JTG D20—2017)中规定，各个等级的公路，不管转角情况如何都必须设置圆曲线。

圆曲线线形的最重要的要素是圆曲线半径，车辆在曲线上行驶时会受到离心作用的影响，曲线半径过大或过小都会产生不利影响。影响圆曲线半径的主要因素为横向力系数、汽车运行速度和超高横坡度，相关的圆曲线半径基本公式如式(5-1)所示。

$$R^2=\frac{v^2}{127(\mu \pm i_h)} \tag{5-1}$$

式中：R——圆曲线半径，m；

μ——横向力系数；

v——汽车行驶速度，km/h；

i_h——超高值，当设超高时采用“+”，不设超高时采用“－”。

(1)圆曲线最小半径。圆曲线最小半径有三种情况，即极限最小半径、一般最小半径、不设超高的最小半径。其中一般最小半径值与实际工程运用情况较为贴切，因此使用频率较高，是通常情况下采用的最小半径。一般最小半径以安全性和舒适性方面的需求为出发点，是指车辆在各级公路以及城市道路上，能够按照其设计速度安全、舒适地行驶的圆曲线最小半径。

其中《公路路线设计规范》(JTG D20—2017)中的一般最小半径值是按 i_h＝6%～

8%、μ=0.05～0.06计算得到，取值如表5-1所示。

表5-1　圆曲线的一般最小半径

设计速度/(km/h)	120	100	80	60	40	30
一般最小半径/m	1 000	700	400	200	100	65

(2)圆曲线最大半径。在选用圆曲线半径时，在地形、地物以及周围环境等条件符合要求的基础上，应尽量采用大半径，达到行车舒适的目的。但当半径过大时，施工会变得复杂，理论和工程实践表明，当半径R大于3 000 m后，由于汽车横向力所引起的舒适性变差程度较为轻微。过大的曲线半径会使道路在外观上和直线类似，驾驶操作也与直线无异，当圆曲线半径R大于9 000 m时，视野聚焦范围300～600 m内的感知效果和直线类似，在大半径段上行驶会使驾驶人产生疲劳感，反应迟缓。《公路路线设计规范》(JTG D20—2017)规定，圆曲线最大半径值不宜超过10 000 m。

5.1.1.3　缓和曲线

缓和曲线一般是设置在直线、圆曲线之间或两个半径相差较大的圆曲线之间的一种曲线，它的曲率呈现连续变化的趋势，起到过渡的效果。《公路路线设计规范》(JTG D20—2017)中明确规定，除去四级公路以外，其他不同等级的公路都要设置缓和曲线以满足安全性与舒适性的要求。

(1)缓和曲线长度。汽车在缓和曲线过渡段上行驶时，应保持一定的长度。当缓和曲线长度值过小时，会出现曲线段与直线段及圆曲线段连接不协调、行驶舒适性差、行车视觉效果差等问题。因此，确定合适的缓和曲线长度值是缓和曲线设计过程中需要重点解决的问题之一。《公路路线设计规范》(JTG D20—2017)根据各项因素，规定了各级公路缓和曲线的最小长度，如表5-2所示。

表5-2　各级公路缓和曲线最小长度

设计速度/(km/h)	120	100	80	60	40	30	20
曲线最小长度/m	100	85	70	50	35	25	20

表5-2中回旋线最小长度基本满足以双车道中线为旋转轴设置超高过渡的长度。

(2)缓和曲线参数。缓和曲线按线形分为三次抛物线、双扭曲线、回旋线等。由于回旋线性质与汽车匀速由直线段驶至圆曲线段的特点相符合，故《公路路线设计规范》(JTG D20—2017)中规定，我国公路的缓和曲线段均采用回旋线形式。

回旋线的曲率随缓和曲线的长度呈比例变化，回旋线参数A表示曲率变化的快慢程度，它是行驶轨迹的弧长与圆曲线半径的乘积的开根号值。回旋线主要有以下特点：在该曲线内，曲率半径随曲线长的变化而变化。起点处，曲率为零，曲率半径为无穷，但在回旋线终点，$l=l_s$，$r=R$，其中，l表示回旋线上某点到原点的曲线长，r表示回旋线上某点的曲率半径。回旋线参数值可以由公式(5-2)计算得到。

$$A = \sqrt{Rl_s} \tag{5-2}$$

式中：R——回旋线所连圆曲线半径，m；

l_s——缓和曲线长度，m。

回旋线的参数值应与圆曲线半径值R相协调匹配，一般认为，在回旋线参数值与相接的圆曲线半径之间满足$R/3 \leqslant A \leqslant R$的关系时，可以保证线形平顺、美观，符合道路行驶安全的要求。

5.1.1.4　平面线形组合

由直线、圆曲线、缓和曲线三要素可以组合形成多种平面线形形式，较为常见的类型有基本形曲线、S形曲线、卵形曲线、C形曲线、复合形曲线和回头曲线等。

在众多形式的平面线形组合中，基本形曲线是各种等级公路线形中使用次数最多的形式。图5-1为采用回旋线形式敷设缓和曲线的基本形曲线的基本图示，其中α表示转角，β_0表示缓和曲线角，T表示切线长，L为平曲线长，E表示外距。

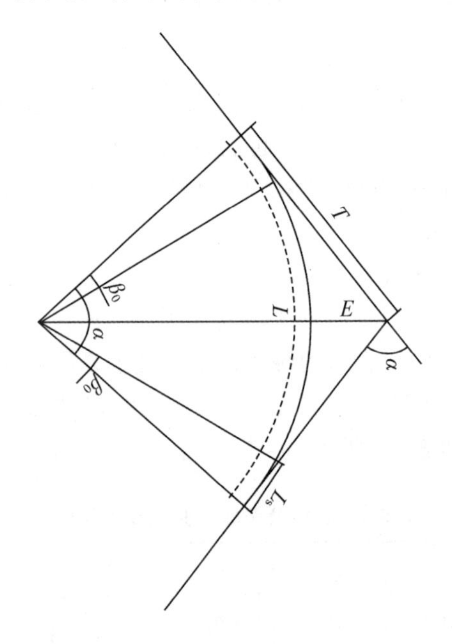

图5-1　基本形曲线示意图

在平面曲线的设计中，应充分考虑圆曲线、回旋线、平曲线长度等因素。特别是当圆曲线的曲率与回旋线的长度相协调时，平曲线的长度也必须满足规范要求。在设计基本形曲线时，回旋线的长度与圆曲线的长度之比应在1∶1～1∶2的范围内，这个比例会增加线条形状的美观性和协调性，对交通安全有帮助。

5.1.1.5　超高

超高的概念是，车辆在圆曲线上行驶时受横向力作用容易产生滑移，为减弱或抵消这种横向力，在路段横断面上设置的外侧逐渐高于内侧的单一横向坡度，如图5-2所示。车速较高条件下，为了平衡横向力应采用比较大的超高值。如果超高取值偏大，使汽车沿路面的重力分力大于轮胎与道路间的摩擦力，汽车有沿着路面坡度下滑的可能性。对山岭区、城市郊区、道路路口段以及较多非机动车混合的道路，最大超高取值应取较小的值。

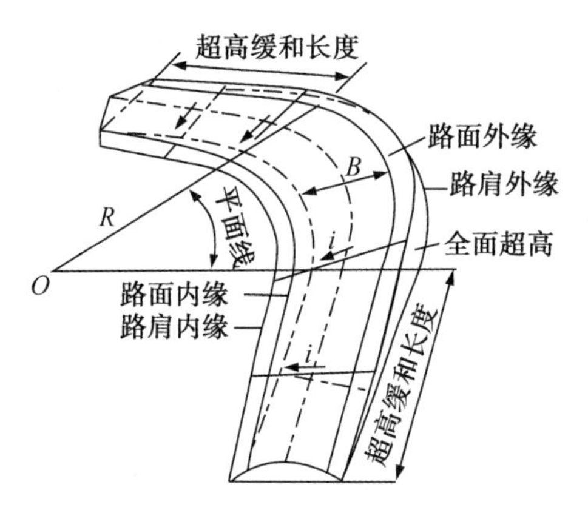

图5-2　道路超高示意图

道路超高的取值应为2%～8%。《公路路线设计规范》(JTG D20—2017)对公路最大超高值做出规定：一般地区的二、三、四级公路超高值取8%；高寒地区的所有等级公路均取6%；城镇区域各级公路均取4%；二、三、四级公路中接近城镇且混合交通量大的路段，设计速度小于等于40 km/h时，最大超高值取2%。

5.1.1.6　加宽

汽车在弯道上行驶时，所有车轮沿着不同半径轨迹行驶，后轴内侧车轮行驶曲线半径较小，前轴外侧车轮行驶曲线半径较大。因此，在弯道上行驶的汽车所占宽度较直线段大，弯道上的路面应当加宽。如图5-3所示，R为平曲线半径，L为汽车前挡板至后轴的距离，单车道路面所需要增加的宽度W由式(5-3)计算。

$$W=\frac{L^2}{2R} \tag{5-3}$$

如果是双车道路面，则式(5-3)中求得的W值应加倍，再加上与车速有关的经验数值公式，即双车道拐弯处路面所需增加的宽度由式(5-4)计算。

$$W_{双}=\frac{L^2}{R}+\frac{v}{10\sqrt{R}} \tag{5-4}$$

式中，加宽值W是加在弯道的内侧边缘，并按抛物线处理，如图5-4所示。这样既符合汽车的行驶轨迹，有利于车辆平顺行驶，又改善了路容。

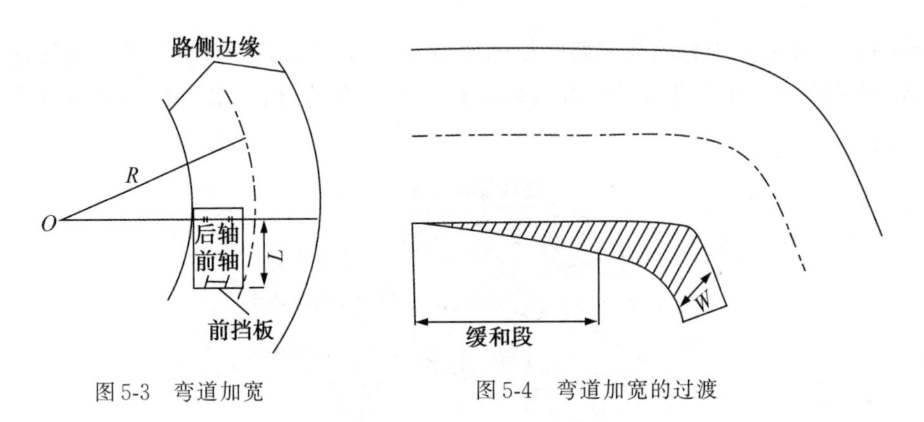

图 5-3　弯道加宽　　　　图 5-4　弯道加宽的过渡

5.1.2　纵断面线形

道路的纵断面是在空间上高低起伏的空间线，它是沿道路中线竖向剖展形成，主要作用是反映道路的高程变化情况。纵断面线形主要是指表示道路前进方向上坡、下坡的纵坡和在两个坡段的转折处插入的竖曲线。纵断面线形主要包括纵坡以及竖曲线两部分内容，其中纵坡包括坡度以及坡长。

5.1.2.1　纵坡坡度

(1)最大纵坡。最大纵坡表示的是在纵坡设计过程中，各等级公路能够采取的最大坡度值，代表汽车的最大爬坡能力。最大坡度值的主要影响因素为汽车的动力性能、公路等级、设计速度等，并要与当地地形相协调。我国在制定《公路路线设计规范》(JTG D20—2017)的过程中，采用东风 8 t 型号载重车作为标准车辆，开展课题研究。

最大纵坡的确定要综合考虑车辆的上坡性能以及下坡的安全性，在海拔高于 3 000 m 的高原地区，采用的最大纵坡需予以适当折减。在一般地形情况下，《公路路线设计规范》(JTG D20—2017)规定的各级公路最大纵坡如表 5-3 所示。

表 5-3　各级公路最大纵坡

设计速度/(km/h)	120	100	80	60	40	30	20
最大纵坡/%	3	4	5	6	7	8	9

(2)最小纵坡。为了保证道路排水，防止积水下渗，保持路基的稳定性，应设置最小纵坡。最小纵坡应确保车道内的水排到两侧的雨水出口，并且管道不淤积。在道路设计中，最小纵坡按规定一般不小于 0.3%。

(3)平均纵坡。平均纵向坡度是纵向剖面设计中衡量直线平均质量的重要指标，是指某一区间段的纵向高度差与区间段长度之比。该指标主要运用在山地等高程起伏较大的地区。在道路选线设计中，除了要满足最大纵坡与最小纵坡的坡度值的限制外，还要满足平均纵坡的要求。当地势起伏较大时，设计人员如果连续使用极限纵坡值，会形成“阶梯式”纵断面，影响汽车制动性能以及道路安全。因此，《公路路线设计规范》(JTG D20—2017)规定：二级公路、三级公路、四级公路的越岭路线连续上坡或下坡路段，相对高差为200～500 m时，平均纵坡应不大于5.5%；相对高差大于500 m时，平均纵坡应不大于5%。任意连续3 km路段的平均纵坡宜不大于5.5%。这样既可以避免局部采用过陡的平均纵坡，也可以保证整体路线的纵坡坡度。

5.1.2.2　纵坡长度

坡长是纵截面上两个相邻可变坡度点之间的斜率方向长度。在纵坡设计中，应综合考虑坡度和坡长，避免出现大纵坡（陡峭和长）路段等特殊路段。坡长限制主要是限制陡坡段的最大长度和一般纵坡段的最小长度。

相邻斜率变化点之间的距离不能太短，频繁的纵向波动会影响线性连续性。纵坡坡长与车辆设计速度有关，通常需要满足9～15 s的行程。《公路路线设计规范》（JTG D20—2017）中对各级公路的最小坡长进行了规范要求，如表5-4所示。

表5-4　各级公路的最小坡长

设计速度/(km/h)	120	100	80	60	40	30	20
最小坡长/m	300	250	200	150	120	100	60

坡长过短不利于行车，而坡长过长同样对行车安全不利。最大坡长是指车辆在坡面上行驶时，自然减速到车辆最低容许速度时经过的最大长度。在快慢车的混合道路上，大坡度和长坡长对行驶速度和交通通行能力有影响。坡度越陡，坡长越长，对车辆的影响越大，所以应限制最大坡长。《公路路线设计规范》（JTG D20—2017）规定的各级公路最大纵坡长度部分结果如表5-5所示，当设计坡度取值为中间值时，设计坡长可采用插值法进行推算。

表5-5　各级公路坡长限制　　单位：m

设计速度/(km/h)		120	100	80	60	40	30	20
纵坡坡度/%	3	900	1 000	1 100	1 200	—	—	—
	4	700	800	900	1 000	1 100	1 100	1 200
	5	—	600	700	800	900	900	1 000
	6	—	—	500	600	700	700	800
	7	—	—	—	—	500	500	600

在连续上坡的路段，为了保证汽车的行驶速度，通常需要在不同纵坡之间设置缓和坡段。缓和坡段通常设置在平曲线的直线段或曲线半径较大处，以提升公路的使用质量。对于纵坡坡度，《公路路线设计规范》（JTG D20—2017）中要求设计速度小于或等于80 km/h时，缓和坡段的纵坡应不大于3%，设计速度大于80 km/h时，缓和坡段的纵坡应不大于2.5%，以充分发挥缓和坡段的作用。缓和坡段的长度设计要满足车辆上坡前的速度要求，满足速度恢复值的要求。

5.1.2.3 竖曲线

竖曲线是纵向截面设计中的另一个基本要素，竖曲线最重要的设计是确定其最小半径和最小长度。竖曲线是为缓和纵向段上两个不同的直坡段的坡度突然变化而设置的小曲线，满足交通安全和视距的要求。为了设计以及计算方便，我国提出采用二次型抛物线作为竖曲线的曲线形式。

根据两直线坡坡度的方向不同，可将竖曲线分为凸形竖曲线与凹形竖曲线两种。竖曲线要素示意图如图5-5所示，其中i_1、i_2表示两坡段的坡度，T_1、T_2表示切线长，两段切线长度近似相等，L表示曲线长，E为外距。

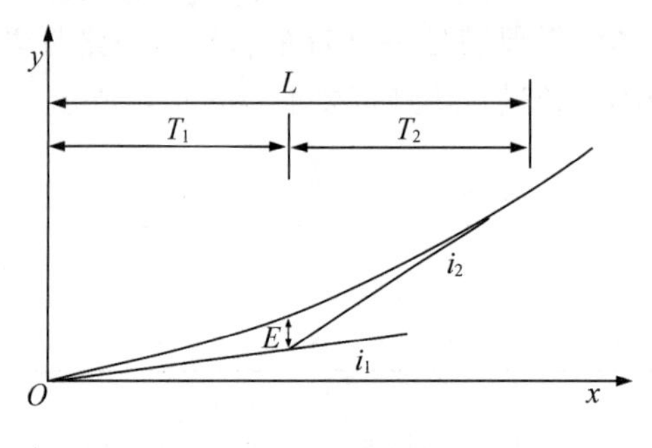

图5-5 竖曲线示意图

竖曲线的抛物线一般方程如公式(5-5)所示，k为抛物线曲率半径。

$$y=\frac{1}{2k}x^2+ix \tag{5-5}$$

若用ω表示两坡段的坡度代数差，即$\omega = i_2 - i_1$，当代数差ω的值为正时，表示凹形竖曲线，当其值为负时，表示凸形竖曲线。曲线长L可以由公式(5-6)表示，其中R为竖曲线半径。

$$L=R\cdot\omega \tag{5-6}$$

《公路路线设计规范》(JTG D20—2017)规定的竖曲线最小长度、一般最小半径和极限最小半径，如表5-6所示。在设计公路竖曲线时，应尽量采用大于一般最小半径的数值，不轻易选用极限最小半径。

表5-6 竖曲线参数值

设计速度/(km/h)		120	100	80	60	40	30	20
凸形竖曲线半径/m	一般值	17 000	10 000	4 500	2 000	700	400	200
	极限值	11 000	6 500	3 000	1 400	450	250	100
凹形竖曲线半径/m	一般值	6 000	4 500	3 000	1 500	700	400	200
	极限值	4 000	3 000	2 000	1 000	450	250	100
竖曲线最小长度/m	一般值	250	210	170	120	90	60	50
	极限值	100	85	70	50	35	25	20

5.1.3　线形组合协调

5.1.3.1　基本要求和原则

线形组合协调需要在进行平面线形设计,甚至在选线、定线时就应当予以考虑。道路等级越高、设计速度越高的公路,越应注重公路几何组成要素的设计,保证道路安全、舒适,并保持优美的线形。

平纵组合的一般安排如下:当道路设计速度超过60 km/h时,要注意水平与垂直技术指标结合的合理性,从而实现指标平衡、线性连续、视野良好、景观协调、安全舒适的目标。当道路设计速度小于或等于40 km/h时,要在确保行驶安全的条件下,正确使用水平和垂直对准指标,使各种元素进行可测量的组合,避免不利的线形指标组合。平纵组合曲线示意图如图5-6所示。

平纵线形组合协调的基本要求及原则如下。

(1)要时刻保证驾驶人具有合适的视距。这是平纵线形组合最重要的要求,线形要引导驾驶人视线,避免出现让驾驶人迷茫、耽误时间的线形。

(2)"平包竖"原则。当平曲线与竖曲线组合时,平曲线长度应大于竖曲线长度,竖曲线要被包含在平曲线内部。这样便于驾驶人判断拐弯的时机,有利于行车安全。

(3)保持水平和垂直技术指标的均衡。它主要体现在平曲线和竖曲线之间的指数平衡上,其中垂直曲线的半径很容易达到水平曲线半径的10～20倍。

(4)选择合理的合成坡度值。合成坡度过大会影响汽车动力性能,过小会使排水不便,都会影响安全性。

(5)要与地形、环境、景观相协调。这对驾驶人视觉、心理甚至操作上都会有较大的影响。

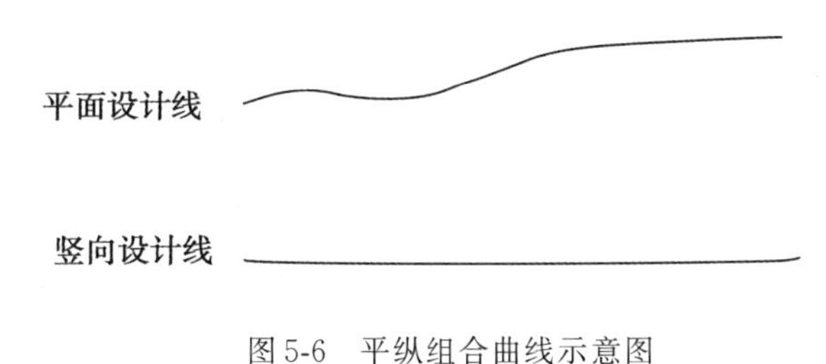

图5-6　平纵组合曲线示意图

5.1.3.2　形式及合理性

判断平、纵线形组合的合理性主要从视觉引导和路面排水两方面来考虑,即线形组合的趋势与结构是否能让驾驶人员自然而然地进行驾驶判断,保持驾驶视线的连续性,并且道路的合成坡度要满足路面的排水要求。合理的道路路线应有平滑美观的组合形式,确保道路使用者的视觉延续、不受干扰,可以更好地给予道路使用者自然和平稳的引导,配合环境和道路的协调,充分缓解道路使用者的疲惫和紧张。

为确保道路的行车安全性,有必要充分了解各种水平和垂直对齐组合的基本特征,以避免出现不良路段。通过分解立体的线形,可发现平纵组合线形主要有五种,同时要避免几种不合理的线形组合。道路设计时的常用线形和应尽可能避免的不良线形如表5-7所示。

表5-7　道路平纵线形组合及特点

线形组合		特点
常用线形	直线—直坡段	线形简单,容易产生驾驶疲劳
	直线—凹形竖曲线	视距条件良好,行车通畅
	直线—凸形竖曲线	视距条件差,容易产生不良视觉现象
	平曲线—直坡段	当指标选择合理时,视觉良好、行驶顺畅
	平曲线—竖曲线	要素适当时,线形立体流畅,视距效果好;相反,会容易产生不良后果
不良类型	竖曲线顶、底部插入小半径平曲线	视线不良,会因急转弯导致行车不安全
	竖曲线顶、底部与平曲线拐点重合	驾驶人视觉上产生扭曲感,容易产生操作失误;导致路面排水不畅
	长直线设置陡坡	驾驶人容易操作不及时,危及行车安全
	平曲线起、讫点设在竖曲线顶、底部	失去视觉引导作用,产生视觉扭曲
	小半径竖曲线与缓和曲线重合	凸形竖曲线引导性差,凹形竖曲线排水不畅

5.1.4　视距

视距是驾驶人在道路上能够清楚看到的前方道路某处的距离,是道路几何设计的重要因素。使驾驶人保持足够的视距,对行车安全、行驶速度以及通行能力都至关重要。视距之所以是导致交通事故的重要因素,是由于有驾驶人发现前方有障碍物时,就要在其前面停住车(停车视距),或者前方来车时需要错开行驶(错车视距),以及在两车道的道路上,要超越其他车辆,就要跨越到另一车道上行驶(超车视距)等情况存在。

5.1.4.1　停车视距

驾驶人在行驶过程中,看到同一车道上的障碍物时,从开始刹车至到达障碍物前安全停车的最短距离,称为停车视距。停车视距(s)由三部分距离组成,即驾驶人在反应时间内车辆行驶的距离(l_1)、开始刹车至停车的制动距离($l_制$)和安全距离(l_0),如图5-7所示。

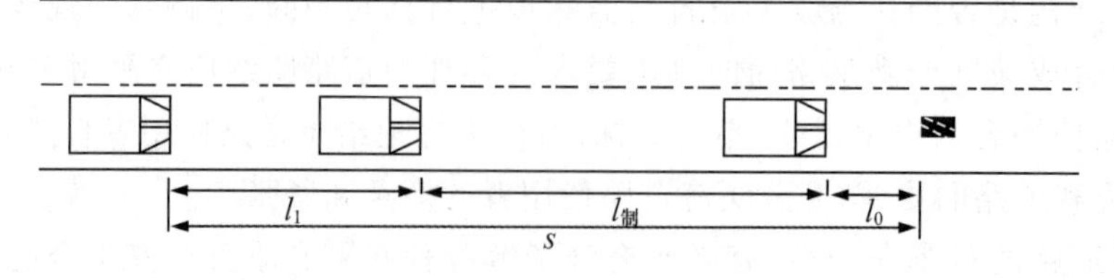

图5-7　停车视距

5.1.4.2　会车视距

两辆汽车在同一条车道上相向行驶，驾驶人互相发现对方时来不及或无法错车，只能双方采取制动措施，使车辆在相撞之前安全停车的最短距离，称为会车视距。会车视距一般为停车视距的2倍。会车视距由两相向行驶车辆的驾驶人的反应距离（l_1、l_2）、制动距离（$l_{制1}$、$l_{制2}$）、安全距离（l_0）组成，如图5-8所示。

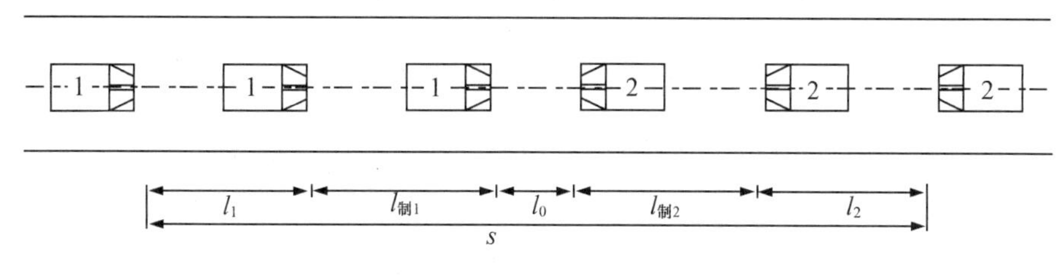

图5-8　会车视距

5.1.4.3　错车视距

汽车同迎面车辆在同一条车道上行驶，从对面来车左边绕至另一车道并与对面来车在平面上保持安全距离时，两车所行驶的最短距离，称为错车视距。在公路等级较低的单车道或不分上下行的城市道路上行驶时，对错车视距有严格的要求。错车视距由反应距离、绕行距离、来车在反应和绕行时间内所行驶的距离和安全距离组成，如图5-9所示。错车视距包括第一辆车的反应距离（l_1）及让车绕行距离（l_2）、第二辆车在此时间内行驶的距离（l_3、l_4）和安全距离（l_0）。

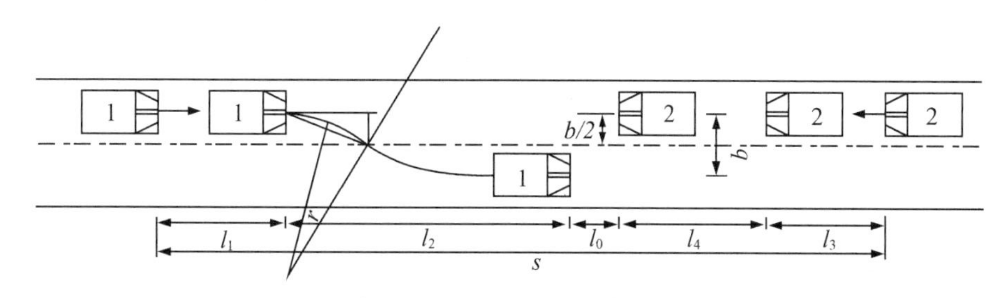

图5-9　错车视距

5.1.4.4　超车视距

汽车绕道到相邻车道超车时，驾驶人在开始离开原行车路线起，至能看到相邻车道上对向驶来的汽车并在碰到对向驶来车辆之前能超越前车并驶回原来车道所需的最短距离，称为超车视距。超车视距有不等速和等速两种情况。

（1）不等速超车视距。当后车速度高于前车，以行驶时的车速超越前车时，超车时两车的间距l_2等于两车制动距离之差$l_{制1}-l_{制2}$，再加上后车的反应距离l_1。超车视距包含超越车辆在超车过程中所走的路程L_1+L_2和与此同时对向来车所走路程L_3两个部分，如图5-10所示。

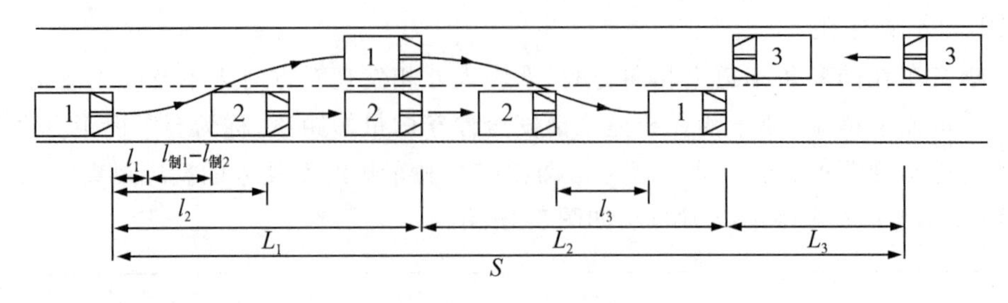

图5-10　不等速超车视距

(2)等速超车视距。等速超车是指后车与前车速度相同且驾驶人判断认为有超车可能时,后车加速转入对向车道进行超越的情况。超车视距由四部分组成,即后车加速进入对向车道所行驶的距离d_1,后车进入对向车道进行超车至超过前车又回到原车道上行驶的距离d_2,超车完成后与对向来车的距离d_3,在超车过程中对向来车行驶的距离d_4,如图5-11所示。

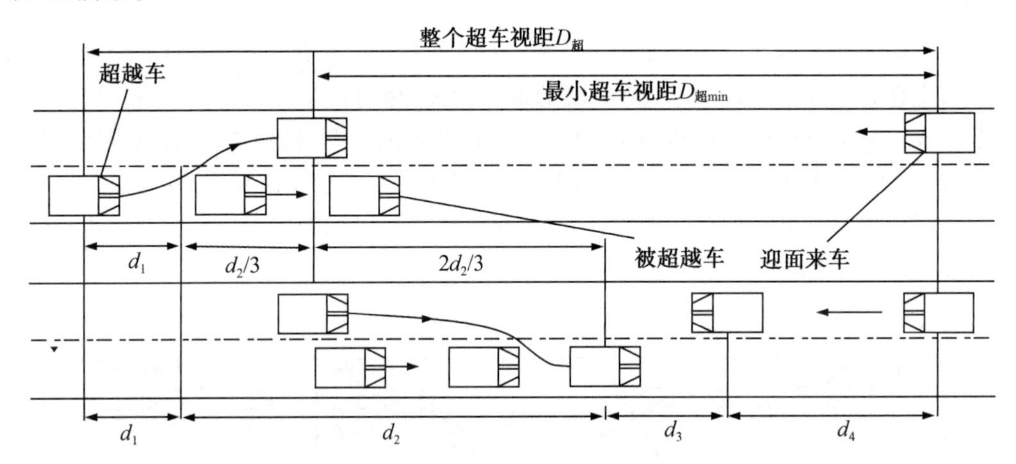

图5-11　等速超车视距

图5-11表明,超越车从开始加速到进入对面车道,这段时间所走过的距离为d_1,在对面车道内行驶$d_2/3$距离时,驾驶人发现迎面来车,会车视距为$D_{超min}$。经驾驶人判断,若继续超越可能与迎面来车相撞,就暂时放弃超车,回到原来的车道内;如果有把握不会碰撞,就继续行进直到完成超车。图示的是第二种情况,超越车又经过$2d_2/3$的距离,结束超车,即超越车在对面车道上行驶的总距离为d_2。超越车回到原车道时,它与迎面来车之间的距离为d_3,为了安全,一般规定d_3为30～100 m。d_4为超越车走过$2d_2/3$距离的时间内,迎面车所驶过的距离。

我国《公路工程技术标准》(JTG B01—2014)规定各等级公路的视距不小于表5-8、表5-9的规定。

表5-8　高速公路、一级公路停车视距

设计速度/(km/h)	120	100	80	60
停车视距/m	210	160	110	75

表5-9　二、三、四级公路停车、会车与超车视距

设计速度/(km/h)	80	60	40	30	20
停车视距/m	110	75	40	30	20
会车视距/m	220	150	80	60	40
超车视距/m	500	350	200	150	100

5.2　横断面与交通安全

道路横断面是指中线上任意一点的法向切面，它由横断面设计线和地面线组成。在道路的横断面中，横断面形式及行车道、路肩、分车带、边坡等结构物设置的正确与否直接影响到交通安全状况。

5.2.1　道路横断面形式

道路横断面指沿道路宽度方向，垂直于道路中心线的断面。城市道路横断面包括道路建筑红线范围内的各种人工结构物，如行车道、人行道、分隔带、绿化带等。公路横断面一般由行车道、路肩、边沟、护坡、挡墙等组成。

横断面设计对于满足交通需要，保证交通运输的通畅和安全，适应各项设施的要求，及时排除地面积水，以及合理安排地上杆线和地下管线，都具有十分重要的意义。横断面形式分为一块板、两块板、三块板和四块板四种。道路横断面基本形式如图5-12所示。

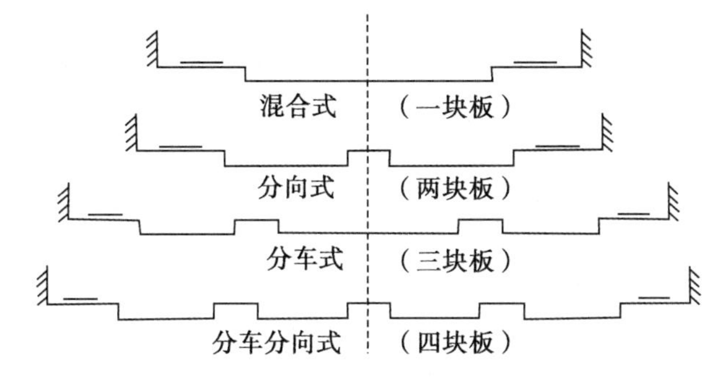

图5-12　道路横断面基本形式

5.2.2 车道数

交通事故发生状况也因车道数不同而变化。一般情况下,三车道公路比二车道公路交通事故率高,四车道公路与三车道公路近似,之后随着车道数的增加,交通事故率反而减少。三车道公路对行车安全最不利,当交通量相对较小时,发生事故的可能性还不算太高,当交通量增加时,交通事故相对数也会随着交通量的增加而迅速提高,因为此时车辆驾驶人往往冒险利用中间车道实现超车,一旦超车失败,车辆很难回到原来的车道上,发生事故的可能性大幅增加。

城市道路交通量大,交通组成复杂,因此交通事故的规律性不如公路上明显。但从宏观分析可知,车道数越多,通行能力越大,行车越畅通,道路状况越安全。根据某市城市道路的事故调查资料,得到该市不同车道数的道路对应的事故率,如表5-10所示。

表5-10 某市不同车道数的道路的事故率

<table>
<tr><th>车道数类型</th><th>事故数/次</th><th>事故率/(次/亿车公里)</th><th>道路数/条</th><th>平均事故率/(次/亿车公里)</th><th>不同车道数事故率/(次/亿车公里)</th></tr>
<tr><td>两车道</td><td>169</td><td>1 584</td><td>18</td><td>88</td><td>88</td></tr>
<tr><td>四车道</td><td>511</td><td>2 075</td><td>25</td><td>83</td><td rowspan="3">86</td></tr>
<tr><td>四车道有中央分隔带</td><td>4</td><td>150</td><td>2</td><td>75</td></tr>
<tr><td>四车道有机非分隔带</td><td>59</td><td>404</td><td>4</td><td>101</td></tr>
<tr><td>六车道</td><td>357</td><td>1 078</td><td>11</td><td>98</td><td rowspan="3">83</td></tr>
<tr><td>六车道有中央分隔带</td><td>20</td><td>76</td><td>1</td><td>76</td></tr>
<tr><td>六车道有机非分隔带</td><td>214</td><td>450</td><td>6</td><td>75</td></tr>
<tr><td>八车道</td><td>109</td><td>273</td><td>3</td><td>91</td><td rowspan="3">81</td></tr>
<tr><td>八车道有中央分隔带</td><td>75</td><td>162</td><td>2</td><td>81</td></tr>
<tr><td>八车道有中央分隔带和机非分隔带</td><td>220</td><td>284</td><td>4</td><td>71</td></tr>
</table>

对表中数据分析可发现,事故率随车道数的增加而降低。一块板形式两车道和四车道事故率最高。当车道数为四车道时,增加中央分隔带可将对向车流分离,事故率明显降低,增加机非分隔带后,虽然可以将机动车与非机动车分离,但对向车流问题没有得到解决。在我国,机动车与非机动车之间的事故一般较轻,而对向机动车之间发生的交通事故往往相对严重。当车道数为六车道时,增加中央分隔带或增加机非分隔带后,事故率均有所降低,但两者之间的区别并不明显。当车道数为八车道时,四块板形式比两块板形式更安全。总体而言,八车道道路事故率最低,安全状况最好。

5.2.3　行车道宽度

根据美国和英国研究的结果，当车道宽度小于4.5 m时，随着车道宽度增加，交通事故率明显降低。当机动车两车道路面宽度大于6 m时，其事故率较路面宽度为5.5 m的道路要低得多。目前，美国规定的标准车道宽度为3.65 m，我国则规定大型车道为3.75 m，小型车道为3.5 m，公共汽车停靠站或路口渠化段车道宽度可分别为3.0～3.2 m。但如果车道过宽，例如大于4.5 m，则由于有些车辆试图利用富余的宽度超车，反而会增加事故率。设置车道标线的公路，由于规定车辆各行其道，其事故率会降低。

5.2.4　路肩

路肩是指行车道外缘到路基边缘，具有一定宽度的带状部分。路肩的主要作用有：增加路幅的富余宽度，保护和支撑路面结构，供临时停车使用，为公路其他设施提供场地，汇集路面排水。在我国混合交通条件下，路肩还可供行人、自行车等通行使用。

路肩通常包括硬路肩和土路肩。硬路肩是指进行了铺装的路肩，常用于高速公路和一级公路；土路肩是指不进行铺装的路肩，用于各级公路。《公路路线设计规范》(JTG D20—2017)规定，各级公路右侧路肩宽度应符合表5-11的要求。

表5-11　右侧路肩宽度标准

<table>
<tr><td colspan="2">公路等级(功能)</td><td colspan="3">高速公路</td><td colspan="2">一级公路(干线)</td></tr>
<tr><td colspan="2">设计速度/(km/h)</td><td>120</td><td>100</td><td>80</td><td>100</td><td>80</td></tr>
<tr><td rowspan="2">右侧硬路肩宽度/m</td><td>一般值</td><td>3.00
(2.50)</td><td>3.00
(2.50)</td><td>3.00
(2.50)</td><td>3.00
(2.50)</td><td>3.00
(2.50)</td></tr>
<tr><td>最小值</td><td>1.50</td><td>1.50</td><td>1.50</td><td>1.50</td><td>1.50</td></tr>
<tr><td rowspan="2">土路肩宽度/m</td><td>一般值</td><td>0.75</td><td>0.75</td><td>0.75</td><td>0.75</td><td>0.75</td></tr>
<tr><td>最小值</td><td>0.75</td><td>0.75</td><td>0.75</td><td>0.75</td><td>0.75</td></tr>
<tr><td colspan="2">公路等级(功能)</td><td colspan="2">一级公路(集散)、二级公路</td><td colspan="3">三级公路、四级公路</td></tr>
<tr><td colspan="2">设计速度/(km/h)</td><td>80</td><td>60</td><td>40</td><td>30</td><td>20</td></tr>
<tr><td rowspan="2">右侧硬路肩宽度/m</td><td>一般值</td><td>1.50</td><td>0.75</td><td rowspan="2">—</td><td rowspan="2">—</td><td rowspan="2">—</td></tr>
<tr><td>最小值</td><td>0.75</td><td>0.25</td></tr>
<tr><td rowspan="2">土路肩宽度/m</td><td>一般值</td><td>0.75</td><td>0.75</td><td rowspan="2">0.75</td><td rowspan="2">0.50</td><td rowspan="2">0.25(双车道)
0.50(单车道)</td></tr>
<tr><td>最小值</td><td>0.50</td><td>0.50</td></tr>
</table>

注：1. 正常情况下，应采用“一般值”；在设爬坡车道、变速车道及超车道路段，受地形、地物等条件限制路段及多车道公路特大桥，可论证采用“最小值”。

2. 高速公路和作为干线的一级公路以通行小客车为主时，右侧硬路肩宽度可采用括号内数值。

3. 高速公路局部设计速度采用60 km/h的路段，右侧硬路肩宽度不应小于1.5 m。

5.2.5 分车带

分车带是行车道路上纵向分离不同类型、不同车速或不同行驶方向车辆的设施，以保证行车速度和行车安全。分车带由分隔带及路缘带组成，常用水泥混凝土路缘石围砌，也可用水泥混凝土隔离墩或铁栅栏，还可以在路面上画出白色或黄色标线，以分隔行驶车辆。

分车带对解决机动车与机动车和机动车与非机动车的分离，提高道路通行能力，保证交通安全具有十分重要的作用。但设计不合理的分车带也会导致交通事故的发生。如三块板断面形式尽管优点多，但若隔离带断口太多，自行车和行人会任意横穿，同时因道路条件好，机动车车速高，驾驶人容易采取措施不及时而发生交通事故。

分车带按其在横断面上的不同位置和功能，分为中央分车带及两侧分车带。

5.2.5.1 中央分车带

中央分车带指在高速公路，一级公路及城市二、四块板断面道路中间设置的分隔上下行驶交通的设施，包括两条左侧路缘带和中央分隔带。其作用有：分隔上下行车流、杜绝车辆随意掉头、减少夜间对向行车眩光、显示车道的位置、引导视线以及为其他设施提供场地等。

《公路路线设计规范》(JTG D20—2017)规定，高速公路、一级公路整体式断面必须设置中间带，中间带由中央分隔带与两条左侧路缘带组成。其中设计速度120 km/h、100 km/h的公路，其左侧路缘带宽度一般值为0.75 m，设计速度80 km/h、60 km/h的公路，其左侧路缘带宽度一般值为0.50 m。

分离式断面形式道路的中央分车带宽度宜大于4.50 m。此时中央分车带宽度可随地形变化而灵活运用，不必等宽，且两侧行车道亦不必等高，而应与地形、景观相配合。中央分车带应做成向中央倾斜的凹形，行车道左侧设置左侧路缘带。当行车道与中央分隔带均用水泥混凝土修筑时，分隔带应用彩色路面以示区别。城市道路采用狭窄分隔带时，常在其上嵌以路钮与猫眼。

中央分车带在一般情况下应保持等宽度，当宽度发生变化时，应设置过渡段。一般情况下，中央分车带过渡段以设在回旋线范围内为宜，其长度应与回旋线长度相等。中央分车带宽度较宽时，过渡段以设在半径较大的圆曲线范围内为宜。

5.2.5.2 两侧分车带

两侧分车带是布置在横断面两侧的分车带，其作用与中央分车带相同，只是布置的位置不同。两侧分车带常用于城市道路的横断面设计中，它可以分隔快车道与慢车道、机动车道与非机动车道、车行道与人行道等。

5.2.6 路基高度与边坡

路基高度是指路堤的填筑高度和路堑的开挖深度，是路基设计标高和地面标高之差。在公路上，由于路基较高，容易发生翻车事故，翻车事故所造成的死亡率高于道路交通事故的平均死亡率,因为事故一旦发生均较为严重。尤其在高速公路上,设计标准通常倾向于“高设计标准”——高路基,而道路上行驶车速非常快,因此一旦车辆失控,冲出路侧护栏,翻到高路基底部,就会造成车毁人亡的严重事故。

路基边坡是为了保证路基稳定,在路基两侧做成的具有一定坡度的坡面。路基边坡过陡也是导致事故伤害性严重增加的另一因素。车辆在坡度大的陡路基上发生意外时,事故类型接近于坠车。如果减小坡度,使路基边坡变缓,发生事故的车辆可以沿缓坡行驶一段距离,减小冲撞程度,从而减轻事故的严重性。如果采用矮路基或缓边坡,失去控制的车辆一般不会因为驶出路外而翻车,事故的严重性将大大降低。

5.3 路面与交通安全

道路除应有强度足够的路面结构外,还要保证驾驶人安全舒适地行车,确保路面行车质量。例如,汽车驾驶操纵是否自如,乘客是否舒适,行驶费用高低,以及轮胎与路面间产生的抗滑性能等。

为了使道路具有良好的舒适性与安全性,对路面的平整度、抗滑性的要求越来越高。尽管现代路面技术不断提高,但由于路面附着性变差产生的事故率仍然较高。如英国调查表明因路滑造成的事故占全年事故次数的24%,日本抽样调查显示因路滑造成的事故占全年事故次数的25%。路面性能对交通安全的影响不容忽视。

5.3.1 路面的分类

路面按力学特性分为柔性和刚性两类。

各种沥青路面与碎石路面都属于柔性路面。它是一种与载荷保持紧密接触且将载荷分布于土基上,并借助粒料嵌锁、摩阻和结合料的黏结等作用而获得稳定的路面。它具有一定的抗剪和抗弯能力,在重复荷载作用下容许有一定的变形。柔性路面以路面的回弹弯沉值作为强度指标,利用弯沉仪测量路面表面在标准试驶车后轮垂直静载作用下的轮隙回弹弯沉值,用来评定路面强度。

水泥混凝土路面属于刚性路面,它具有较大的刚性与较强的抗弯能力,是能直接承受车辆载荷并能分布车辆载荷到路基的路面结构。其承载能力取决于路面本身的强度,铺设适当的基层可为刚性路面提供良好的支承条件。

5.3.2 路面平整度

路面平整度和路面服务性能密切相关。由于道路的不平整,汽车在行驶过程中所受的阻力增大,不仅增加油耗,还增加了乘客和驾驶人的不适感,降低了道路的服务水平。另外,不平整道路的表面会增加车辆颠簸,影响行车速度,并存在安全隐患。

5.3.2.1 平整度标准

平整度是路面表面的平整程度。是路面质量的重要指标之一,它直接影响行车平稳性、乘客舒适性以及路面寿命。

国际上统一采用的表征道路平整度的参数为国际平整度指数IRI,其测定方法是车以规定速度在道路上行驶,由操作人员测定悬吊系统的累计竖向位移。测定结果以m/km表示。

就平整度而言,目前比较主流的检测方法有断面类检测和反应类检测两种类型。断面类检测的主要方法有水准测量、纵断面分析仪测量等,它们的原理都是在车辆行驶方向上测量轮迹处的路面高程,并对测得的结果进行数学分析,从而计算出道路的平整度指标。反应类检测以车载式颠簸累积仪、BPR平整度仪的检测为代表,通过测定位移计算道路平整度。另外还有用激光传导仪器测量道路平整度的,这种方法比较新,由于激光自身的准确性较高,测量结果一般准确性较高,但由于这种方法操作复杂,设备昂贵,所以至今在大部分地区仍未普及。

5.3.2.2 路面构造深度

路面构造深度是用于评定路面表面的宏观粗糙度、排水性能及抗滑性能的指标。路面构造深度越小,路面越光滑。在一般情况下,路面表面的摩擦系数变小会使其丧失渗水、排水的功能,容易产生汽车滑水现象,造成严重的交通事故,因而路面必须保持一定的粗糙度。

路面粗糙度可用车辆纵向紧急制动距离、纵向摩擦系数和横向摩擦系数来表示。目前,常用摆动式摩擦系数测定仪测定路面的摩擦系数。目前国内推广的等粒径石子沥青路面和SMA路面可以在一定程度上解决小雨时路面与车轮的排水问题,从而减少交通事故。

5.3.3 路面抗滑性

路面抗滑性反映的是路面安全方面的使用性能,影响抗滑性能的因素有路面表面特征(细构造和粗构造)、路面潮湿程度和行车速度。

当道路表面的抗滑能力小于要求的最小限度(纵向摩擦系数的规定为:水泥混凝土路面为0.5~0.7,沥青混凝土路面为0.4~0.6,沥青表面处治及低级路面为0.2~0.4,干燥路面数值取高限,潮湿路面取低限)时,车辆行驶中稍一制动就可能产生侧滑而失去控制。特别是道路表面潮湿或覆盖冰雪时,发生侧滑的可能性增大,在弯道、坡路和环形交叉处,尤其容易发生滑溜事故。路面的表面结构对抗滑能力也有一定的影响,如果路面集料已被车辆磨得非常光滑,道路抗滑能力降低,即使在干燥路面上,也会出现滑溜现象。另外,渣油路面不仅淋湿后会很滑,在气温高时,路面泛油变软,也会很滑。在这种情况下,可采用压力预涂沥青石屑、路面打槽、设置合适的排水系统、限制车速、设置警告标志等方法保障交通安全。

路面摩擦系数又称路面抗滑系数。汽车在水平路面上行驶或制动时,路面对轮胎滑移的阻力与轮载的比值称为路面摩擦系数,如式(5-7)所示。

$$f=\frac{F}{P} \tag{5-7}$$

式中：f——路面摩擦系数；

F——路面对轮胎滑移的阻力；

P——车轮荷载。

摩擦系数按摩擦阻力的作用方向不同可分为纵向、横向摩擦系数。摩擦系数的大小取决于路面类型、道路表面的粗糙程度、路面干湿状态、轮胎性能及其磨损情况等，并与轮载的大小成反比，与接触面积无关。

路面摩擦系数是衡量路面抗滑性的重要指标。为保证汽车安全行驶，路面必须有较大的摩擦系数。我国采用一定车速下的纵向摩擦系数或制动距离作为路面抗滑能力的指标。

考察事故原因发现，单纯因路滑造成的事故仅占所有事故的一定比率，加大路面的摩擦系数虽可减少事故数量与损害程度，却不能根除事故。反之，如摩擦系数过大，则会导致车辆行驶阻力大、耗油量大、车速降低且舒适性差。因此，路面防滑也要综合地从安全、速度、经济等方面考虑。

我国用摆式仪测定摩擦系数，它可以测定路面干燥或湿润条件下的纵向、横向摩擦系数。沥青路面抗滑标准如表5-12所示。

表5-12　沥青路面抗滑标准

公路等级	路段分类					
	一般公路			环境不良路段		
	摩擦系数	构造深度/mm	石料磨光值	摩擦系数	构造深度/mm	石料磨光值
高速公路、一级公路	52～55	0.6～0.8	42～45	57～60	0.6～0.8 (1.0～1.2)	47～50
二级公路	47～50	0.4～0.6	37～40	52～55	0.4～0.6 (1.0～1.2)	40～45
三级公路、四级公路	≥45	0.2～0.4	≥35	≥50	0.2～0.4 (1.0～1.2)	≥40

注：表中括号内数值对应的是易形成薄冰的路段。

轮胎与路面间的摩擦系数随车速增高而减小，最大摩擦系数出现在汽车车轮与路面的滑移率为15%的时候。在干燥路面上，随着车速增高，摩擦系数稍减小，而在潮湿路面上，随着车速增高，摩擦系数明显减小。

5.3.4　路面病害

5.3.4.1　沥青路面

沥青路面主要有以下几种病害。

(1)泛油。由于油石比过大，矿料用量不足，路面在气温高时就会形成泛油现象，轻则形成软黏面，重则形成“油海”。油粘在轮胎上，降低了行车速度，增加了行驶阻力。雨天时，多余的沥青降低了路面防滑性能，影响行车安全。

(2)油包、油垄。由于石料级配不当,油量过大,使得路面在车辆水平力作用下推移变形。车辆制动或启动时所受的摩擦力比匀速行驶时要大,故这种病害多发生在路口、停靠站的路面上。油包、油垄严重影响行车的舒适性,同时也加快了机件的磨损。

(3)裂缝。施工不良、路基沉陷等会造成路面整体性不好,沥青材料老化、沥青质量差、油石比过小等会使路面出现龟裂、网裂或纵横裂缝,这些都影响路面的平整度,干扰车辆正常行驶。

(4)麻面。麻面主要是施工不符合规范要求、油石比小、搅和不均匀等原因造成的,严重时可使行车颠簸,对自行车交通影响更大。

(5)滑溜。石料磨光、磨损或泛油形成表面滑溜,危及行车安全,对交通影响很大。

5.3.4.2 水泥路面

水泥路面的病害主要是接缝的病害,如挤碎、拱起、错台、错缝等。由于水泥混凝土接缝处理不当,可能造成整个水泥板拱起的现象,不仅路面被完全破坏,严重时还会影响交通,造成阻塞和发生事故。

现阶段,国内外道路病害检测的主要方法包括两大类:人工检测和多功能道路检测车检测。人工检测主要是通过巡检员工拍照、填写报表等方式进行检测。多功能道路检测车需要在较低车速行驶的状态下对路面进行扫描拍摄和病害分析,但因为检测车造价昂贵,需要专业人员操作,低速行驶状态下影响日常交通,不适合日常的巡检活动。随着时代的快速发展,采用人工智能技术对道路病害进行高效、数字化分析成为养护新趋势。各种新型的病害信息智慧检测系统被研发,有利于全面提升公路养护管理水平,促进公路交通可持续健康发展。

5.4 道路交叉口与交通安全

道路交叉口是道路与道路相交的部位,是交通网络中的节点,也是道路的重要组成部分。由于相交道路上的各种车辆和行人均需汇集于交叉口,车辆和车辆之间、车辆和横过道路的行人之间相互干扰与冲突,容易产生交通事故,故道路交叉口对交通安全至关重要。一般来说,道路交叉口可分为平面交叉口和立体交叉口两种。

5.4.1 平面交叉口

5.4.1.1 平面交叉口类型

公路平面交叉根据路网规划和周边地形、地物的协调情况以及交通量、交通性质和交通组织情况的不同,常用的几何形式有:十字形、T字形、X形、Y形、错位、环形等。

十字形交叉是常见的交叉口形式,两条道路以90°正交,使用最广泛。其具有形式简单、交通组织方便,外形简洁、行车视线好等特点。

T字形交叉口用于主要道路与次要道路的交叉,或一条尽头式的路与另一条路的搭接。

X形交叉是指两条道路以非90°斜交,交叉角应大于45°。一方面,交叉口太小会导致行车视距不良,对交通安全和交通组织不利;另一方面,交叉口太小会增加交叉面积,从而因增加通行时间而降低通行能力。

Y形交叉是相交道路交角小于75°的三路交叉,通常用于道路的合流及分流处。X形交叉口与Y形交叉口均为斜交路口,其夹角不宜过小,角度小于45°时,驾驶人视线受到限制,行车不安全,所以,一般其夹角宜大于45°,适用于入城道路。

错位交叉指的是两条反向道路分别垂直于同一道路上,其交点距离很近,可以看作两个反向T字形交叉相连接。

环形交叉是用中心岛组织车辆按逆时针方向绕中心岛单向行驶的一种交叉形式,它适用于多条道路交汇的交叉口。其主要优点有:驶入交叉口的各种车辆不需要停车,避免了周期性的交叉阻滞;交叉行驶的车辆以较小的交织角向同一方向交织行驶,避免了交叉路口冲突点;在环道上行驶的车流方向一致,有利于渠化交通,从而使交通组织简便。但环形交叉路口对左转弯车辆不利,同时受环道上交织能力的限制,其通行能力不高,特别是具有大量非机动车交通和行人交通的交叉口不宜采用环形交叉。

5.4.1.2　平面交叉口的交通冲突

交叉口是道路的交点,车辆通过平交路口时,可能与同向交通流、对向交通流以及横断交通流中的车辆与行人发生冲突。一般来说,平面交叉口的基本冲突可以分为交叉、合流、分流三种形式。图5-13表示的是十字路口的三种基本冲突形式。

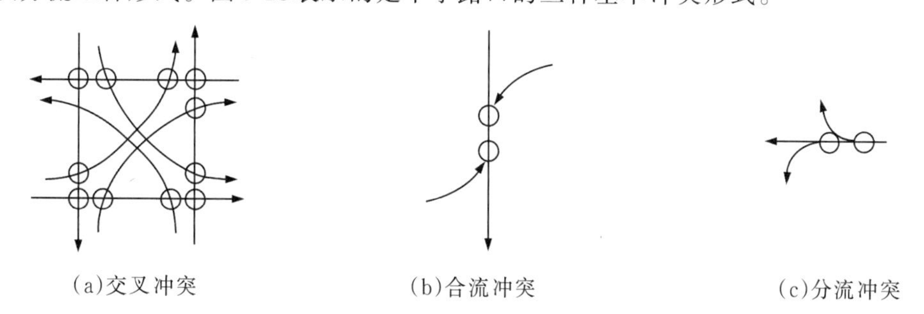

(a)交叉冲突　　(b)合流冲突　　(c)分流冲突

图5-13　十字交叉路口的基本冲突形式

在平面交叉路口,交叉口的基本冲突点的数目随着交叉口的道路条数增加而增加,如表5-13所示。相交道路条数宜为4条,不宜超过5~6条。

表5-13　交通流的交叉点、分流点、合流点的数量

交叉口道路条数	交叉点	合流点	分流点	合计
三路交叉	3	3	3	9
四路交叉	16	8	8	32
五路交叉	49	15	15	79
六路交叉	124	24	24	172

产生冲突点最多的是左转弯车辆。如四路交叉口，若无左转车辆，则交叉冲突点可从16个减到4个。因此，为保证交叉口安全、畅通，应尽可能设置左转弯车道，交通信号灯也应设左转向位。左转车道若不与直行车道兼用，可减少左转弯事故，并增加交叉口的通行能力。在设计小时交通量低于200辆/h且左转弯率低于20%的情况下，可不设左转弯车道。

其中十字交叉路口的基本冲突点如图5-14所示，图中所示的是具有两个车道双向交通流的道路交叉口，其中交叉冲突点16个，合流、分流冲突点各8个，一共32个冲突点。

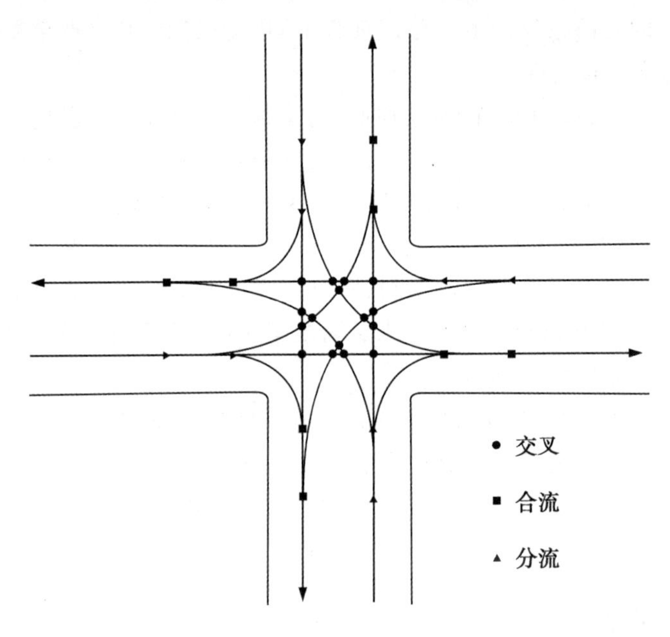

图5-14　十字交叉路口的基本冲突点

实际上，冲突的发生与冲突的种类、每个冲突交通流中的车辆数目、车辆到达冲突点的时间间隔都与交通流中车辆的速度有关。

冲突车辆交通流中车辆的相对速度是引起冲突的重要因素。相对速度是冲突车辆交通流中车辆的速度矢量之差。两个同方向、同速度的车辆，在交通流中发生冲突的可能性最小，而两个反方向的车辆，在交通流中发生冲突的可能性最大。因为前者相对速度小，后者相对速度大。

5.4.1.3　平面交叉口的间距

平面交叉口间距的大小也是影响交通安全的因素。间距过小，会影响交叉口间变换车道的车辆进行平顺的交织，会影响过境直行车辆快速行驶的效能；若间距过大，分流车辆在相当长的路段内得不到分流，导致路段交通量增加，而在交叉口处，转弯交通量较大，会降低主线道路的通行能力和行车安全性。因此，平交口的间距应按相交道路的使用性质、交通流量和流向等因素分析确定。

平面交叉的最小间距主要是从车辆运行的交织段长度、附加左转弯车道及减速车道长度、交通运行和管理、平面交叉间距与事故率的关系等方面结合调研资料经综合分析后确定。应强化平面交叉最小间距的保证措施,如加设辅道、合并部分交叉口、增设立交以及在上游合并支路等,以保证平面交叉口的交通安全。

根据对行车安全通行能力和交通延误等的影响所确定的一、二级公路平面交叉的最小间距应符合表5-14规定。

表5-14　平面交叉最小间距

公路等级	一级公路			二级公路	
公路功能	干线公路		集散公路	干线公路	集散公路
	一般值	最小值			
间距/m	2 000	1 000	500	500	300

5.4.1.4　平面交叉口的交角及渠化

平面交叉路口的交叉角应近于直角,主干线应近于直线,平面与纵断面线形应缓和。错位交叉、斜向交叉等变形交叉应改善交叉状况,采取设置渠化岛等措施,增大相交道路车流方向的交角,便于车辆安全行驶、提高道路通行能力。

平面交叉口的渠化是提高道路安全性和通行能力的有效手段之一,主要作用是保证车辆行驶的安全。渠化的设置要求应根据相交公路的功能和交通量而定,具体方法如下。

(1)利用分车线或分隔带、交通岛等,将道路上不同行驶方向和行驶速度的车辆以及交叉口左转、右转和直行方向的车辆按规定的车道分离,使行人和驾驶人均容易辨明相互行驶的方向,以利于车辆和行人有秩序地通过交叉口。

(2)利用交通岛的布置,限制车辆的行驶方向,使斜交对冲的车流变为直角或同方向的锐角交织。

(3)利用交通岛的布置,限制车道宽度,控制车速,防止超车,并在其上设置交通标志以及作为行人过街时避车用的安全岛。

(4)利用交通岛的布置,可以防止车辆在交叉口转错车道。

(5)在交通量较大、车速较高的交叉口利用交通岛组织渠化交通时,还需要考虑设置变速车道和候驶车道,以满足左转弯车辆转向行驶和等候的需要。

(6)在交叉口布置交通岛时,应使行车自然而方便,一般采用比较集中的大岛。

5.4.2　立体交叉口

立体交叉是指两条道路在不同平面上的交叉。设置立体交叉能够消除平面交叉口的车流冲突点,大大提高各交通流的运行效率,对保证道路安全畅通有重要意义。

5.4.2.1　立体交叉口的类型

立体交叉按照交通方式和交叉道路的相互关系,分为分离式立交和互通式立交两种。

分离式立体交叉是指上下层道路之间互不连通的立体交叉，相交道路互不连接，这样就避免了相交道路间的冲突点和交织点。

互通式立体交叉指的是上下各层道路之间用匝道或其他方式互相连接的立体交叉。根据车辆互通的完善程度，可分为半互通式立体交叉和完全互通式立体交叉两种。这些立体交叉按照左转匝道的不同布置形式和左转车辆的不同交通组织形式，又可归纳为菱形立体交叉、简易立体交叉、部分苜蓿叶式立体交叉、苜蓿叶式立体交叉、环形立体交叉、三岔路口喇叭形立体交叉和定向式立体交叉等多种形式。

5.4.2.2 立体交叉与交通安全

尽管设置立体交叉的目的是尽可能提高交通安全性及各交通流的运行效率，但是立交范围内出现的关于驾驶人、车辆、道路以及环境条件的任何突变都会成为交通安全隐患。表5-15列出了某高速公路立体交叉各组成部分及连接道路上的交通事故的分布情况。

表5-15 某高速公路立体交叉各组成部分及连接道路上的事故分布

组成部分	驶出匝道			驶入匝道			加减速车道	驶出匝道与干道分岔口	其他
	左转匝道	右转匝道	合计	左转匝道	右转匝道	合计	—	—	—
事故次数	23	20	43	4	2	6	42	37	3
占总数百分比/%	17.6	15.2	32.8	3.1	1.5	4.6	32.1	28.2	2.3

由表5-15可知，驶出匝道的事故明显多于驶入匝道，主要原因是车辆进入匝道前后车速不同，高速公路干道上的行车速度一般高于收费站进口至驶入匝道的连接道路上的行车速度。对驶出匝道上事故多发的情况，除个别事故是因为匝道构筑条件不当（如超高不足、摩擦系数过低）外，多数是由于车辆在减速车道上未充分减速，因车速过高导致的翻车事故。对于高速公路的左转驶出匝道事故略多于右转驶出匝道的情况，主要是由于线形条件上的差异，左转匝道的转角及起终点高差较大，其总体线形指标一般比右转匝道差。

表5-16列出了美国道路交通事故与立体交叉出入口匝道的关系。由表可知，无论城市道路还是公路，事故率都随着立体交叉进出口匝道间距的减少而增加，而且驶出匝道的交通事故明显多于驶入匝道。由于城市道路交通流量大、车辆类型多，且有非机动车和行人的干扰，交通运行情况复杂，因此城市道路立体交叉的交通事故明显多于公路。当出入口匝道间距从0.2 km增加到8 km时，公路立体交叉的出口一侧的交通事故率会降低20%，入口一侧降低100%；对于城市道路立体交叉，出口一侧的交通事故率会降低90%，入口一侧降低60%。

表 5-16 交通事故与立体交叉出入口匝道的关系

道路种类	出入口匝道间距 d/km	出口		入口	
		事故数/次	事故率/(次/百万车公里)	事故数/次	事故率/(次/百万车公里)
城市道路	$d<0.2$	722	131	426	122
	$0.2\leqslant d<0.5$	1 209	127	1 156	125
	$0.5\leqslant d<1.0$	786	110	655	105
	$1.0\leqslant d<2.0$	280	75	278	84
	$2.0\leqslant d<4.0$	166	63	151	59
	$4.0\leqslant d<8.0$	19	69	200	75
	$d\geqslant 8.0$	—	—	—	—
公路	$d<0.2$	160	76	117	80
	$0.2\leqslant d<0.5$	459	75	482	82
	$0.5\leqslant d<1.0$	559	69	560	72
	$1.0\leqslant d<2.0$	479	69	435	64
	$2.0\leqslant d<4.0$	222	68	169	51
	$4.0\leqslant d<8.0$	46	62	52	40
	$d\geqslant 8.0$	—	—	—	—

我国各城市主要交叉口超负荷现象日趋严重,有的路口高峰时堵塞时间长达半小时,排队长度可达1 km,人们的时间与经济损失较大。近年来,各大城市修建了各类型的立交,对缓解交通拥塞与减少交通事故起了良好作用,但尚未满足经济与交通发展的需要。

习题

(1)缓和段曲线有哪些作用?

(2)平曲线与竖曲线组合设计应避免哪些组合以保证交通安全?

(3)纵断面线形由几个几何要素组成?应如何保证交通安全?

(4)简述路面病害对道路交通安全的影响。

(5)简述十字交叉路口基本冲突形式和冲突点的情况。

第6章　交通环境与交通安全

交通环境是作用于道路交通参与者的所有外界影响与力量的总和,包括道路条件、交通条件、管理条件、气候条件等。交通环境包括硬环境和软环境,其中硬环境包括交通条件、交通安全设施、噪声和天气条件等;软环境主要是指交通管理措施,如法律法规、交通安全教育等。

在道路交通系统中,交通环境是交通活动的基础条件和关键要素,对交通安全有明显的影响。分析交通环境与交通安全的关系,掌握影响交通安全的主要交通环境因素,采取改善道路条件、加强交通管理、完善安全设施的措施,能够切实减少交通事故的发生。

6.1　交通条件与交通安全

6.1.1　交通量与交通流特性

6.1.1.1　含义

交通量又称为流量,是指单位时间内通过道路(或道路上某一条车道)指定地点或断面的车辆数,是描述交通流特性的最重要参数之一。随着指定的单位时间的不同,交通量的数值是不同的,一般来说交通量有年交通量、日交通量和小时交通量等几种表达方式。在交通流的宏观分析中,通常以观测到的日交通量为基础,它是以一天为计量单位的交通量,单位是veh/d。

交通流是指一定时间内连续通过某一个断面的车辆或行人所组成的车流或人流的统称,一般在交通工程学中讨论的交通流主要指车流。交通流是整体的、宏观的概念,交通流特性是指交通流运行状态的定性、定量特征,用来描述和反映交通流特性的物理量称为交通流参数。其中,交通量、速度和交通流密度是用于描述交通流的宏观参数。

6.1.1.2　交通量与交通安全

道路上交通量的大小对交通事故的发生有着直接的影响,交通量与交通流饱和度直接相关，而交通流饱和度影响交通事故的频率和严重程度，因此交通事故与交通量的大小有密切关系。一般认为，交通量越小，事故率越低，交通量越大，事故率越高，但实际情况并不完全符合这种规律。图 6-1 表示交通事故数量与交通流饱和度的关系。

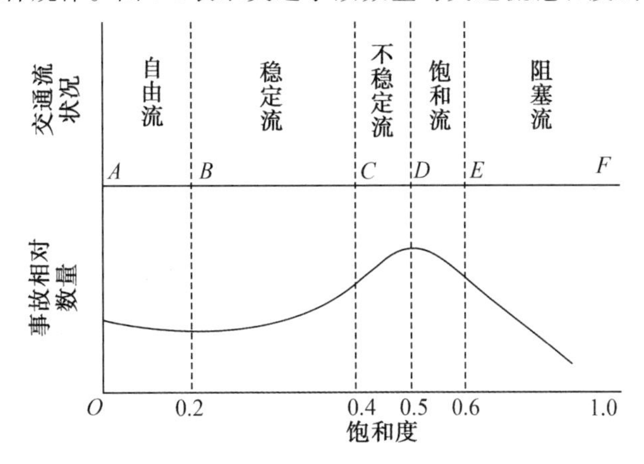

图 6-1　交通事故数量与交通流饱和度的关系

从图中可知，交通量对事故率的影响分为以下几种情况：

(1)A 点表示交通量较小时，驾驶人基本不受同向行驶车辆的干扰，可以根据个人习惯选择行车速度。绝大多数驾驶人都能保持符合车辆动力性、经济性、制动性和安全性的行驶车速。只有当个别驾驶人忽视行驶安全而冒险高速行车，遇到视距不足、车道狭窄或其他紧急情况时，来不及采取措施才会发生交通事故。

(2)A 至 B 段表示当道路上的交通量逐渐增加时，驾驶人不能再单凭个人习惯驾车，必须同时考虑与其他车辆的关系。由于对向来车增多，使驾驶人的驾驶行为开始变得谨慎，因而交通事故相对数量有所下降。

(3)B 至 C 段表示当道路上的交通量继续增大时，在道路上行驶的车辆大部分尾随前车行驶，形成稳定流。在这种情况下，超车变得比较困难，因而与超车有关的事故也有所增加。

(4)C 至 D 段表示交通量进一步增大，交通流形成不稳定流。此时，超车的危险越来越大，交通事故相对数量也随交通量的增加而增大。

(5)D 至 E 段表示交通量已增加到使车辆间距大大减小的程度，车辆超车困难，交通流密度增大，形成饱和交通流。由于饱和交通流的平均车速低，因此事故相对数量也减少。

(6)E 至 F 段表示如果交通量进一步增加，则产生交通阻塞。这时，车辆只能尾随前车缓慢行驶，在道路的服务水平大幅度下降的同时，交通事故相对数量也大为减少。

要详细调查交通量对事故率的影响程度难度很大，因为交通事故发生时的交通量一般难以准确把握，但年平均日交通量(AADT)与事故率之间存在一定的联系。图 6-2 所示为美国双车道公路的事故率与年平均日交通量(AADT)的关系，由图可知，事故率与 AADT 呈现“U”形曲线关系。当 AADT 从零增加到 10 000～12 000 辆/天时，事故率降低;当AADT从10 000～12 000 辆/天继续增加时,事故率开始增加。

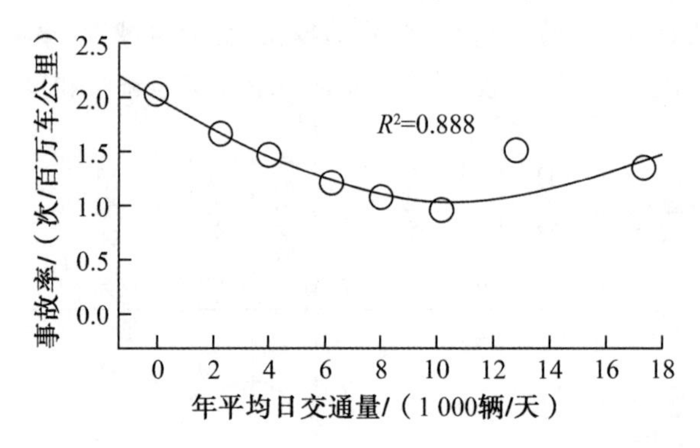

图6-2 事故率与年平均日交通量(AADT)的关系

某高速公路3年的交通事故次数与月平均日交通量(MADT)的关系如图6-3所示。从图中可知,尽管该高速公路3年的交通事故次数增长速度有所不同,但在月平均日交通量低于10 000 辆/天的情况下,事故次数具有随交通量增长而增加的趋势。

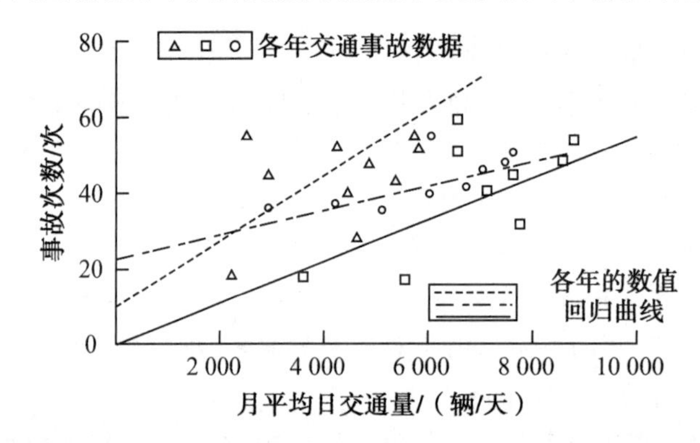

图6-3 某高速公路事故次数与月平均日交通量(MADT)的关系

6.1.2 交通组成

我国道路交通组成比较复杂,混合交通是我国道路交通的显著特点。由于混合交通的存在,致使交通流运行复杂化。尤其是在城市道路中,交通信号多,机动车、非机动车及行人互相影响,车辆很难以最佳状态行驶,交通事故时有发生。因此,混合交通的交通组成对出行效率和道路交通安全的影响很大。

混合交通流由机动车流、非机动车流和行人流三部分组成,三种交通流都具有不同的特点与运动规律。在我国,由于大多数道路在机动车道和非机动车道之间没有设置隔离设施、少数出行者交通素质不高以及交通管理不到位等多方面原因,不论是机动车还是非机动车驾驶人,为了获得较大的行驶空间与较快的行驶速度,经常借用附近车道的空间,从而对附近的车流造成干扰。

随着我国机动车保有量的持续增长,机非冲突越来越严重,所带来的问题日益突出,主要表现在以下几个方面。

(1)机非混行使道路通行效率下降。在车辆行驶过程中,当机动车与非机动车交通量均较大时,经常出现机动车在非机动车道上频繁停靠,而非机动车也经常越线占用机动车道行驶的情况,降低了路段的通行效率。在交叉口,机动车与非机动车争先抢行、相互干扰的情况也较为严重,造成交叉口交通秩序混乱,影响了交叉口的通行效率。

(2)非机动车骑乘者安全意识差,交通安全隐患严重。由于非机动车交通方式安全性较差,而非机动车的骑乘者交通法规意识不强,导致机动车与非机动车容易发生交通事故。以交叉口为例,在没有特殊交通管理措施的情况下,当红灯时间过长时,经常出现机动车与非机动车抢行导致堵塞交叉口的情况,不仅造成交叉口通行能力下降,而且带来很大的安全隐患。

(3)机动车停车泊位短缺。我国大部分城市的机动车目前普遍面临着停车难的问题。由于机动车停车问题始终未引起有关规划、管理部门和社会的重视,导致目前普遍存在机动车停车场不足、停车困难、机动车占路停车等现象,严重影响了道路交通功能的正常发挥,致使交通拥挤、阻塞现象频繁发生。

随着技术的发展,公安领域的工作方式迎来了转变,处理机非冲突等交通管理问题越来越智能化。例如,无人机新技术可以在常规监控无法覆盖的盲区,利用无人机载挂高分辨率和高倍数的变焦相机进行道路巡航,对机动车违章停车实时监控、实时取证,还可以进行现场指挥、空中喊话、交通疏导,辅助交通执法人员在机非冲突严重路段进行大范围交通管理和人流、车流疏散。

6.1.3 车速

6.1.3.1 车速的类型

(1)设计车速。设计速度是指当气候条件良好、交通密度小、汽车运行只受道路本身条件的影响时,中等驾驶技术的驾驶人能保持安全行驶的最大行驶速度。对某一条道路而言,设计车速是一个固定值,设计速度对道路极限指标的选用,如最小半径、最大纵坡等,具有控制作用,但对道路非极限值指标无控制作用。

(2)运行车速。运行速度是指中等技术水平的驾驶人在良好的气候条件、实际道路状况和交通条件下所能保持的安全速度。

运行速度是道路几何线形、道路环境、汽车性能以及驾驶人心理行为等多方面综合作用于汽车的最终结果。它是结合由设计速度所得的道路线形,通过测算模型计算所得,通常用于评价道路通行能力和车辆运行状态。

(3)限制车速。限制车速是指车辆运行中受公路设计标准和各种设备的技术条件限制所允许达到的最高或最低速度。

85%位车速是指在该路段行驶的所有车辆中,有85%的车辆行驶速度在此速度以下,只有15%的车辆行驶速度高于此值,交通管理部门常以此速度作为某些路段的限制车速。同时为了行车安全,减少排队阻塞情况,也要规定15%位车速的低速限制。

6.1.3.2 车速与交通安全

驾驶人在驾驶过程中必须时刻都能获得周围环境的信息,从而估计交通情况,决定下一步应采取的措施并付诸行动,所有这些过程都需要一定的时间。但是随着车速的提高,驾驶人可以支配的时间明显减少。当观察和判断的时间减少时,驾驶人做出错误决定的可能性就会相应增加,从而导致交通事故发生的可能性变大。而且车速的提高会缩短驾驶人采取避让措施的时间和距离,导致汽车发生碰撞的速度通常比较高,事故要更为严重。

(1)车速差与事故。目前国内外交通研究者对事故与速度的关系进行了大量、广泛的分析研究,取得了比较一致的结论。车辆在公路上的运行车速特别是在不同路段的速度差与事故率和事故严重程度息息相关。

事故的严重程度取决于碰撞时车速的变化dv(尤其在0.1~0.2 s的范围内)。当dv超过30 km/h时,发生严重事故的可能性增加;当dv达到80~100 km/h时,事故中便会有人死亡。如果车辆发生正面碰撞,由于两辆车的制动距离都有限,行驶速度对事故严重性的影响是最大的。在有行人的事故当中,当车辆与行人发生碰撞时的车速从40 km/h增加到50 km/h时,行人死亡的概率会增加2.5倍。即使驾驶人在发生碰撞之前采取制动措施,dv也会随着碰撞速度增加而增加,而碰撞速度是随着初始速度的增加而增加的。因此,随着车速的提高,事故率与事故的严重程度一般都会提高。

(2)车速离散性与事故。在高速公路车流中,车速的离散性对交通事故也有重大影响。个别车辆与车流的平均车速相差越大,其发生交通事故的概率就越大,如图6-4所示。

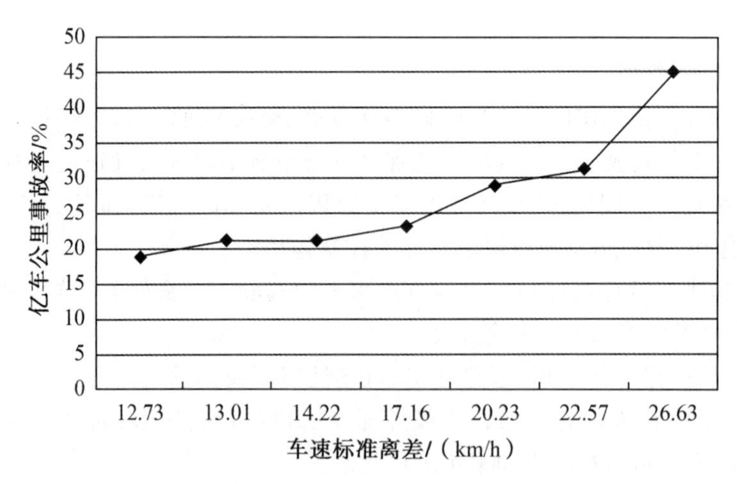

图6-4 车速标准离差与亿车公里事故率关系图

由图6-4可以看出,事故率随着车速标准离差的增大而成指数增长,即车速分布的越离散,事故率越高。该模型为车速管理提供了有利的依据,车速管理者应对车辆进行高速和低速限制,而且使二者的差值尽可能小,降低车速分布的离散性,从而降低事故的发生率。

6.2　道路交通安全设施

道路交通安全设施属于道路的基础设施,是道路交通系统不可缺少的重要组成部分。道路交通安全设施主要包括道路交通标志与标线、交通信号灯、道路照明设施、防眩设施、安全护栏和道路绿化等。功能齐全的道路交通安全设施是保证行车安全、防止交通事故、减轻事故后果的重要保障。

6.2.1　道路交通标志与标线

6.2.1.1　道路交通标志

所谓道路交通标志就是将交通指示、警告、禁令和指路等交通管理信息和控制法规用文字、图形或符号形象化地表示出来,设置于路侧或道路上方的交通管理设施。合理设置道路交通标志可以改善路网交通运行效率,提高交通安全性。道路交通标志必须要为道路使用者提供清晰和准确的信息,让他们能很快、很容易地理解信息。

(1)道路交通标志的分类。道路交通标志分为主标志和辅助标志两大类,是道路交通的向导。主标志分为指示标志、警告标志、禁令标志、指路标志、旅游区标志、道路施工安全标志和告示标志7种。辅助标志是附设在主标志下,起辅助说明作用的标志。

这些标志各自的功能为:指示标志是指示车辆、行人行进的标志;警告标志是警告车辆、行人注意危险地点的标志;禁令标志是禁止或限制车辆、行人交通行为的标志;指路标志是传递道路方向、地点、距离信息的标志;旅游区标志是提供旅游景点方向、距离的标志;道路施工安全标志是通告道路施工区通行信息的标志;告示标志是指告知路外设施、安全行驶信息以及其他信息的标志。

道路上设置齐全的交通标志能有效地保护路桥、保障交通秩序、提高运输效率和减少交通事故,它是道路沿线设施不可缺少的组成部分。

(2)道路交通标志的要素。颜色、形状、图符被称为道路交通标志的三要素。

①颜色。人从远处能够看清楚的颜色顺序是红＞黄＞绿＞白,容易看清的牌面是(表面颜色/底色)黑/黄、红/白、绿/白、蓝/白、白/黑等。

因此,我国道路交通标志的标准规定:指示标志采用蓝色底、白色图符;警告标志采用黑色边、黄色底和黑色图符;禁令标志采用红色边、白色底和黑色图符;指路标志的规定则是一般道路采用蓝色底、白色图符,高速公路采用绿色底、白色图符;旅游区标志采用棕色底、白色图符;道路施工安全标志有多种,路栏采用黑黄相间的斜杠符号,锥形交通路标和道口标柱采用红白相间的条纹符号,施工区标志采用蓝色底、白色字,图案部分为黄色底、黑色图案,移动性施工标志采用黑色边、黄色底、黑色图案;而辅助标志采用黑色边、白色底、黑色图符。

②形状。将颜色和特殊的几何形状配合作为道路交通标志对于其视认性和快速识别相当重要。标志的几何形状主要有长方形、三角形、圆形、菱形,还有六边形、八角形

等,下面是道路交通标志形状的一般使用规则。

我国的指示标志采用圆形、长方形和正方形;警告标志采用顶角向上的正三角形;禁令标志采用圆形、八角形、顶角向下的正三角形;指路标志除地点识别标志、里程碑、分合流标志外,采用长方形和正方形;旅游区标志采用长方形和正方形;道路施工安全标志一般采用锥形、柱形和长方形;特殊指示标志中的“让路标志”采用国际通用的倒三角形。

③图符。道路交通标志应使用《道路交通标志和标线》强制标准规定的图形。除另有规定外,图形可以单独以及组合使用于不同标志中。若使用规定以外的图形,应采用附加辅助标志或文字的方式说明标志的含义。

道路交通标志的字符应规范、正确、工整,按从左到右、从上到下的顺序排列。一般一个地名不写成两行或两列,根据需要可并用汉字和其他文字。标志上的汉字应使用规范汉字,如果标志上同时使用汉字和其他文字,除有特殊规定外,汉字应排在其他文字上方。而且道路交通标志尺寸的选用一般与设计车速存在一定的关系。

6.2.1.2 道路交通标线

道路交通标线与交通标志具有相同的作用,它是将交通的指示、警告、禁令和指路等信息用画线、符号、文字标示或嵌画在路面、缘石和路边的建筑物上,它是与道路交通标志配合的交通管理设施。

(1)道路交通标线的分类。

①按设置方式可分为纵向标线、横向标线和其他标线。具体为:

a.纵向标线:沿道路行车方向设置的标线。

b.横向标线:与道路行车方向交叉设置的标线。

c.其他标线:字符标记或其他形式标线。

②按形态可分为线条、字符标记、突起路标和路边线轮廓标。具体为:

a.线条:施画于路面、缘石或立面上的实线或虚线。

b.字符标记:施画于路面上的文字、数字及各种图形、符号。

c.突起路标:安装于路面上,用于标示车道分界、边缘、分合流、弯道、危险路段、路宽变化、路面障碍物位置等的反光或不反光体。

d.路边线轮廓标:安装于道路两侧,用于指示道路的方向、车行道边界轮廓的反光柱。

③按功能分类。具体为:

a.指示标线:指示行车道、行车方向、路面边缘、人行道、停车位、停靠站及减速丘等的标志,具体分类见表6-1。

表6-1　指示标线分类

分类	含义
纵向标线	可跨越对向车道分界线、可跨越同向车道分界线、潮汐车道线、行车道边缘线、左弯待转区线、路口导向线

续表

分类	含义
横向标线	人行横道线、车距确认线
其他标线	道路出入口标线、可变导向车道线、停车位标线、停靠站标线、减速丘标线、导向箭头、路面文字标记、路面图形标记

b.禁止标线:告示道路交通的遵行、禁止、限制等特殊规定的标线,具体分类见表6-2。

表6-2 禁止标线分类

分类	含义
纵向标线	禁止跨越对向车道分界线、禁止跨越同向车道分界线、禁止停车线
横向标线	停车线、停车让行线、减速让行线
其他标线	非机动车禁驶区域线、导流线、网状线、专用车道线、禁止掉头或转弯线

c.警告标线:促使道路使用者了解道路上的特殊情况、提高警觉并准备防范应变措施的标线,具体分类见表6-3。

表6-3 警告标线分类

分类	含义
纵向标线	路面(车行道)宽度渐变段标线、接近障碍物标线、近铁路平交道口标线
横向标线	减速标线
其他标线	立面标记、实体标记

(2)道路交通标线的颜色。道路交通标线的颜色为白色、黄色、蓝色或橙色,路面图形标记中可出现红色或黑色的图案或文字。道路交通标线的形式、颜色及含义见表6-4。

表6-4 道路交通标线的形式、颜色及含义

分类	含义
白色虚线	画于路段中时,用以分隔同向行驶的交通流;画于路口时,用以指导车辆行进
白色实线	画于路段中时,用以分隔对向行驶的机动车、机动车和非机动车,或指示行车道的边缘;画于路口时,用作导向车道线或停止线或用以引导车辆行驶轨迹;画为停车位标线时,指示收费停车位
黄色虚线	画于路段中时,用以分隔对向行驶的交通流或作为公交专用车道线;画于交叉口时,用以告示非机动车禁止驶入的范围或用于连接相邻道路中心线的路口导向线;画于路侧或缘石上时,表示禁止路边长时停放车辆

续表

分类	含义
黄色实线	画于路段中时,用以分隔同向行驶的交通流或作为公交车、校车专用停靠站标线;画于路侧或缘石上时,表示禁止路边停放车辆;画为网格线时,标示禁止停车的区域;画为停车位标线时,表示专属停车位
双白虚线	画于路口,作为减速标线
双白实线	画于路口,作为停车让位线
白色虚实线	用于指示车辆可临时跨线行驶的车行道边缘,虚线侧允许车辆临时跨越,实线侧禁止车辆跨越
双黄实线	画于路段中,用以分隔对向车流
双黄虚线	画于城市道路路段中,用于指示潮汐车道
黄色虚实线	画于路段中时,用以分隔对向行驶的交通流,实线侧禁止车辆跨线,虚线侧准许车辆临时越线
橙色虚实线	用于作业区标线
蓝色虚实线	作为非机动车专用车道标线;画为停车位标线时,指示免费停车位

6.2.2 交通信号控制

道路交叉口交通管理最有效的方法之一就是交通信号控制。交通信号是在平面交叉口这种道路空间上无法实现分离原则的地方,用来在时间上给交通流分配通行权的一种交通指挥措施。交通信号灯可以有效地分离各流向的交通流,减少交通冲突,提高交通安全性。因此,交通信号控制也是道路交叉口最常用的交通管理形式。

6.2.2.1 交通信号灯的种类

在道路上用来传送具有法定意义的指挥交通流通行或停止的光、声、手势等,都是交通信号。道路上常用的交通信号有灯光信号和手势信号。灯光信号通过手动、电动或电子计算机控制,以信号灯光指挥交通;手势信号则由交通管理人员通过法定的手臂动作姿势或指挥棒的指向来传递,进而指挥交通。手势信号仅在交通信号灯出现故障或无交通信号灯的地方使用。

信号灯由红、绿和黄三色变换来指示车辆行驶或停止。红灯表示禁止通行,绿灯表示准许通行,黄灯表示警示,提醒驾驶人注意。现代信号灯在原来红、黄、绿三色基本信号灯外,又增加了两种信号灯。

(1)箭头信号灯。箭头信号灯是在灯头上加一个指示方向的箭头,可以有左、直、右三个方向。它是专为分离各种不同方向的交通流,并对其提供专用通行时间而设计的信号灯。这种信号灯只在设有专用转弯车道的交叉口上使用才能有效。一组灯具在具备左、直、右三个箭头信号灯时,就可以取代普通的绿色信号灯。

(2)闪烁灯。普通红、黄、绿信号灯或绿色箭头灯在点亮时,按一定的频率闪烁,可以补充特定的交通指挥意义。

6.2.2.2　道路交通信号控制的变革与创新

几十年来，随着信息化水平的不断提高，我国交通信号控制发展取得了很多成就，从手动控制信号灯逐步发展到了互联网控制信号灯，以下是我国道路交通信号控制的变革与创新。

(1)发展历程。1970年，国内都是手动控制信号灯；1978年，“7386工程”诞生了国内第一个自动控制信号灯；1987年，北京引入了SCOOT系统，同时，在国家“七五”攻关重点科技项目中，我国自行研制开发了第一个实时自适应城市交通控制系统；1988年，上海引入SCATS系统；之后，相继有“畅通工程”实施、Hicon系统中标奥运信号控制项目、国家标准发布等突破，交通信号控制体系越来越完善；到2017年，阿里、滴滴等公司进入，“互联网＋信号灯”出现。

(2)成绩与不足。近几年，我国城市交通信号管理取得了很多的成就。

①从无到有，从机械式发展到电子化、系统化、网络化、信息化，交通信号灯的数量猛增，年增长25％，到2018年估计达到4万台。

②对信号控制越来越重视，出现了信号控制优化服务的业务，特别是在“两化”之后。“两化”是指信号控制中的“数字化”和“智能化”。在交通信号控制中，“两化”技术的应用可以有效提高交通信号的控制效果和管理水平，同时也为城市交通管理提供了更加智能化、精细化的手段。

③大部分二线以上城市都纷纷建立了信号控制中心，安装了大量的视频监控。

④近年来，国家投入了大量的人力物力(宣传、执法)对交通秩序进行整治。

⑤“公交优先”提上议事日程，出现了个别的公交专用信号(如BRT、有轨电车)，一定程度上具有优先性。

⑥在国家和行业层面推出了一系列的政策、法规、规范、标准。

⑦公安部、中央文明办、住房和城乡建设部、交通运输部四部委联合印发的《城市道路交通文明畅通提升行动计划(2017—2020)》也对城市交通信号控制和管理提出了一系列的标准和要求。

但是，国内城市道路交通信号控制也存在一些问题，从学者、工程技术人员到企业管理者都存在一定的误区或盲区。如对信号控制的基本理论及其适用性(与交通实际的结合)关注不够，二三十年来没有本质上的突破，教科书内容严重滞后；法规、规范和技术标准缺失、粗糙、不严密、缺乏指导性；信号机和控制系统的研发过于分散，缺乏行业资源的整合，难以集中力量得到突破等。

(3)发展建议。

①要进行深度的官产学研合作，理论研究与实际系统研发和应用紧密结合。

②要推动信号控制系统应用层面的咨询设计发展，将现在兴起的信号调优工作进一步推向常态化、职业化、市场化、标准化的正确轨道。

③要进行行业联合，建立行业协会，推进规范、标准、手册等技术文件的编制和应用，让信控行业在智能交通、智慧城市、自动驾驶乃至城市交通领域发出更强的声音。

6.2.3 道路照明设施

夜间交通事故中重伤、死亡等重大事故所占比例较大，事故的主要原因是提供给驾驶人安全行车所必需的视觉信息不足。而道路照明是防止夜间交通事故最有效的手段之一。合理的道路照明布局，可以给驾驶人提供前方道路方向、线形等视觉信息，使照明设施具有良好的诱导性。合理的照明设计还具有美化环境、改善景观的作用。

在照明设计中，除应达到要求的亮度外，还应具有良好的照明质量。道路照明质量需按照人的视觉要求条件来确定其相应的技术标准。路段、交叉口、场站、桥梁和隧道等道路工程设施以及所有的交通管理设施和服务设施，在夜间或光线不足的情况下，都需要借助道路照明来保障夜间的交通安全。

为了保证驾驶人和行人在运动中的反应和判断不会失误，必须保证其视野范围内有足够的亮度。视觉对象识别的基本因素为背景的亮度对比度、对象的大小及环境亮度。为了保证驾驶人能清楚地识别前方的道路状况以及障碍物，则应保证路面有足够的亮度并给予其所需的照度。

为了顺利地传递视觉信息，除了必要的照度外，还要求在一定范围内形成的视野内的亮度是均匀的。视野内的亮度如果极不均匀，对于驾驶人识别对象是非常不利的，特别是容易产生眩光问题。如果驾驶人视野内经常出现高亮度的光源，则驾驶人的眼睛会因为感受到眩光而随之产生不适和疲劳，容易造成交通事故。

6.2.4 防眩设施

防眩设施是为防止驾驶人在夜间行车时受到对面来车的前照灯眩目，而在道路上设置的一种保证行车安全并提高行车舒适性的人工构造物，是一种安全防护设施。防眩设施既要能有效地遮挡对向车辆前照灯的眩光，又要满足道路横向通视性好，能使驾驶人看到斜前方并对驾驶人心理影响小的要求。如采用完全遮光的方式，反而缩小了驾驶人的视野，且对驾驶人产生压迫感。同时，无论在白天还是黑夜，对向车道的交通情况都是行车的重要参照系，其中很重要的一点是驾驶人在夜间能通过对向车辆前照灯的光线判断两车的纵向距离，使其注意调整行驶状态。另外，防眩设施不需要很大的遮光角也可获得良好的遮光效果，因此防眩设施可采用部分遮挡的方式，即允许部分车灯光穿过防眩设施。

道路上设置的防眩设施形式主要有植树防眩、网格状的或栅栏式的防眩网、扇面式的防眩(栅)板或板条式的防眩板等。

(1)植树防眩。当中央分隔带的宽度满足植树需要时，可采用植树作为防眩设施，一般有间距型和密集型两种栽植方式。分隔带宽度须大于3 m，一般采用间距型栽植，间距6 m(种三棵，树冠宽1.2 m)或2 m(种一棵，树冠宽0.6 m)，树高1.5 m。灌木丛亦具有遮光防眩作用。北京市的试验观测结果表明，树距1.7 m时，遮光效果良好，无眩光感；树距2.5 m时，树的空隙间有瞬间眩光。故完全植树时，以间距小于2 m、树干直径大于20 cm为宜。植树间距为5 m时，应在树间植常青树丛两丛，可起防眩作用。如果树种为落地松,树冠直径不小于1.5 m,则树间不植树丛亦可有一定的防眩效果。

(2)防眩栅(网)。防眩栅是将条状板材两端固定于横梁上的防眩设施,其排列如百叶窗状,板条面倾斜迎向行车方向。根据有关实验测定,板条面与道路成45°时遮光效果较好。防眩网是将金属薄板切拉成具有菱形格状的网片,四角固定于边框上的防眩设施。

防眩栅(网)设置于分隔带中心位置,应装饰为深色,以利于吸收汽车前灯灯光。为防止汽车冲撞,在防眩栅(网)起止两端的立柱上应贴敷红色或银白色反光标志,中间立柱顶上也需有银白色反光标志。中央分隔带很窄时,应防止防眩栅(网)倾倒对行车的影响,故应考虑立柱间隔、采用的形式等,保证其稳定安全。在设有防护栏的分隔带上,防眩栅(网)可与护栏结合设计,上部为防眩设施,下部为防护栏,护栏部分须装饰为明显的颜色,以引起驾驶人的注意。

(3)防眩板。防眩板是以方形型钢作为纵向骨架,把一定厚度、宽度的板条按一定间隔固定在方形型钢上而形成的一种防眩结构。其主要优点为对风阻挡小、不易引起积雪、美观经济和对驾驶人心理影响小等。

6.2.5　护栏

护栏是为防止车辆驶出路外或闯入对向车道而沿着道路路基边缘或中央隔离带设置的一种安全防护设施,在高等级公路和城市道路上有着广泛的应用,是一种重要的交通安全设施。

护栏的防撞机理是通过护栏和车辆的弹塑性变形、摩擦、车体变位来吸收车辆碰撞能量,从而达到保护车内人员生命安全的目的。因此,从某种程度上说,护栏是一种"被动"的交通安全设施。护栏还具有诱导驾驶人视线、限制行人横穿道路等功能。护栏的形式一般可以分为以下几种。

(1)路侧护栏。路侧护栏是设置在道路两侧路肩上的护栏,用于防止失控车辆越出路外,碰撞路边障碍物和其他设施。护栏的形式应根据道路的具体情况采用,一般采用波形梁护栏、管梁护栏、箱梁护栏、绳索护栏及混凝土护栏等。

(2)中央分隔带护栏。中央分隔带护栏是设置于道路中间带内的护栏,具有分隔车流、引导车辆行驶、保证行车安全的作用。中央分隔带护栏应能满足防撞(即车辆碰撞)、防跨(即行人跨越)的功能,通常采用较高的栏式缘石形式、混凝土隔离墩式或金属材料栅栏式。

(3)人行道护栏。人行道护栏是设置在危险路段,如存在城市道路上交通量大、人车需要严格分流、车辆驶出行车道将严重威胁行人安全、需防止行人跌落等情况的路段,用以保护行人安全的一种护栏形式。

(4)护柱。护柱也称为警示墩,是在急坡、陡坡、悬崖、桥头、高路基处,靠近道路边缘设置的诱导视线的安全设施,以诱导驾驶人的视线,引起其警惕。护柱一般用木、石或钢筋混凝土制成,外表涂以红白相间的颜色。

在设置护栏时应注意几个要点:①使用柔性护栏降低事故严重性;②宽度受限时适

当使用刚性护栏；③护栏结束处给予特殊设计；④使用过程中定期维护。

为提升交通安全水平，《"十四五"全国道路交通安全规划》指出：深入开展普通国省道交通设施隐患排查治理。推动双向四车道以上大流量公路按照相关标准规范要求增设中央隔离设施，坠车交通事故多发的路侧险要路段实施"三必上"、交通事故多发的平交路口实施"五必上"改造。综合治理穿村过镇路段，加大交叉口和路段渠化组织力度，明确通行路权，减少混合交通冲突风险。此外，对于高速公路，我国目前也在全面开展高速公路安全防护设施升级工程。对碰撞中央分隔带护栏事故多发、运营期交通运行状况变化较大、大型车辆交通量增长较快等重点路段，中央分隔带护栏经评估确需升级改造的，结合高速公路改扩建、养护工程，分类、分批、分期推进提质升级工作。

6.2.6 道路绿化

道路绿化是指路侧带、中央分隔带、两侧分隔带、立体交叉路口、环形交叉路口、停车场以及道路用地范围内的边角空地等处的绿化。进行道路绿化时，应处理好绿化设施与道路照明、交通设施、地上杆线、地下管线等的关系，要综合考虑，协调配合。根据绿化设置的具体位置，可考虑乔木、灌木、草皮、花卉等综合种植。

道路绿化，应起到视线引导及线形预告作用。利用植物挺拔的形体和绚丽多姿的色彩，起到保持驾驶人良好视距和诱导视线的作用。道路景观绿化不仅能够美化环境，而且是一条生命的防护线。路侧行道树的遮挡，在一定程度上保护了驾驶人的生命安全，减小了交通事故损失。

6.3 道路景观与交通安全

6.3.1 道路景观的构成要素

道路景观是一种带状的、人文和自然相结合的大地风景。具体来讲，它主要是指由道路、附属设施、周边自然环境及人的活动等因素所构成的一个总的空间概念，反映了路域环境特征，是人文与自然环境相结合的建筑艺术。

近年来，我国各大城市已开始重视街道景观建设，例如增修建筑小品等来美化交通环境。对于通往名胜古迹、风景区的旅游公路，除需要提高公路等级与加强安全设施外，也将沿线绿化、景观美化列入了设计范围。

以路权为界，道路景观可分为自身景观和沿线景观。自身景观包括道路线形、道路构造物、服务设施以及道路绿化等。沿线景观是指道路所处的外部环境，是构成道路整体景观的主体，同时也是乘客在车辆行驶过程中的主要观赏对象。道路自身景观可以通过景观设计等加以修饰，道路沿线景观只能在规划和设计阶段，通过选择与周围景观协调的路线来实现。

道路景观按照不同的结合方式可以将其分为：道路线形要素的景观协调、道路与道路沿线的景观协调、道路与自然环境及社会环境的协调。所包括的具体内容见表6-5。

表6-5　道路景观构成要素

类型	具体形式	内容
道路线形要素的景观协调	视觉上的协调	视觉上,平面线形与纵断面线形相互协调、连续
	立体上的协调	平面线形与纵断面线形相互配合,形成立体线形
道路与道路沿线的景观协调	行车道旁的环境	中央分隔带的绿化;路肩、边坡的整洁;标志清楚完整;广告招牌规则协调;商贩集中,不占道路
	构造物环境	对跨线桥、立体交叉、电线杆、护栏、隧道进出口、隔音墙等的设计有一定的艺术特色,体现一定的区域建筑特色
道路与自然环境及社会环境的协调	道路与自然环境、社会环境的协调	路线与沿线的地形、地质、古迹、名胜、绿化、地区风景间的协调;沿线与城市风光、格调的协调

6.3.2　道路景观对交通安全的影响

道路景观能够影响驾驶人的视觉,给驾驶人的判断产生很大的影响,并且舒适、良好的景观设计可以给驾驶人创造一个愉悦的驾驶环境,有助于减轻疲劳,防止交通事故的发生,也可以发挥保护环境的功效。相反,设计不合理的道路景观往往也能成为交通事故发生的诱因,对交通安全产生不利影响。

(1)对驾驶人的心理作用。道路沿线的景观对于驾驶人的心理以及情绪都有很大的影响。优美的环境会使驾驶人心情舒畅,注意力集中,减轻驾驶人的紧张程度。枯燥的视觉景观,会使驾驶人产生抵触情绪,甚至容易急躁,在驾驶过程中容易产生错误的操作,造成安全事故。在一些景观设计不合理的地段,驾驶人的心理压力会增加,容易恐慌,身体的协调性和操作能力下降,对紧急情况的处理能力下降。

(2)对驾驶人的视觉作用。道路景观有诱导驾驶人的驾驶行为的能力,合理的道路景观可以显著提高驾驶人行驶的安全性,不合理的道路景观可能会误导驾驶人的驾驶行为,甚至遮挡驾驶人的视线,导致驾驶人在行车过程中不能够获得有效的停车视距和会车视距,对于道路突发状况不能及时采取措施而造成严重的交通事故。

对于广告牌和路标指示的设置,不仅要遵照广告牌设置规范中的规格要求,还要考虑地形地势,设置的尺寸大小要合理,同时设置位置合理,与周围景物协调。凡是能够吸引驾驶人注意力,给驾驶人的视觉造成干扰的物体和颜色等都要慎重使用。比如颜色很绚丽、内容很吸引人的违规广告牌、广告塔,会吸引驾驶人的注意力。公路用地范围内,除收费站、服务区外,一般不宜设置广告牌、宣传栏等设施,除标线、标志、护栏等按规定涂覆色彩外,其余设施一般不宜涂刺眼的色彩。

(3)对道路线形的影响。道路沿线景观的设计作为交通安全的影响因素,在道路线形设计中起着越来越重要的作用。因为在设计道路线形的过程中,会考虑路线周边的景观特征来选择道路的走势，道路线形设计与周围景观是否协调，决定了道路与周围环境是否协调。在不协调的道路上行车就容易发生交通事故。

在平曲线上，应在道路线形的外侧种植体型较大的树木，并形成连续序列，这样驾驶人能够根据树木的走势判断线形的走向，能够提前做好相应的减速、停车或者是转弯等驾驶行为，并且每棵树的高度不应低于3 m，有条件的地段可以设计多层绿化带。

在竖曲线上，也应设计连续序列的树木，高速公路两侧都要设置绿化带，这样驾驶人从视觉上根据树木的高低走势，能够预知前方道路的竖向走势，提前做好相应的心理准备，对于落差较大的地段可以提前采取减速措施。

6.4 其他条件与交通安全

6.4.1 天气条件

天气条件与交通安全有着密切的关系。恶劣的天气条件会带来道路路面摩擦系数下降、驾驶人视线受阻、驾驶人心理变化较大等影响，容易导致交通事故。

6.4.1.1 雨天

降雨是最常见的天气现象之一，由降雨引发的交通事故也最为普遍。例如，在黑龙江省不利天气条件下发生的交通事故中，雨天发生事故的比例占第一位，为33%。据国外学者研究，雨中行车比在干燥路面上行车的危险程度增大2～3倍。

(1)雨天环境下，驾驶人视线容易受阻，给行车安全带来影响。下小雨时，空气能见度低；狂风骤雨时，驾驶人的视野受到刮水器运动范围的限制，前风窗玻璃和侧后视镜附着雨水，影响驾驶人清晰观察路侧环境，这种情况导致驾驶人不能及时发现障碍物而引发碰撞事故。在交叉口上，车辆左转弯时，驾驶人容易忽略前照灯照射范围外的人行横道上的行人，也可能导致事故发生。

(2)雨水的作用导致路面摩擦系数降低是雨天道路交通安全性较低的关键，路面潮湿或积水都会影响路面摩擦系数。路面潮湿时，表面上有一层很薄的水膜，使轮胎与路面和路面材料之间隔着一层“润滑剂”，水膜将路面上的微小坑洼填平，使轮胎与地面的紧密接触受到严重影响。表6-6列出了不同车速的车辆在雨天条件下的制动距离。

表6-6 不同车速的车辆在雨天条件下的制动距离

车速/(km/h)	50	60	70	80	90	100	110
干燥沥青路面/m	12.3	17.8	24.0	31.5	39.9	49.2	59.5
湿润沥青路面/m	24.6	35.5	48.2	63.0	79.7	98.4	119.1

由表6-6可知，与在干燥的路面上相比，汽车在湿润路面上的制动距离更长，因此，车

辆在雨天遇到意外情况需要突然停车时，容易发生追尾事故。雨天时，车辆轮胎的横向摩擦力会减小，在弯道处，由于离心力的作用，车辆可能会产生滑移而与对向车道上的车辆发生正面碰撞。

(3)阴雨绵绵比暴雨更具危险性。一是因为驾驶人对小雨缺乏足够的重视，而在暴雨中行车时，驾驶人会本能地注意到危险而集中精神，进而控制行车速度。二是因为在小雨中，轮胎与路面间的摩擦系数比在暴雨中的小，车辆在小雨中的路面上行驶时更容易打滑。

6.4.1.2　雾天

雾，是一种常见的天气现象。大雾天气是行车最恶劣的气候条件之一，容易发生恶性事故。据权威部门2018年统计，我国大中城市平均每年在大雾天气下发生重大交通事故的几率为10%。雾天对行车产生的影响表现在以下几个方面。

(1)雾天环境下，能见度降低，驾驶人可视距离大大缩短，同时，雾天会使光线散射，并吸收光线，致使物体的亮度下降。因此，可变情报板、标志标线及其他交通安全设施的辨别效果较差，驾驶人的观察和判断能力受到严重影响，无法保持前后车辆的最短安全距离，特别在浓雾天气和雾带情况下，极易引发连环追尾相撞事故。在淡雾天气下，驾驶人视距为300～500 m，浓雾天气下，驾驶人视距仅为50～150 m。

(2)雾天环境下，雾水与积灰、尘土混合，导致轮胎与路面的附着系数减小，特别是在北方冬季，冰雾会在道路表面形成一层薄冰，附着系数的下降更为明显，从而导致制动距离延长、行驶打滑、制动跑偏等现象发生。

(3)大雾会造成驾驶人心理紧张。驾驶人驾驶车辆在大雾中快速行驶时，常常认为车速很慢，一旦发生意外，驾驶人很难做出正确判断，采取措施不当就会引发交通事故。

6.4.1.3　冰雪

冰雪天气不仅给人们的出行带来极大不便，各种冰雪现象如积雪和冰冻等也会严重危害边坡、护栏等结构物，给交通安全带来隐患，具体表现在以下几方面。

(1)积雪和低温易导致车辆零件冰冻，引发故障。冰雪堆积会使路面变滑，汽车转向及制动的稳定性下降，车辆控制难度增大、操纵困难。据英国气象条件与交通事故资料显示，雪天时，高速公路事故发生率是干燥路面的5倍，结冰时事故发生率是干燥路面的8倍。

(2)在冰雪天气下，路面附着系数仅为正常干燥路面附着系数的1/8～1/4，车速越高，路面附着系数越小，车辆制动距离也会随之增大，导致车辆制动困难，对行车安全的威胁极大。表6-7给出了不同车速的车辆在冰雪条件下的制动距离。

表6-7　不同车速的车辆在冰雪条件下的制动距离

车速/(km/h)	50	60	70	80	90	100	110
干燥沥青路面/m	12.3	17.8	24.0	31.5	39.9	49.2	59.5
冰雪沥青路面/m	49.2	71	95.5	126	150	196.9	238.2

(3)冰雪会降低公路的通行能力。当冰雪厚度达到一定程度时，可阻碍车辆通行，严

重时甚至发生雪崩、雪阻,使交通完全中断。飘雪会导致能见度降低,影响视距。雪花也会覆盖交通标志板面,弱化交通标志的作用。

(4)雪中行车时,飘洒的雪花影响驾驶人的视线,路面积雪也会给行车带来阻碍。同时积雪对阳光的强烈反射,会使驾驶人容易产生眩目现象(雪盲),伤害驾驶人的眼睛,同时造成视觉疲劳,对安全行车极为不利。

近年来,不少科研人员致力于在雨天、雾天、冰雪等恶劣天气条件下的预警技术研究,同时基于多源观测资料和机器学习等新技术,研究突发交通事件智能感知与联动处置装置。这些新技术可以帮助交通管理者提前监测与处理恶劣天气突发事件,有利于提前疏散车辆和行人,提高道路交通安全性能。

6.4.2 噪声和振动

6.4.2.1 交通噪声

交通噪声的危害主要是造成人的听觉疲劳或听力损伤。噪声不仅会影响人们的睡眠质量和时间,严重干扰正常生活,还会对人们的生理和心理造成影响。

交通噪声主要源于汽车发动机声音、喇叭声音、轮胎与路面摩擦的声音,与交通量、车速、道路坡度、路面平整度和交通管理有关。在我国,小汽车、吉普车喇叭噪声为82~85 dB,载重车、公共汽车的噪声为89~92 dB,铲车、拖拉机喇叭声高达105 dB。

研究表明,一个人如果长期受到80 dB以上噪声的影响,其听力会明显下降;如果短时间受到100~125 dB噪声的影响,耳朵会暂时变聋;如果受到150 dB以上噪声的冲击,耳朵会永远失去听力。此外,当一个人受到95~110 dB噪声的刺激时,会导致其血管收缩、心率改变、眼球扩张,噪声停止后,血管收缩还会持续一段时间,影响血液正常循环。

6.4.2.2 振动

振动是因汽车行驶时对路面的冲击引起的,振动通过人体各部位与汽车接触而产生作用,根据振动作用范围的不同,对人体的影响可分为全身振动和局部擦动两种。

振动对人体的影响主要决定于振动的强度,其次与振动的暴露时间有关。当振动大到一定程度时,人就会感到不舒适,当振动继续增强,人在对振动产生心理反应的同时也会产生生理反应,人的神经系统及其功能受到不良影响。

习题

(1)影响交通安全的道路环境因素主要有那些?

(2)简述交通量、车速对道路交通安全的影响。

(3)道路交通标志的种类有哪些?

(4)护栏的形式主要有哪些?

(5)简述道路景观的构成要素。

(6)雨天、冰雪天对交通安全的影响有哪些?

第7章　交通事故调查与分析

道路交通事故的相关数据资料是进行道路交通安全研究最基础的数据，也是制订和评价道路交通安全改善措施的基本依据。而事故调查资料是进行事故统计分析的前提和条件。因此，进行道路交通安全研究，必须重视道路交通事故的调查与分析。

7.1　交通事故调查内容及方法

道路交通调查这一术语是在20世纪60年代中期形成并使用的，但从历史上看，其重要性早已证实。首先，众所周知的“明修栈道，暗渡陈仓”这一成语就是描述的中国历史上楚汉相争时，韩信利用自己对道路（陈仓小道和栈道）情况熟悉而实施的谋略，最终达到了出兵汉中、问鼎中原、战胜项羽的目的，为建立汉朝立下汗马功劳；其次，第二次世界大战时，纳粹德国的“闪电战”屡次得逞，除了他们的工业实力强大之外，还有一个重要因素是当时德国的公路网已初步形成，公路连接国内各大城市，希特勒政府的军队特别是机械化军队可以在1～2天内集结到相邻国家的边境，为其发动“闪电战”提供强力支持；还有，20世纪50年代初的抗美援朝战争，中国人民志愿军就成功地使用了“水中桥”（漫水堤）欺骗了美军的侦察机及轰炸机，确保了交通运输线的安全，最终取得了战争的胜利。以上这些就是历史上熟悉和使用道路交通调查情况的成功范例。

2022年7月发布的《“十四五”全国道路交通安全规划》的专栏8提到：到2023年，完成全国道路交通事故深度调查分析系统研发及推广，完成不少于10个道路交通事故调查分析实验室建设，在不少于10个省（区、市）建立道路交通事故深度调查专业队伍。到2025年，每个省（区、市）完成不少于1个道路交通事故调查分析实验室建设，至少建立一支道路交通事故深度调查专业队伍。可见国家对道路交通事故调查的重视程度，为了保障道路交通安全，对交通事故的调查必不可少。

7.1.1　交通事故调查内容

事故调查的主要内容如下。

（1）事故相关人员调查。包括事故当事人的年龄、性别、家庭、工作、驾驶证、驾龄、心理生理状况等。

(2)事故相关车辆调查。包括车辆的类型、出厂日期、荷载、实载、车辆的技术参数、车身上的碰撞点位置、车身破损变形(损毁变形位置、尺寸、形状等)等。

(3)事故发生道路调查。包括道路的线形、几何尺寸、路面状况(沥青、水泥、土、砂石等材料状况,雨雪等湿滑状况)等。

(4)事故发生环境调查。包括天气(风、雨、雪、雾、阴、晴等对视线的影响)、交通流(周围车辆的流量、速度、密度、车头时距、车头间距)、现场周围建筑、交通管理和控制方式等。

(5)事故现场痕迹调查。路面痕迹(拖印、凿印、挫印、划痕)、散落物位置、人车损伤痕迹等。

(6)事故发生过程调查。主要对车辆和行人在整个事故过程中的运动状态进行调查,包括速度大小、速度方向、加速度及在路面上的行驶轨迹、路面碰撞点等。

(7)事故发生原因调查。包括主观原因(人的违法行为或故意行为)和客观原因(道路原因、车辆原因、自然原因等)调查。

(8)事故后果调查。包括人员伤亡和财产损失调查。

(9)其他调查。除了上述调查内容之外,还有事故发生时间和地点(道路或交叉口名称)、当地民俗以及事故目击者和证人等的调查。

7.1.2 交通事故调查方法

交通事故及其相关资料的调查方法有以下几种。

(1)有关管理部门收集数据资料。如道路交通管理部门主要负责收集交通事故数据,气象部门负责收集有关气象资料,公路管理部门负责收集道路原始设计资料和改建与养护历史数据、交通量观测资料等。

(2)现场调查。现场调查是处理事故的基础,是分析鉴定事故的依据。为了研究交通事故与道路交通环境等方面的关系,很多情况下现场勘查和调查也是必不可少的。如当确定了某些路段事故率较明显地高于其他路段时,不仅需要通过事故的记录来分析原因,更重要的是进行现场勘查和调查。

现场调查是对交通事故现场的情况(当事人、车辆、道路和交通条件),用科学的方法进行时间、空间、心理和后果的实地验证和查询,并将所得结果完整、准确地记录下来的工作。因此,现场调查往往借助于现场丈量及绘图、现场摄影等方式。

(3)沿线调研。沿线勘查与调研的内容可以是道路线形状况、交通安全设施状况、自然环境、交通状况、村镇及居民点状况、沿线学校状况、特殊问题、交叉口的位置与环境等。必要时,沿线调研勘查应在不同的时间、气象条件和交通状况下进行。现场调研的另一项重要工作是对交通状况予以观测,包括必要时的交通量及其交通组成观测。

(4)问卷调查。道路用户是道路安全的受益者,对道路交通安全状况和交通环境有最直接的感受。因此,可以对不同的道路用户,如驾驶人、行人及沿线居民等进行问卷调查。问卷内容可以包括对道路交通环境的认识、某些事故多发路段的事故情况、交通拥挤情况等。

(5)专题试验研究。对某些特定道路与交通环境进行跟踪调查或进行必要的行车试验等。

7.2　交通事故现场勘查

交通事故现场勘查是处理交通事故的基础工作，是取得客观第一手资料的唯一渠道，能否正确处理交通事故，与现场勘查的质量有直接关系。

7.2.1　交通事故现场

交通事故现场所在的空间，由遗留物体、痕迹、道路条件(交叉路、坡道、转弯、路面结构等)以及与事故有关联的房屋、车辆、树木、物体、人、畜和气候情况(昼夜、光线、晴雨、冰雪、风向)等因素构成。根据现场的完整和真实程度一般可将现场分为五类。

(1)原始现场。原始现场即事故发生后，在现场的车辆和遗留下来的一切物体、痕迹仍保持着事故发生后的原始状况，没有变动和破坏的现场。

(2)变动现场。变动现场也叫移动现场，即事故发生后，改变了现场原始状态的一部分、大部分或全部面貌的现场。变动原因通常有下面几种。

①抢救伤者：因抢救伤者变动了现场的车辆和有关物体的位置。

②保持不善：现场的痕迹被过往车辆碾压和被行人践踏、抚摸而模糊或消失。

③自然影响：受下雨、下雪、刮风、冰雪融化等自然因素的影响，造成现场或物体上遗留的痕迹模糊不清或完全消失。

④特殊情况：执行特殊任务的车辆或首长、外宾乘坐的车辆发生事故后，急需继续执行任务或为了首长和外宾的安全而使车辆离开现场，或因其他原因不宜保留现场。

⑤其他原因：如车辆发生事故后，当事人没有发觉，车辆脱离了现场。

(3)伪造现场。伪造现场应属于变动现场的范围，指与事故有关或被唆使的人员有意改变现场车辆、物体、痕迹或其他物品的原始状态，甚至对某个机械进行拆卸或破坏，企图达到逃脱罪责或嫁祸于人的目的而伪造的现场。

(4)逃逸现场。逃逸现场也是一种变动现场，是指交通肇事者为了逃避责任驾车潜逃而导致现场变动的情况，其性质与伪造现场相同。

(5)恢复现场。事故现场撤销后，根据现场调查笔录等材料重新布置恢复的现场。恢复现场一般是根据事故分析或复查案件的需要而重新布置的，也可称为事故再现，是以事故现场肇事车辆损坏的情况、停止状态、人员伤害情况和各种形式的痕迹为依据，参考当事人和目击者的陈述，对事故发生的全部经过做出推断的过程。

公安部陆续发布了《道路交通事故处理程序规定》和《道路交通事故现场痕迹物证勘查》(GA/T 41—2019)、《道路交通事故现场勘查照相》(GA/T 50—2019)等一系列配套规章和标准，使道路交通事故处理工作开始走向规范化、制度化。但从各地反映的情况看，交通事故现场勘查方面仍是办案工作中的薄弱环节，主要表现在取证质量不高，影响事故责任认定;出现场不及时或勘查时间过长,造成交通阻塞;现场防护措施不够,造成勘查人员伤亡。为保证交通事故现场勘验工作及时、顺利地进行,提高取证质量,维护道路交通的畅通,应进一步改善交通事故现场勘查工作的工作方法。

7.2.2 现场勘查的内容

7.2.2.1 基本概念

(1)现场勘查的含义。现场勘查是指用科学的方法对交通事故现场的情况(当事人、车辆、道路和交通条件)进行时间、空间、心理和后果的调查并把这些调查完整地、准确地记录下来的工作。

(2)内容及流程。现场勘查的内容及流程包括以下几个方面。

①时间调查:发生交通事故的相关时间点,如事故发生时间、相关车辆的出车时间、中途停车时间、连续行驶时间等,是分析事故过程的一个重要参数。

②空间调查:调查现场内与事故有关的物体,如车辆、散落物、被撞物体等遗留痕迹的相对位置,用来确定车辆运动速度、行车路线及接触点等。

③后果调查:调查人员伤亡情况,查明致伤和致死的部位及原因,记录车辆损坏和物资财产损失情况。

④当事人生理、心理调查:调查当事人的身体及心理状态,如健康状况、情绪、精神状态、身体反应情况。

⑤环境条件调查:调查可能对事故产生影响的车辆的技术状况,道路及其附属安全设施的状态,气候、天气条件等。

现场勘查的具体工作流程图如图7-1所示。

图7-1 现场勘查流程图

(3)勘查方法。勘查方法主要有以下几种。

①沿着车辆行驶路线勘查,其必要前提是事故发生地点痕迹清楚。

②从中心(接触点)向外勘查,适用于现场范围不大,痕迹、物体集中,中心明确的现场。

③从外向中心勘查,适用于范围大、痕迹分散的现场。

④分段分片勘查,适用于现场范围大,潜逃、伪造的现场。

(4)勘查内容。勘查内容主要包括以下几个方面。

①痕迹检验。事故痕迹是事故分析的最重要依据,是指事故发生前后,留在现场的各种印记和印痕,可分为路面痕迹、车体痕迹、物体痕迹及散落物等。其中路面痕迹包括现场路面上的轮胎痕迹和挫划痕迹等。

②车辆检验。车辆的结构、技术性能和使用状况等与交通事故的形成有着密切的联系，必须对事故车辆进行技术检验。主要检验内容包括载客载货情况、操纵机构运用情况、车辆性能情况、车辆的结构以及车辆的受破损程度。

③道路鉴定。道路鉴定是对事故地点的道路及通行条件进行全面的检测，从而确定道路是否符合设计标准、是否存在失修和违章占用等情况。检测内容包括道路几何参数，路面附着系数，路面障碍物类型、尺寸和位置，现场交通设施等。

④当事人检查。主要检查当事人精神和身体的自然状态，包括是否酒后驾车、是否处于疲劳状态及其疲劳程度、在事故前是否服用过某些药物等。人体损伤的部位和程度与事故的性质和原因有一定的联系，根据当事人身上的损伤情况，可判断其与车辆的接触部位、接触角度和接触状态。当交通事故造成人员伤亡时，应对其损伤进行检验，查明伤害部位、数量、形态、大小和颜色，损伤类型、特征，致伤物及伤残程度，致命部位及致死原因等，并写出鉴定结论。

近年来，公安部为不断提高道路交通事故现场勘查工作人员的执法办案能力和专业水平，中华人民共和国公安部交通管理局在全国范围内遴选了在事故处理、检验鉴定、车辆、驾驶人、道路、刑侦、安监等领域具有一定政策法律水平、专业技能和实践经验的人员，成立了全国道路交通事故深度调查专家组。

7.2.2.2　现场勘测记录

(1)绘制现场图。事故现场图是借助图例和线条按一定的比例将现场的地形、地物、道路设施、交通元素、遗留痕迹、散落物等绘制在图纸上的一种专业技术工作图。它是道路交通事故现场的客观反映，是现场勘查记录的主要方式之一，也是认定事故事实、分析事故原因、确定事故责任的重要依据。必要时可以根据现场图重现和恢复交通事故现场。

①现场图的种类。现场图主要有以下几种。

a.现场方位图。通常包括现场的位置、周围环境、与事故有关的车辆的行驶路线、遗留痕迹和物证的地点等。现场方位图可利用大比例尺地形图或道路设计图、竣工图进行复制，填上事故要素即可。

b.现场局部图。现场局部图是以事故现场为中心，把与事故有关的车辆、人、畜、痕迹、物证等要素以及它们之间的相互关系用各种图例、线型绘制在规定的图纸上而成的，是现场勘查记录的重要部分。

此外，根据成图的过程，现场局部图可分为现场草图和现场比例图。现场草图是在事故现场勘查过程中，边勘测、边绘画、边记录的现场示意图。现场比例图是根据现场草图，按选定的比例工整地绘制出的正式图。现场比例图的绘制要求高，一般用在特殊交通事故中，作为分析、鉴定的依据。

②现场定位。描绘交通事故现场图，需要确定现场内道路、物体以及痕迹等的空间位置，这一过程称为现场定位。现场定位首先要确定事故现场的方位，其次要通过实地测量确定现场内各物体、痕迹等的位置。

a.确定现场方位。确定道路交通事故现场方位实际上是确定事故地点道路的方向，并在现场图右上角用方向标与道路中心线或中心线切线的夹角表示出来。

b. 选定基准点。基准点是用来对被测量的对象作方向及位置定位的永久性固定物，以便在再现事故现场时能找出物体间的相对位置。通常选择事故现场内某个固定不动的特殊点作为基准点，如里程碑、电线杆、消火栓等。

c. 选定基准线。除基准点外，还需要有基准线。一般选择一侧道路边缘或道路标线等作为基准线，用以确定现场物体、痕迹等的横向位置。用沿基准线纵向距基准点的距离来确定现场物体、痕迹等的纵向位置。

③现场测量。现场测量是取得各种尺寸数据的重要手段。按照是否使用仪器设备，现场测量方法可分为人工测量法和仪器测量法两种。人工测量法一般采用卷尺等测量工具手工测量。仪器测量法可准确地记录各种现场数据，但因有的仪器操作过程繁琐、有的仪器又过于昂贵，所以目前仪器测量法在交通事故现场勘查实践中尚未获得普遍应用。可用来进行现场测量的仪器有激光扫描仪、全站仪等。

随着计算机技术的兴起，人们逐渐开始利用计算机代替手工来绘制现场图，其绘制出的现场图不但符合国家的有关技术标准和规范，而且计算机绘图比手工绘图快速且准确。

现场图由现场地形、现场元素、尺寸标注和文字说明几部分构成。各部分的绘制可以采用模块化和图形库的方式来实现，通过调用就可以实现现场图的数据化。用计算机绘制现场图，其准确性无疑比手工绘制要好，只要勘测准确就能将整个现场准确地表示出来，在绘图的过程中如果出现绘制错误，也可以“撤销”操作，而不用整张图重新绘制。绘制出的现场图便于实现电子化保存，有利于事故档案的计算机管理。道路交通事故现场图的计算机绘制可以采用程序语言来编制实现，也可以在其他的绘图软件（如 AutoCAD 等）上进行二次开发来实现。

(2)现场摄影。交通事故现场摄影是现场勘查工作不可缺少的重要组成部分。交通事故现场摄影是用纪实的手法，迅速、直观、真实地将事故现场的实际状况记录下来的一种技术手段，可为分析事故过程和事故原因提供直观可靠的依据。

近年来，从照片中提取信息的方法有二维方法和三维方法。二维重建的方法主要用于路面上的痕迹（路面标线、轮胎拖痕、油迹、散落物等）。三维重建的方法可以分为单目照片法和多目照片法，它们都是利用适当的观察设备，结合必要的定位方法，利用计算机编程的方法来实现三维再现的目的。

①现场摄影的种类。现场摄影的种类主要有以下几种。

a. 方位摄影：是指以整个现场和现场周围环境为拍摄对象，反映道路交通事故现场所处的位置及其与周围事物关系的专门摄影。通过方位摄影，可以反映出现场的地形、地物、地貌、道路线形和现场范围，记录现场的车辆、人、物品、建筑、交通标志、里程碑、电杆、街道名牌、门牌等线索的信息。

b. 概览摄影：是指以整个现场或现场中心地段为拍摄内容，反映现场的全貌以及现场有关车辆、尸体、物品、痕迹的位置及相互间关系的专门摄影。拍摄时要特别注意拍摄位置，防止前景遮挡后景，避免物与物的重叠，还要注意拍摄现场的全貌和原始状态，防止遗漏。

c.中心摄影:是指在较近距离拍摄交通事故现场中心、重要部位、痕迹的位置及其与有关物体之间联系的专门摄影。事故现场一般以碰撞接触点为中心,重要部位一般是指肇事车辆、尸体、接触部位、地面痕迹等。拍摄事故车辆要注意拍摄角度,如在两车相撞的事故现场,除要把两车在一定距离内拍摄清楚外,还要突出相撞部位。

d.细目摄影:是指不考虑其他物体,独立反映人、车及物证形状、大小等个体特征的专门摄影,反映的内容主要包括车辆与其他物体接触部位的痕迹、路面痕迹、人体痕迹、现场散落物、毛发或油漆等微小物证、轮胎花纹特征、车辆号牌、车门上的文字、尸体等。

②常见痕迹的拍摄。常见痕迹的拍摄主要分为以下几种。

a.碰撞痕迹:是指存在于车辆或物证外形上的痕迹,表现为凹陷、隆起、变形、断裂、穿孔、破碎等特征。拍摄这种痕迹的关键在于用光,一般是采用侧光,借助阴影来显示痕迹特征。

b.刮擦痕迹:一般表现为刮擦的双方表皮剥脱,互相粘挂。如纤维、人体表皮、血迹等附着在被摄物表面,拍摄时要求光照要均匀。

c.碾轧痕迹:在外形上一般表现为凹凸变化、变形、破碎等特征。如轮胎碾轧松软泥土路面时,路面将形成凹凸变化的轮胎印痕;车辆碾轧自行车时,会造成车体变形、断裂等伤痕。对碾轧痕迹可采用斜侧光线照明拍摄,同时要注意反映出印痕特点。

d.渗漏痕迹:是指发生事故的车辆由于水箱或管路破裂,油、水渗漏而形成的痕迹。

e.血迹:这是重要的证据,为了拍好血迹的形状特征,应考虑血液遗留在什么颜色的物体上及其凝固程度。

f.刹车拖印:刹车痕迹属于易破坏和消失的痕迹,拍摄中需优先并全力拍好,拍照重点应放在刹车印的起止点,特别是起点与道路中心线或路边的关系。同时应反映刹车拖印的特征,如左右轮、前后轮拖印是否一致或拖印是否中断,拖印呈直线还是拖印有弧度、弯曲等。

(3)现场勘查笔录。交通事故现场勘查笔录,是交通警察勘查交通事故现场时,对勘查过程、勘查方法、勘查结果所作的文字记录,其内容要反映交通事故现场勘查过程、现场状况,并且用文字叙述的方式表达出现场图和现场照片中无法反映的各种交通事故情况。

笔录主要记录事故时间、事故地点、天气状况、勘查时间、勘查人员和勘查记录,具体形式如表7-1所示。

表7-1　交通事故现场勘查笔录

<table>
<tr><td>事故时间</td><td colspan="2"></td><td>天气</td><td></td></tr>
<tr><td>事故地点</td><td colspan="4"></td></tr>
<tr><td>勘查时间</td><td>开始</td><td></td><td>结束</td><td></td></tr>
<tr><td>被调查人姓名、单位</td><td colspan="4"></td></tr>
</table>

续表

勘查记录			
现场勘查人员		记录人	
备注			

7.3 交通事故统计分析

交通事故统计分析的目的是查明交通事故总体的分布状况、发展动向及各种影响因素对交通事故总体的作用和各因素之间的相互关系,以便从宏观上定量地认识交通事故的本质和内在的规律性。这对于把握交通事故总体动向,科学地做好道路交通管理,保证交通安全具有非常重要的意义。

7.3.1 统计分析指标

为了反映交通事故总体的数量特征,需要建立相应的统计分析指标,道路交通事故分析指标主要有绝对指标、相对指标、平均指标和动态指标等。

7.3.1.1 绝对指标

绝对指标是用来反映事故总体规模和水平的绝对数量的指标。根据所反映的时间状况不同,绝对指标可分为时点指标和时期指标。前者反映其指标在某一时刻上的规模和水平,如某一年的汽车拥有量、人口总数等;后者反映其指标在某一时间间隔内的累积数量,如某一年内或某一月份内的事故次数、事故伤亡人数等。

绝对指标既是认识交通事故总体的起点,又是计算其他相对指标的基础,在事故统计分析中具有重要意义。我国目前在交通安全管理上常采用的绝对指标有交通事故次数、受伤人数、死亡人数和直接经济损失,即交通安全四项指标。

7.3.1.2 相对指标

相对指标是通过对事故总体中的有关指标进行对比而得到的。利用相对指标可深入地认识交通事故的发展变化程度、内部构成、对比情况、事故强度等。此外,还可把一些不能直接进行对比的绝对指标,如公里事故率、车事故率、人口事故率等,放在共同基础上来分析比较。相对指标可分为结构相对数、比较相对数和强度相对数。

(1)结构相对数。结构相对数表示事故总体的组成状况,为部分数与总数之比。为了从结构方面认识事故总体,需要建立结构相对指标。通常在事故类别分组中,用各类事故数量占总数量的比值来说明各类事故的比例。结构相对数的计算方法如(7-1)所示。

$$结构相对数=\frac{总体中某部分的数值}{总体全部数值}\times 100\% \tag{7-1}$$

例如,交通事故的总数为208起,其中机动车事故131起、非机动车事故52起、行人事故25起,那么它们的结构相对数分别为63%、25%和12%。

(2)比较相对数。比较相对数有两种类型:一种是将同一总体中有联系的两个指标相对比,常用来反映事故的严重程度,如交通事故的负伤人数与死亡人数相对比。另一种是将同类现象在同一时期内的指标数在不同地区间进行对比,如通过两地区在同一时期内的汽车正面相撞事故数的对比,可以比较两地此类事故的发生程度,其计算方法如式(7-2)所示。

$$比较相对数=\frac{A地某种指标值}{B地同种指标值}\times 100\% \tag{7-2}$$

例如,2016年我国交通事故的死亡人数为63093人、美国为37461人,两者的比较相对数计算结果为:我国是美国的1.68倍。

(3)强度相对数。强度相对数是将两个性质不同但有密切联系的绝对指标相互对比,用以表现事故总体中某一方面的严重程度。例如,事故死亡人数与机动车保有量之比、事故死亡人数与车辆总运行里程之比等。事故统计分析中所用的事故率(次/万车)、伤人率(人/万车)、死亡率(人/万车)、经济损失率(千元/万车)即为强度相对数指标。强度相对数的计算方法如式(7-3)所示。

$$强度相对数=\frac{某一绝对指标值}{另一有联系而性质不同的绝对指标值}\times 100\% \tag{7-3}$$

7.3.1.3　平均指标

平均指标是事故总体的一般水平的统计指标,其数值表现为平均数。平均数可以使总体各单位之间的同类指标数的差异抽象化,将共同性因素显现出来,以便于观察总体的一般水平。平均数可分为算术平均数、调和平均数、中位数、几何平均数等。算术平均数又可分为简单算术平均数和加权算术平均数。

(1)简单算术平均数计算公式如下。

$$\bar{x}=\frac{\sum_{i=1}^{n}x_i}{n} \tag{7-4}$$

式中:x_i——总体中第i个单位的某种指标数;

n——总体中单位总数。

(2)加权算术平均数计算公式如下。

$$\bar{x}=\frac{\sum_{i=1}^{n}x_i f_i}{\sum_{i=1}^{n}f_i} \tag{7-5}$$

式中:x_i——总体中第i个单位的某种指标数;

f_i——总体中第i个单位的权数。

(3)几何平均数计算公式如下。

$$\bar{x}=\sqrt[n]{\prod_{i=1}^{n}x_i} \tag{7-6}$$

式中：x_i——总体中第i个单位的某种指标数。

7.3.1.4 动态指标

为进一步认识事故现象在时间上的发展变化规律，需要一些动态分析指标。在交通事故统计分析中，常采用的动态分析指标有动态绝对数、动态相对数和动态平均数。

(1)动态绝对数。

①动态绝对数列。动态绝对数列就是将反映事故现象的某一绝对指标在不同时间上的不同数值，按时间先后顺序排列起来形成的数列。例如，表7-2中第2行和第9行中的数值。

②增减量。增减量是指事故指标在一定时期内增加或减少的绝对数量。由于使用的基准期不同，增减量可分为定基增减量和环比增减量。前者在每次计算时，都以计算期前的某一特定时期为固定的基准期(一般取动态绝对数列的最初时期作为固定基准期)，用以表明事故指标在一段时间内累积增减的数量；后者在计算时，都以计算期的前一期为基准期，用以表明事故指标在单位时间内的增减量。

(2)动态相对数。动态相对数是同一事故现象在不同时期的两个数值之比，动态相对数指标主要有事故发展率和事故增长率。

①事故发展率。事故发展率是本期数值与基期数值的比值，用以表明同类型事故统计数在不同时期发展变化的程度。事故发展率又可分为定基发展率和环比发展率两种。

定基发展率即本期的统计数与基期统计数的比率，计算公式如式(7-7)所示。

$$K_g=\frac{F_C}{F_E}\times 100\% \tag{7-7}$$

式中：K_g——定基发展率；

F_C——本期统计数；

F_E——基期统计数。

环比发展率即本期统计数与前期统计数的比率，计算公式如式(7-8)所示。

$$K_b=\frac{F_C}{F_B}\times 100\% \tag{7-8}$$

式中：K_b——环比发展率；

F_B——前期统计数。

②事故增长率。事故增长率是表明事故统计数以基期或前期统计数为基础的净增长的比率，分为定基增长率和环比增长率。

定基增长率即定基增减量与基期统计数的比率，计算公式如式(7-9)所示。

$$j_g=\frac{F_C-F_E}{F_E}\times 100\% \tag{7-9}$$

环比增长率即环比增减量与前期统计数的比率，计算公式如式(7-10)所示。

$$j_b = \frac{F_C - F_B}{F_B} \times 100\% \tag{7-10}$$

表7-2为2012～2019年我国道路交通事故次数与死亡人数的绝对动态数列、增减量、发展率及增长率等动态指标计算结果。由表中数字可以看出，近年来事故次数、死亡人数的动态指标总体呈波动趋势，且绝对数量却仍较大，说明交通安全形势依然严峻。

表7-2 2012～2019年我国道路交通事故动态指标统计表

年份	2012	2013	2014	2015	2016	2017	2018	2019
事故次数/次	204 196	198 394	196 812	187 781	212 846	203 049	244 937	247 646
定基增减量	—	−5 802	−7 384	−16 415	8 650	−1 147	40 741	43 450
环比增减量	—	−5 802	−1 582	−9 031	25 065	−9 797	41 888	2 709
定基发展率/%	100	97.2	96.4	92	104.2	99.4	120	121.3
环比发展率/%	—	97.2	99.2	95.4	113.3	95.4	120.6	101.1
定基增长率/%	—	−2.8	−3.6	−8	4.2	−0.6	20	21.3
环比增长率/%	—	−2.8	−0.8	−4.6	13.3	−4.6	20.6	1.1
死亡人数/人	59 997	58 539	58 523	58 022	63 093	63 772	63 194	62 763
定基增减量	—	−1 458	−1 474	−1 975	3 096	3 775	3 197	2 766
环比增减量	—	−1 458	−16	−501	5 071	679	−578	−431
定基发展率/%	100	97.6	97.5	96.7	105.2	106.3	105.3	104.6
环比发展率/%	—	97.6	100	99.1	108.7	101.1	99.1	99.3
定基增长率/%	—	−2.4	−2.5	−3.3	5.2	6.3	5.3	4.6
环比增长率/%	—	−2.4	−2.5	−3.4	5.3	6	5	4.4

(3)动态平均数。动态平均数包括平均增减量、平均发展率和平均增长率。

平均增减量是环比增减量时间序列的序时平均数，可用简单算术平均数计算。平均发展率是环比发展率时间序列的序时平均数，采用几何平均算法。平均增长率可视作环比增长率的序时平均数，但它是根据平均发展率计算的，而不是直接根据环比增长率计算。

上述各项事故分析指标中，绝对指标是基础，相对指标、平均指标和动态指标都要通过绝对指标来确定;反过来,相对指标、平均指标和动态指标更确切地反映了通过绝对指标难以反映的事故规律。通过采用事故指标来研究事故分布的特征和规律,可以达到减少事故次数、降低事故严重程度的目的。

7.3.2 统计分析方法

7.3.2.1 统计表法

根据不同的分析目的,将统计分析的结果编成的各种表格即为统计表,其内容包括各种必要的绝对指标和相对指标,是交通事故统计中常用的一种方式。按照统计数字或统计指标的不同特点,统计表可分为静态统计表和动态统计表。

仅列出同一时期事故统计数的表格称为静态统计表。从时间状态上看,表上的统计数是静止的,从而便于对不同地区或不同性质条件的事故现象进行相互对比。静态表中可同时列出相对数和绝对数。

将不同时间的事故统计数字列成表格,就成为动态统计表,可用于反映交通事故随时间变化或分布的情况。

7.3.2.2 统计图法

统计图法是利用一些几何图形或象形图形等,将统计数字或计算出的统计指标形象化,从而反映事故现象的数量关系和发展变化趋势。常用的统计图有坐标图、直方图、排列图等。

(1)坐标图。坐标图法就是在坐标纸上画出坐标图来分析交通事故的方法,一般常用来表示交通事故中某一特征指标的发展变化过程和趋势。横坐标一般是连续数列,如时间、年龄等,纵坐标可以是某一绝对指标或相对指标。坐标图借助于连续曲线的升降变化反映指标的变化趋势,有很强的直观性。

(2)直方图。直方图是交通安全分析中较为常见的统计图表,包括平面直方图和立体直方图。立体直方图由建立在直角坐标系上的一系列高度不等的柱状图形组成,因而也被称为柱状图。图7-2为某地2011年各类事故形态事故数构成比例示意图。

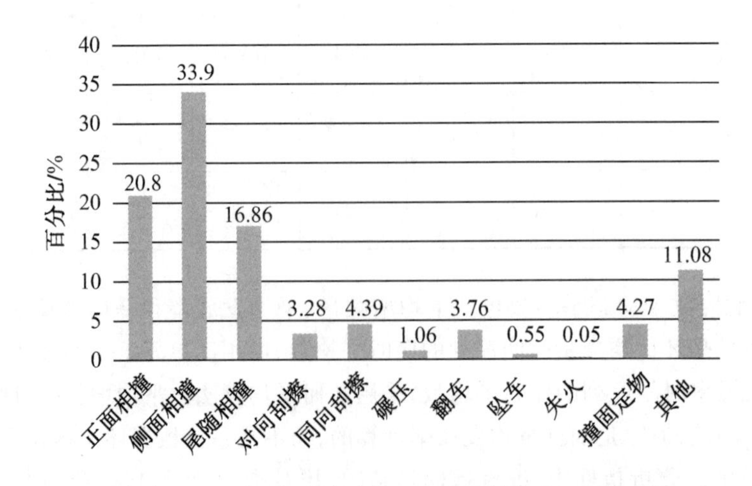

图7-2 某地2011年各类事故形态事故数构成比例示意图

(3)排列图。排列图的全称为主次因素排列图,也称巴雷特图,可用于确定交通事故发生的主要原因,以便有针对性地进行交通治理工作。

排列图由两个纵坐标、一个横坐标、几个直方图和一条曲线组成,如图7-3所示。左边纵坐标表示频数,右边纵坐标表示累积频率(0～100%),横坐标表示事故因素分类。直方图的高低表示某类因素频数的大小,一般按频数由大到小的顺序自左向右排列。将各类因素的累计频率值连接形成的一条曲线,称为巴雷特曲线。通常把累计频率值分为三类:0～80%为A类,这一区间的因素是主要因素;80%～90%为B类,这一区间的因素是次要因素;90%～100%为C类,这一区间的因素是一般因素。

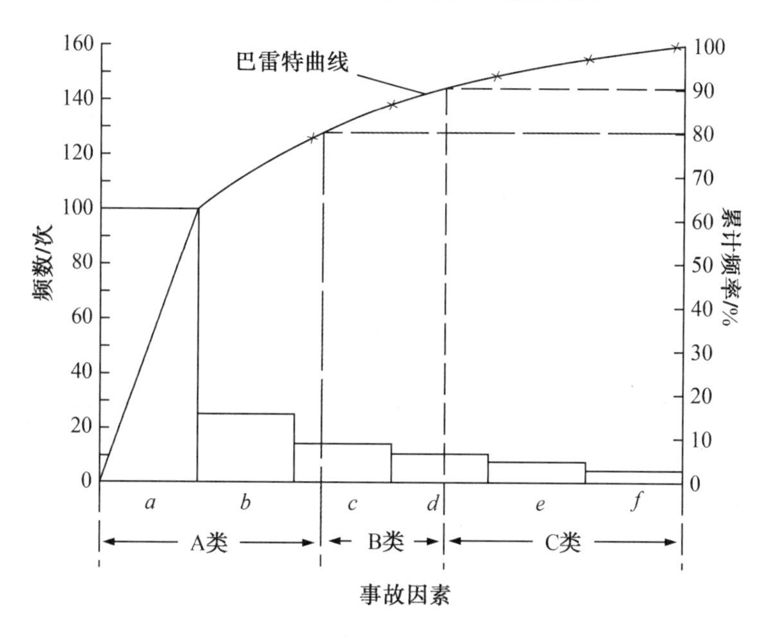

图7-3　交通事故排列图

根据分析目的的不同,可以改变横坐标中的因素。例如,分析与机动车驾驶人有关的事故原因时,可以把横坐标设为酒后开车、超速行驶、无证驾驶、违章超车、违章会车等项目;分析道路交通事故形态时,可以把横坐标设为汽车与自行车相撞、汽车与行人相撞、汽车与拖拉机相撞、汽车自身事故等项目。但分析时所采用的因素不宜过多,要列出主要因素,去掉从属因素,以便突出主要矛盾。

随着计算机技术的发展,借助于计算机对交通事故进行处理已经成为将来交通安全管理工作研究的重要方向。采用计算机技术,可以完成对交通事故处理过程中的每个环节的计算机分析和管理,有利于科学、快速、准确地处理交通事故。

利用数据库则可以对交通事故的复杂信息进行科学管理,而且利用计算机技术对交通事故处理及进行事故再现系统的开发时,可以根据实际分析需要对统计条目进行增减。将事故的实际情况输入后,还可以利用计算机对统计资料进行宏观分析,直观地显示出各种统计指标的分析图表。根据建立的交通资料数据库,可以实现信息的查询、统计和数据传递,而且可以实现对四项指标的快速统计以及事故原因等的统计分析。如果将数据库和地理信息系统(GIS)结合,还可以用来对交通事故多发点和多发路段进行分析。

7.3.3 事故分布规律

通过对交通事故情况的数据资料进行统计分析,可以将包含在数据中的规律揭示出来,为交通管理者进行宏观和微观管理、决策提供可靠的依据。事故的分布规律主要有时间分布规律和空间分布规律。

7.3.3.1 时间分布规律

交通事故的时间分布是指事故指标随时间而变化的统计特征。交通活动(如交通流量大小、速度特性等)以及交通活动所处的自然环境(如季节、天气情况等),在一年内的不同月份上、一周内的每一天及一天的不同时段上一般具有其固定的规律性。

(1)月分布。图7-4是我国某年全国道路交通事故数量按月份统计的结果。由图7-4可知,下半年的交通事故数量略多于上半年,1月交通事故数量最多,5～6月交通事故数量偏少。若能统计出各个月份的交通流量,从而计算出交通事故的相对指标,则统计结果将能更加全面地反映出一年中交通事故的月分布规律。

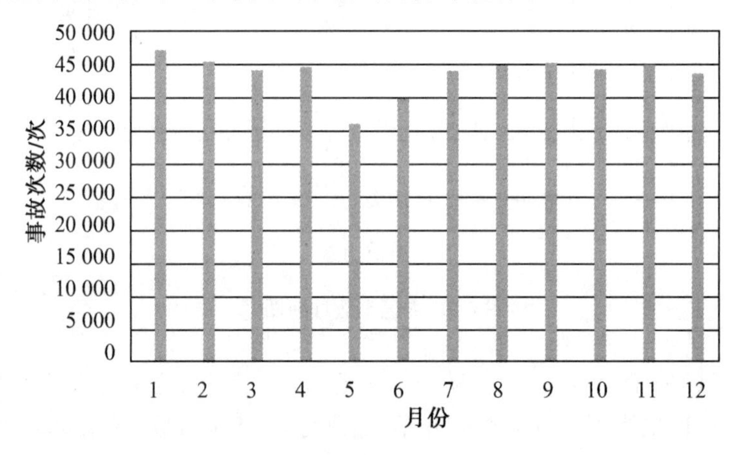

图7-4 交通事故数量月分布统计结果图

(2)周分布。图7-5是日本某年度交通事故数量在一周内每天的分布统计结果。由图可知,周一到周五平均每天发生的死亡事故数为27.7起,而周六、周日事故数相对较多,存在周末事故偏多的趋势,这与人们周末出行活动较多,交通量增大有关。

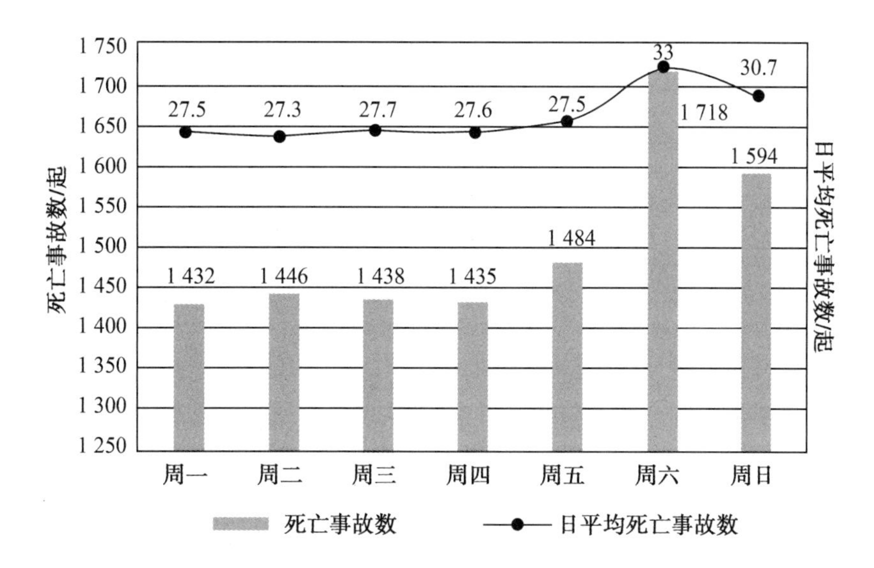

图7-5　交通事故数量周分布统计结果图

(3)小时分布。图7-6为我国某年道路交通事故数量按小时分布的统计结果图,其中0～6时的交通事故数量最少,16～20时的交通事故数量最多。即黄昏时段的交通事故数量明显高于其他时段。

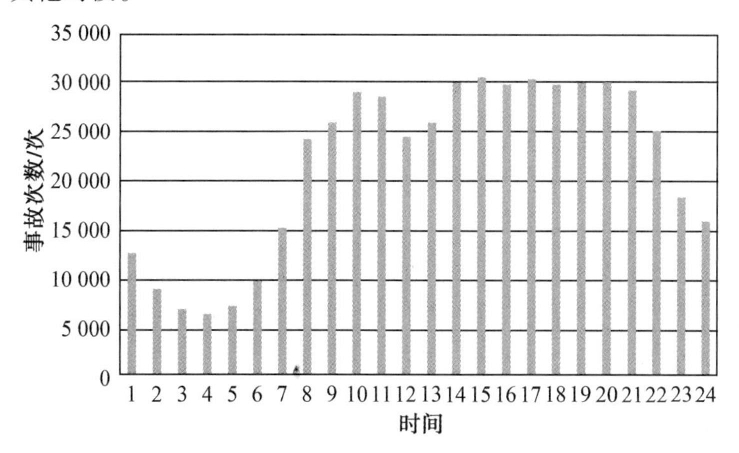

图7-6　交通事故数量小时分布统计结果图

7.3.3.2　空间分布规律

交通事故的空间分布是指交通事故在城市、农村各种类型的道路上以及具体路段、交叉口上的分布情况,如表7-3所示。由于交通环境不同、交通组成不同、交通分布不同等原因,交通事故在空间上有不同的分布特征。对具体道路、交叉口等进行交通事故空间分布研究,也是鉴别事故多发地点的重要依据。

表 7-3　我国各类型道路交通事故分布统计结果

道路类型	次数	百分比/%	死亡人数	百分比/%	受伤人数	百分比/%
高速公路	18 168	4.04	6 407	6.29	15 681	3.34
一级公路	34 009	7.55	9 335	9.45	35 384	7.53
二级公路	93 065	20.67	27 749	28.10	99 964	21.27
三级公路	70 684	15.70	19 699	19.95	77 959	16.59
四级公路	27 154	6.03	6 967	7.06	31 182	6.64
等外公路	29 760	6.61	6 532	6.62	33 301	7.09
快速路	11 730	2.61	1 900	1.92	12 388	2.63
城市主干路	98 228	21.82	11 895	12.05	95 693	20.36
城市次干路	26 268	5.83	2 930	2.97	25 786	5.49
支路	12 810	2.84	1 510	1.53	12 583	2.68
单位小区自建路	1 893	0.42	217	0.22	1 898	0.40
其他城市道路	26 485	5.88	3 597	3.64	28 092	5.98
合计	450 254	100.00	98 738	100.00	469 911	100.00

7.4　事故多发点鉴别与改造

道路上发生的事故按其空间分布特性可分为分散型分布和密集型分布两类。其中分散型分布的事故多与驾驶人的不安全行为有关，如超速行驶、酒后驾车、疲劳驾驶等。而密集型分布的事故则多与道路线形、交通设施和交通环境等因素有关，如急弯陡坡、视距不良、交通设施不完善等。

事故密集型分布的路段和交叉口通常称为事故多发点，国外一般称为事故黑点(Black Spots)。鉴别出事故多发点、分析事故多发的原因、提出相应的切实可行的对策是改善道路交通安全状况的经济的和十分有效的办法。

7.4.1　事故多发点的含义

尽管国内外对道路事故多发点的定义有多种不同的表述，但归纳起来，事故多发点通常是指：在较长的统计周期内，发生的道路交通事故的数量或特征与其他正常位置相比明显突出的道路位置(路段、区域或点)，国外称为 Accident Prone Locations, Hazardous Locations 或 Black Spots。其主要内涵包括以下几点。

(1)严格来讲，这里的“点”可以是一个点、一个路段、整个一条道路或一个区域。其中“路段”和“点”是最经常研究的。“区域”仅在特殊条件下才会被研究，其鉴别方法大多以经验为主，如英国规定1 km^2范围内，1年发生过40次以上事故，则该区域称为事故易发地区。“道路”的鉴别主要是在对路网安全状况进行评价时，要判别某一条路是否为事故多发道路时会用到，其鉴别方法以质量控制法为主。

(2)事故多发点对评价的时间段有要求，即“较长一段时间”。这主要是为了避免事故统计的偶然性，这个时段的长度应根据所研究道路的运营状况分析确定，通常为1～3年。

(3)定义中的道路交通事故数量是一个广义的概念，它不仅可以指事故的绝对次数，也可以指死亡人数、受伤人数、各种事故率、死亡率、事故损失等不同指标。

(4)定义中的“正常”和“突出”是事故多发点分析的关键点，也是安全评价的主要内容之一。“正常”与“突出”是相辅相成的，没有“正常”就无“突出”。“正常”值通常都来自事故的历史资料，可以是研究对象本身的历史资料，也可以是相似道路的历史资料。

7.4.2 事故多发点鉴别方法

进行道路交通事故多发点的鉴别时，采用的评价指标与鉴别方法息息相关，不同的评价指标反映出事故特征各方面的差异。在实际应用中，在对道路交通事故多发点鉴别的不同阶段，往往采用不同指标，即采用不同的鉴别方法。

早期的方法有事故频数法、事故率法、矩阵法、质量控制法等，之后出现了灰色评价、累计频率曲线等方法，随着地理信息系统以及全球定位系统等技术的发展，例如数据挖掘技术、GIS技术等也被运用。

7.4.2.1 常见的事故多发点鉴别方法比较

常见的事故多发点鉴别方法的原理、评价指标、优缺点及应用，如表7-4所示。

表7-4 常见的事故多发点鉴别方法比较

方法	原理	评价指标	优缺点	应用
事故频数	若某路段的事故次数大于临界事故次数，则认为该路段为事故多发路段	事故次数	优点：简单便捷，可操作性高 缺点：没有考虑道路环境与交通条件等因素	小型路段或交叉口
事故率	引入事故的关联因素（如交通量、人口、汽车保有量等数据），当路段或交叉口的事故率超过某一规定临界值时，则认为是事故多发路段	运行事故率、人口事故率、车辆事故率、综合事故率、车公里事故率等	优点：考虑了交通量和道路长度的影响 缺点：可能会将安全路段评判为危险路段，或忽略更危险的路段	地区事故多发点鉴别

续表

方法	原理	评价指标	优缺点	应用
矩阵分析	将事故次数与事故率结合起来进行事故多发点的鉴别,当事故次数与事故率超过相应的临界值时,则该路段为事故多发路段	事故次数、事故率	优点:兼顾了事故频数法与事故率法 缺点:不能对高事故次数、低事故频率的路段与低事故次数、高事故频率的路段做出本质区别	交通量、道路条件大致相同的路段
质量控制	根据显著水平确定事故多发点综合事故率的上、下限,若路段的事故率大于综合事故率的上限值,则该路段为危险路段	综合事故率的上限和下限	优点:考虑了交通量的影响 缺点:没有确定事故多发点改善的优先次序,且没有考虑事故的严重程度	道路、交通条件大致相同的路网或路段
累计频率曲线	将事故数(或事故率)发生的频率排序,得到累计频率较小、事故数较高的位置,将其作为事故多发路段的可能位置	公里事故数、车公里事故率	优点:操作简单,考虑了道路条件的影响 缺点:步长的选取对事故多发点的鉴别影响较大	事故状况差别大、道路安全基础研究缺乏的道路
灰色评价	通过少量已知信息评价道路安全性,找到事故多发点	由事故的四项指标及相关影响因素所构成的评价集合	优点:算法清晰,计算过程简单 缺点:评价精度较低	应用广泛
GIS技术	将道路信息与交通事故信息结合起来存储在GIS服务器中,从地理角度出发,找到事故多发点	当量事故数、事故四项指标	优点:可实现事故多发点可视化操作 缺点:未考虑交通量、道路设计因素的影响	城市道路、高速公路
数据挖掘	利用事故数据,通过多元统计、聚类分析,从中发现隐含信息,揭示事故多发点分布的潜在规律	由事故的四项指标及相关影响因素所构成的评价集合	优点:分析结果真实、可靠 缺点:计算量较大	应用广泛

7.4.2.2 累计频率曲线法

累计频率曲线法是针对我国道路的实际情况而提出的,多用于微观事故多发点的分析。该方法主要基于统计学原理,以每一单位长度发生的事故次数为横坐标,以大于某一事故次数的累计频率为纵坐标,绘制累计频率曲线。

其主要鉴别步骤如下。

(1)分段单元划分。将整条公路划分成等长的小单元(通常以1 km为单位),计算每一单元上的事故次数。当沿线交通量变化不大或缺乏交通量资料时,某一条道路的事故多发路段(点)的评价指标应用公里事故数;当沿线交通量变化较大时,也可采用车公里事故率。

(2)计算发生n起事故的频率和累计频率。根据统计学计算发生n起事故的频率,并计算累计频率,绘制累计频率曲线。

(3)初步选定事故多发点。首先,根据累计频率曲线上的突变点,初步选定累计频率小于突变点的路段为事故多发点。图7-7是反映某公路的事故累计频率曲线(A曲线和B曲线)和高次多项式拟合公式(C曲线)的示意图。

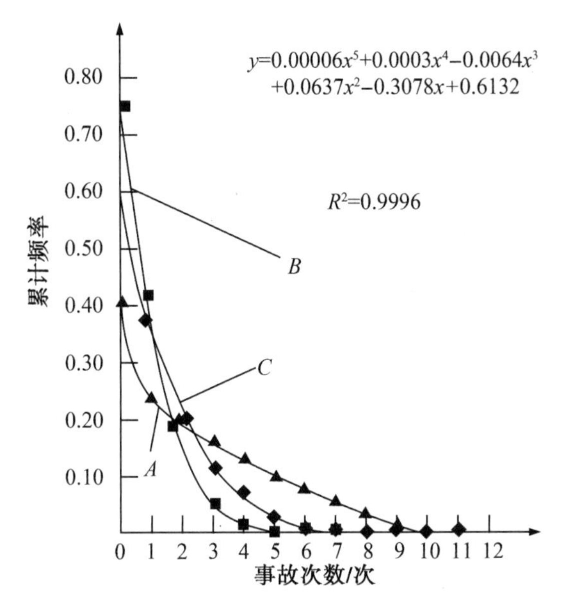

图7-7　某公路的事故累计频率曲线

根据对我国多条道路进行交通事故分析的经验来看,上述曲线在累计频率5%～20%部分有一个突变点。在突变点下面,即累计频率＜5%～20%的部分为事故率最高的部分,并且事故率随累计频率的微小变化而急剧增减。在突变点上面,事故率较小且曲线平缓,累计频率的较大变化也不会引起事故率的急剧变化。因此,可以将事故累计频率＜5%～20%的地点作为可能的“事故多发点”。

其次,针对事故集中在某分段单元的情况,可对其前一单元或后一单元的事故作进一步分析,以避免由于等间距分割单元而遗漏事故多发点。

(4)现场勘查。对初步选出的路段进行必要的现场勘查和分析。现场勘查的内容包括:现场道路状况调查、车辆行驶状况调查以及车辆环境调查。

(5)确定事故多发点。综合书面资料和现场勘查资料分析,对照事故特征、事故原因和事故处的道路线形,排除人为因素、车辆因素及其他特殊原因引起的事故,最后确定事故多发点。

(6)分析事故原因并提出改进措施。对于不同的公路,累计频率的突变会在一定范围内变化,根据事故多发点所占的比例的多少,累计频率曲线的突变点会有所不同,事故多发点越少,则突变点越靠近原点,其累计频率值就小,反之突变点处的累计频率值就大。

由于统计的需要,道路被分为等长的单元,这会造成“削峰”的可能性,因此在实际应用中,应选择偏小一些的累计频率突变点,作为初步结果。另外,对初步选出的事故多发点前后的单元也应该注意。

最后,采用此方法的时候,选择多大的“突出值”还要考虑区域经济状况,当有较多资金可用于道路安全改善时,可采取较高的累计频率值,反之可小一些,以便集中资金解决事故多发点。

7.4.2.3 灰色评价法

灰色评价法是一种以灰色关联分析理论为指导的安全鉴别方法,最基本的评价指标包括事故次数、死亡人数、受伤人数这三项绝对指标,此外,还有亿车公里事故率、亿车公里死亡人数、亿车公里受伤人数作为相对评价指标。

对于某一条路的事故多发点段的鉴别,应采用三项绝对指标,对于某一区域或路网中事故多发点段的排查,考虑到指标的可比性,应采用三项相对指标。

主要鉴别步骤如下。

(1)给出评价对象个数n,评价指标项数m,评价灰类数k。

假设将某条道路以1 km为划分单元分为n段,即评价对象个数为n,代表道路的n段,根据评价指标的选取,$m=3$。

评价灰类可采用概率统计的方法确定,具体做法是将评价指标的实际数据,经无量纲处理,分析数据的累积百分频率,绘制累积频率曲线,在曲线上确定不同特定累积百分频率所对应的处理数值,作为各灰类特征值。

评价等级拟定三级灰类,$k=3$,即事故多发段(事故多发点段)、事故次多发段、正常路段。选取30%、50%、70%累积百分频率特征点来定事故多发点段、事故次多发段、正常路段。三个累积百分频率点所对应的A_{j1}、A_{j2}、A_{j3}分别为指标j属事故多发点段、事故次多发段、正常路段的特征值,如图7-8所示。

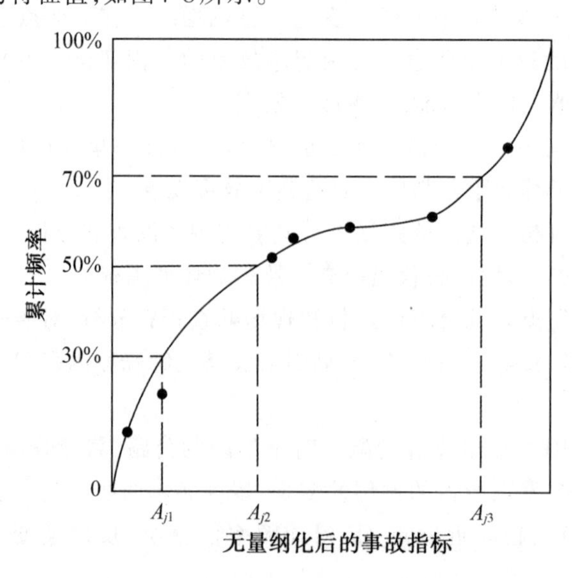

图7-8 评价指标(无量纲化)灰类特征值的累积频率图

(2)给出路段i关于评价指标j的原始样本矩阵$\boldsymbol{D}^0$。

$\boldsymbol{D}^0$在此即事故数、死亡人数、受伤人数三项指标,或其相对指标。

$$\boldsymbol{D}^0=\begin{bmatrix} d_{11}^0 & d_{12}^0 & \cdots & d_{1m}^0 \\ d_{21}^0 & d_{22}^0 & \cdots & d_{2m}^0 \\ \vdots & \vdots & & \vdots \\ d_{n1}^0 & d_{n2}^0 & \cdots & d_{nm}^0 \end{bmatrix} \tag{7-11}$$

(3)事故指标的无量纲化。

为保证无量纲化后的指标在(0,1)之间,可按式(7-12)计算,得到处理后的矩阵$\boldsymbol{D}$。

$$d_{ij}=\frac{d_{ij}^0}{\max\limits_{1\leqslant j\leqslant n}\left\{d_{ij}^0\right\}} \tag{7-12}$$

$$\boldsymbol{D}=\begin{bmatrix} d_{11} & d_{12} & \cdots & d_{1m} \\ d_{21} & d_{22} & \cdots & d_{2m} \\ \vdots & \vdots & & \vdots \\ d_{n1} & d_{n2} & \cdots & d_{nm} \end{bmatrix} \tag{7-13}$$

(4)确定各评价指标灰类的白化权函数。

道路交通安全评价指标的白化权函数,通常用来描述某项评价指标灰数(经无量纲处理后的指标集)对其取值范围内数值的“偏好”程度。事故各项评价指标的灰数在(0,1)之间,其白化权函数$f(x)\in(0,1)$。其中白化权函数$f(x)$曲线的转折峰值点对应的A_{ij}值,即是前面确定的评价指标的特征值之一。特征值代表了特定灰类的本质,是该灰类的核心值。所以,某项评价指标属特定灰类时,其指标灰数的白化值越接近特征值,则所取该灰类的权值就越大(⩽1)。

由此,事故指标的白化权函数曲线,转折点间以直线连接便能说明问题,满足研究的需要,并使取权值简捷,计算方便。

评价指标灰类属事故多发点段、事故次多发段、正常路段的白化权函数如图7-9所示,黑点鉴别的评价标准模式已建立。

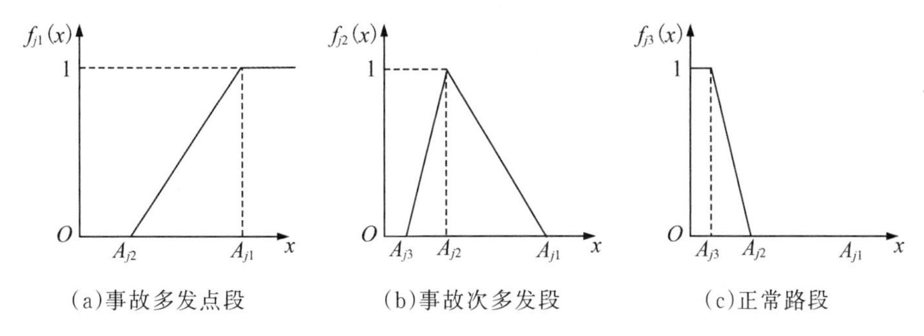

图7-9　评价指标j灰类属不同路段的白化权函数

(5)求各项评价指标关于每种灰类的聚类系数。

$$u_{jt}=\frac{A_{jt}}{\sum_{j=1}^{m}A_{jt}} \tag{7-14}$$

式中：u_{jt}——第j项评价指标将评价对象归入t种灰类内的聚类系数；$j=1,2,\cdots,m$；$t=1,2,\cdots,k$。

A_{jt}——第j项评价指标属于第t种灰类的特征值。

(6)求评价对象综合各项指标关于每种灰类的聚类值。

$$\sigma_{it}=\sum_{j=1}^{m}f_{it}(d_{ij})\times u_{jt} \tag{7-15}$$

式中：σ_{it}——路段i归属于第t种灰类的聚类值；

$f_{it}(d_{ij})$——第j项评价指标属第t种灰类的白化权函数在白化值的函数值；$i=1,2,\cdots,n$；$j=1,2,\cdots,m$；$t=1,2,\cdots,k$。

(7)对各路段进行聚类，鉴别事故多发点。

$$\sigma_{it}^{*}=\max_{1\leqslant t\leqslant k}\left\{\sigma_{it}\right\} \tag{7-16}$$

对所有的σ_{it}^{*}进行归类，便可确定事故多发点段、事故次多发段和正常路段。

7.4.3 事故多发点的改造措施

对交通事故多发地点鉴别的主要目的在于对所发现的交通事故多发路段、交叉口进行施工或者管理上的改造，提高交通安全水平，改善交通条件。

7.4.3.1 路段事故多发地点的改造

根据一些高速公路及国省干道上的事故多发点的道路条件及交通环境特点，针对一些急弯、陡坡、高填方、视距不良路段，可采取相应措施进行整治。

(1)单个急弯路段。单个急弯路段存在的安全隐患主要在于视距不良或车速过快，易造成两车相撞、单车碰撞山体或车辆驶出路外的情况，可单独或综合采用以下措施。

①设置向左(右)急弯路或事故多发路段等警告标志。

②设置限速标志，并根据需要设置限速解除标志。

③设置禁止超车标志，并根据需要设置解除禁止超车标志。

④路侧设置线形诱导标、轮廓标志。

⑤设置中心实线或物理硬分隔设施，减少因视距不良车辆越过中心线发生的对撞事故。

⑥根据路侧危险程度和历史事故数据资料在弯道外侧设置护栏。

(2)连续急弯路段。连续急弯路段的安全隐患与单个急弯路段类似，但交通事故的发生率一般更高。因此，除可选择单个急弯路段采取的处置措施外，还可以综合采用以下措施。

①设置“连续弯道，超速危险”警告标志，还可以加设辅助标志说明前方连续弯路的长度，或使用告示牌说明前方连续弯道。

②设置限速标志,并设置限速解除标志或使用辅助标志说明限速路段长度。

③修剪、处置弯道内侧树木,使弯道内侧视野良好。

(3)急弯陡坡路段。由于下陡坡路段的车速比较快,急弯陡坡路段不仅有单个急弯路段的安全隐患,还容易产生因车速过快、视距不良等综合因素造成的车辆侧翻、对撞或冲出路外事故。在方案设计时,除可选择单个急弯路段采取的处置措施外,还可单独或综合采用以下措施。

①在急弯前的直线路段就设置限速标志,宜结合设置其他减速设施,逐步控制车速,使车辆能以较安全的车速通过小半径曲线。

②如果路侧较危险且事故较多,可考虑设置护栏。

(4)下坡路段。下坡路段存在的主要安全隐患一般是车速过快或连续制动导致车辆制动失效,易造成追尾或对撞事故。在方案设计时,可单独或综合采用以下措施。

①设置下坡警告标志或其他文字型警告标志。

②设置限速标志、减速设施和视线诱导设施。

③根据路侧危险程度和历史事故资料设置护栏。

④如果设置了避险车道,就应在坡道起点处设置避险车道的告示牌,在避险车道前应至少设置两处预告标志。

(5)上坡路段。上坡路段存在的主要安全隐患一般是占道行驶或违章超车,这容易造成上坡车辆与下坡车辆发生对撞事故。在方案设计时,应重点以设置标志和标线为主要措施进行处置,提醒驾驶人禁止超车。

(6)连续下坡路段。连续下坡路段的主要安全隐患与陡坡路段类似,但由于下坡较长,交通事故发生率较高且事故较严重。在方案设计时,可单独或综合采用以下措施。

①设置连续下坡告示牌,根据情况可以用辅助标志标明连续下坡长度,或使用告示牌说明“前方连续下坡××米,超速危险”。

②设置限速标志、禁止超车标线以及减速设施。

③在因制动失效造成事故频发的路段,可根据地形条件设置避险车道,如果设置了避险车道,应在坡道起点处设置避险车道告示牌。

④应根据路侧危险程度和历史事故资料设置护栏。

(7)车道宽度不合理路段。如果事故频发是行车道宽度设计不合理所致,应对车道宽度进行治理。若车道宽度不足,尤其是弯道处,可拓宽车道;若车道宽度过宽,可通过加宽分隔带或路肩宽度来减小行车道宽度。

(8)路基宽度变化路段。路基宽度变化路段是指路基突然变窄的路段,其主要安全隐患是车辆碰撞障碍物导致单车事故,但是若存在违章超车的情况,也可能造成对撞、追尾等多车事故。在方案设计时,可根据实际情况采用以下措施进行治理。

①设置窄路、窄桥警告标志。

②设置限速和禁止(解除禁止)超车标志。

③在窄桥两端宜设置护栏或设置诱导设施。

7.4.3.2 交叉口事故多发地点的改造

交叉口包括平面交叉口、互通式立体交叉口和分离式立体交叉口等类型。据统计，道路上有1/3的事故发生在交叉口。因此，交叉口事故多发地点的改造设计，对交通安全至关重要。

(1)平面交叉口。在交通网络中，平面交叉口是最易发生交通事故的部分。我国以前修建的道路交叉口有较多不合理处，交叉口的改造主要应注意以下几点。

①平面交叉路线尽量为直线正交，必须斜交时，其交角不宜小于45°，各相交道路在交叉口停车距离范围内应保持通视，受条件限制时视距可减小30%，但必须在醒目的位置设置减速标志。

②平面交叉地点应设在水平路段，且紧接水平路段的纵坡一般坡度不应大于3%，困难地段不得大于5%。

③一、二级公路的平面交叉根据需要应设置转弯车道、变速车道、交通岛。转弯车道宽度应不小于3 m，并根据道路等级设置适当的缓和段，有时还要进行不同程度的渠化。

④改造不合适的道路连接。该措施需要考虑车流方向，在某些情况下还要利用视觉原理，利用驾驶人的驾驶心理而使其降低车速。

⑤减少冲突点。交叉口的冲突点减少后，事故数也会相应减少。

⑥控制相对速度。对于交叉口，可采取物理隔离或交通信号控制等措施，降低交叉口交通流的相对速度。

(2)互通式立体交叉口。互通式立交的交通控制措施主要体现在进入立交区的各种分离设施、引导标志标线、警告和禁令标志的设置上，这些设施直接关系到交通安全。

(3)分离式立体交叉口。分离式立体交叉口的处理也要依照一定的路线设计规范。

①跨线桥应满足桥下道路的净空规定，交角尽量大于45°，当位于平曲线内时，要满足停车视距的要求。

②主干路跨越次干路时，要保证其桥墩不影响次干路上驾驶人的视线，当桥墩的设置位于次干路中央分隔带时，应在桥墩前后位置加设防撞护栏，桥墩不得设在双车道中间，桥梁上部应设防撞护栏。

③主干路下穿时，上跨桥应保证一孔跨越主干路全断面，同时尽量避免主干路中央有桥墩，不可避免时，应在桥墩前后加防撞护栏或防护网，并与车道相协调。

④在铁路与公路的分离式立交中，道路上跨时，保证铁路净空要求即可，道路下穿时，其要求与主干路下穿时一致。

习题

(1)道路交通事故的调查方法有哪些？

(2)什么是道路交通事故现场？事故现场可分为哪几类？各类事故现场的主要特点是什么？

(3)简述道路交通事故现场勘查的内容及主要方法。

(4)交通事故统计分析的指标有哪些？

(5)简述事故多发点的定义与内涵。

(6)试述鉴别道路交通事故多发点的方法及其适用条件。

第8章　交通安全管理与法规

2022年发布的《"十四五"全国道路交通安全规划》中提到:"习近平总书记高度重视安全生产工作,先后作出一系列重要论述和重要指示,反复强调安全是发展的前提,发展是安全的保障,要统筹发展和安全,坚持人民至上、生命至上,把保护人民生命安全摆在首位。"然而,目前我国道路交通安全整体形势依然不容乐观,道路交通安全管理工作基础仍然比较薄弱,道路交通安全法律法规体系有待进一步完善。重视道路交通安全管理、完善道路交通安全法律法规仍是道路交通安全工作的重点。

8.1　交通安全管理的基本概念

8.1.1　交通安全管理的基本要义

所谓交通安全管理就是在对道路交通事故进行充分研究并认识其规律的基础上,由国家行政机关根据有关法律、法规、标准规范,采用科学的管理方法,在社会公众的积极参与下,对构成道路交通系统的人、车、道路、交通环境等要素进行有效的组织、协调、控制,以实现防止事故发生、减少死伤人数和财产损失、保证道路交通安全和畅通目标的管理活动。

道路交通安全管理的基本要义如下。

(1)以人为本、生命至上是交通安全管理的核心追求。以人为本就是交通安全管理要一切为了人民,把满足人民的交通需求与交通安全需求作为制定发展战略的依据、衡量社会进步的标准。良好的交通秩序需要依靠广大交通参与者共同维护,交通安全管理的科学发展需要发挥人民群众的聪明智慧,需要依靠人民群众的参与和创造。衡量交通安全管理效果的标准是人民群众的生命财产安全是否得到了充分保证,车辆出行是否有序畅通。交通安全管理要坚持以人为本的指导思想,这既符合科学发展观的精神,也是珍爱生命的集中体现,更是《中华人民共和国道路交通安全法》立法的基本出发点。

(2)交通安全管理是人、车、路、环境等要素的全面协调。交通安全管理包括人、车、路、环境四大基本要素的管理,各个要素之间相互依存、相互作用、相互影响。其中人是主体，车是工具，路是基础和途径，运动是交通的本质，管理体制、执法环境、自然环境、人文环境等是交通管理活动开展的条件，交通安全管理诸要素之间的相互协调是交通活动得以实现的基本条件。实际上，交通隐患、交通违法和交通事故是诸要素之间不协调或发生冲突的结果。因此，交通管理者要通过统筹兼顾的方法确保交通基本要素的协调：既要不断完善交通管理体制和管理法规，又要重视交通安全文化建设；既要重视交通参与者安全意识与遵章守法意识的不断提高，又要重视各类车辆安全技术水平的不断进步；既要重视道路条件的不断改善，又要重视道路信息和管理信息系统的完善，保障交通安全管理全面发展、协调发展和可持续发展。

(3)有序、安全、畅通、和谐是交通安全管理的目标。交通安全管理具有自然和社会的双重属性。自然属性要求交通管理基本要素在空间转移和时间延伸上保持有条不紊的状态，从而保障交通安全和道路畅通。社会属性要求交通管理工作者要科学处理不同交通参与者主体权利与义务的关系，科学处理交通管理相关职能部门的职责与权力，进而实现人与车、车与路、人与路以及交通要素与管理体制之间的高度和谐。有序是安全与畅通的基本条件，畅通是交通管理的目的，安全是畅通的前提也是交通活动的基本要求。交通管理工作要在安全的前提下保证畅通，其表现是交通的有序。有序、安全、畅通、和谐贯穿于交通安全管理的各个方面，并成为交通安全管理的目标。

(4)理性、平和、文明、规范执法是交通安全管理的基本要求。交通安全管理是政府行政执法工作的重要组成部分，与社会经济发展、百姓生活息息相关，在保障人民群众生命财产安全、促进经济发展、服务改善民生、树立政府良好形象等方面负有重大责任。交通管理者在日常管理工作中应坚持以预防教育为主、以处罚惩戒为辅，讲究执法的艺术，在执法中强化民生意识，主动发现群众参与交通的需求，积极协助解决和处理好老百姓最关心、最现实的利益问题，把执法过程变成普法过程，把管理过程变成教育过程，从而有效维护社会公平正义，促进社会和谐稳定。

(5)交通安全文化建设是交通安全管理的核心内容。交通安全文化是从文化的角度分析交通安全管理的运行过程，进而建立人人遵守的交通规范。打造优良的交通安全文化，实现交通的和谐，是促进社会全面和谐发展的必然需求。交通安全管理中，人不仅是交通安全管理的主体，而且是交通安全管理的客体之一。交通是否安全的关键在于人，能否有效地消除事故，取决于人的主观能动性，取决于人对安全工作的认识、价值取向和行为准则，取决于人对安全问题的个人响应与情感认同。通过开展多种形式的交通安全文化宣传教育活动，全面培养和提高人的安全文化素质。加强交通安全文化建设是从根本上解决交通安全问题的关键，是建立现代交通文明的核心内容。

(6)社会化管理是交通安全管理的根本途径。交通安全是公共安全的重要组成部分，与人民群众的日常生活息息相关，交通安全管理既是一项民生工程，也是一项政府工程，需要政府建立交通安全防范责任体系。从政府层面上，要确立各级政府的主体地位，层层落实交通安全防范责任；从各职能部门层面上，要依法落实监管责任，实施标本兼治的方针；从社会层面上，要积极发动社会单位和广大群众，建立交通安全社会化群防群治管理的长效机制，从而实现交通安全管理工作“政府领导、部门联动、全社会共同参与”的目标。我国需要学习、借鉴发达国家的先进经验，建立专门负责交通安全的政府部门，改变目前公安交通管理部门既负责交通安全生产、又负责交通安全执法和交通安全评价与考核这一不合理、不科学的做法，明确政府和企业在交通事故预防中的主体责任，建立中央政府、地方政府、产业界、非政府组织、企业、警察、媒体以及专业人士职责明晰、分工合作、协调联动的社会化交通安全合作管理机制。

8.1.2 交通安全管理的构成体系

8.1.2.1 交通安全管理体制

“体制”指的是国家机关、企事业单位机构设置和管理权限划分的制度。交通安全管理体制则是指关于国家机关、企事业单位、民间组织及社会公众在交通安全管理中的权责划分和操作方法等的制度体系。要形成有效的安全管理模式，必须明确各类管理主体的权限及交通管理的制度规则、方式方法等。

8.1.2.2 交通安全管理对象

交通安全管理的对象是构成道路交通系统的人、车、道路、环境等诸要素及其相互关系。

(1)人员。凡是参与道路交通活动的人，都是道路交通管理的对象。其中，驾驶人是导致交通事故发生的主要因素，因此要特别注重对驾驶人的管理。

(2)车辆。车辆是交通安全的关键因素。要保证这一关键环节的安全，必须依照国家相关法律、法规及技术标准，从车辆的设计、制造以及车辆登记、检测、维护等方面入手，对车辆进行管理和控制。

(3)道路。道路是安全行驶的基础。对道路实施的交通管理主要是对道路进行安全核查以及对道路附属设施进行管理，以保障道路的性质、功能适应道路交通需求，保障对道路的科学有效使用。

(4)交通环境。凡是对正常的道路交通活动有影响的物体和行为环境，都是道路交通管理的对象。对交通环境的管理主要是对道路的三维空间及周边建筑、视觉污染等与交通活动直接相关的物体及行为环境进行监督与管理。

8.1.2.3 交通安全管理依据

道路交通法规是依据国家宪法制定的强制性行政命令和规章制度。它既是人们出行必须遵循的规范，又是道路交通管理部门查处交通违法、裁定事故责任、进行交通安全管理的重要依据。

8.1.2.4 交通安全管理手段和方法

随着信息技术手段在社会各个领域的广泛应用，智能交通系统(ITS)正在不断地被世界各国开发利用。目前，我国智能交通行业的技术水平取得了长足的进步，已从早期的探索阶段进入了实际开发和推广应用阶段。随着技术水平的不断提高，相信未来各个交通系统间会实现有效的信息传输与功能协调，进而建立运营管理信息共享和一体化的综合交通管理系统。

8.2　道路交通安全法规

交通安全管理必须在遵守国家相关法律、法规及标准的前提下进行，随着时代的进步和使用环境的不断完善，这些法律、法规及标准对于交通安全的有序推进有着巨大的帮助和促进作用。

8.2.1　道路交通安全法规概述

8.2.1.1　基本概念

道路交通安全法规是国家各级立法机构和地方政府职能部门颁发实施的，旨在加强道路交通运输管理、维护交通秩序、保障人民生命财产安全和促进交通事业发展的一系列行政法规的总称，属于行政法范畴。关于机动车安全运行、驾驶人管理、道路交通秩序管理、道路交通事故调查与处理、道路交通安全监督、道路交通安全行政处罚等方面的法律、行政法规、规定、决定、条例、规则及标准等，都属于道路交通安全法规的范畴。

8.2.1.2　道路交通安全法规的主要特征

道路交通安全法规是国家法律法规体系中的一个重要组成部分，与其他法律法规相同，具有强制性、社会性、严肃性、告知性、科学性、适应性等特征。

(1)强制性。道路交通安全法规是为保障道路交通安全、维护道路交通秩序而制定的法律法规，是国家意志的体现，其实施由国家来保障，具有强制性的特点。从其规范性的内容来讲，道路交通安全法规是协调人、车、路和环境等交通要素相互间关系的基本准则，是一切参与道路交通活动的部门、单位和个人都必须遵守的规范，是国家制定和认可的行为规范，任何交通参与者在交通活动中都必须遵守。

(2)社会性。道路交通活动涉及社会的各个层面，与每个社会成员的学习、工作、生活紧密相关，道路交通安全法规是全面规范交通参与者行为的法律法规，其作用和效力面向全体交通参与者，与社会各部门、单位、个人息息相关，具有广泛的社会性。

(3)严肃性。道路交通安全法规是在深刻总结道路交通实践经验和教训的基础上运用科学的理论和方法制定而成的，它充分体现保障国家社会经济发展、保护公民生命财产安全和合法权利的根本意志，其一经公布和实施，不得随意变更。对于道路交通违法行为必须予以制止和惩罚，做到有法必依、执法必严、违法必究，以维护道路交通安全法规的严肃性和权威性。

(4)告知性。道路交通安全法规的告知性体现在其内容中规定、明确了道路交通参与者的行为标准，支持和鼓励其中必须遵守的规范行为，限制、禁止、惩戒违反道路交通安全法规的行为。

(5)科学性。道路交通安全法规的制定必须以道路交通安全理论和现实的交通条件为基础，合理调整道路交通参与者相互之间的关系，符合社会经济的发展要求，具有很强的科学性。

(6)适应性。道路交通安全法规是道路交通管理的依据,道路交通本身不断的发展变化要求道路交通安全法规必须随着道路交通的发展不断充实、丰富和完善。国家需要经常对道路交通安全法规进行修改和补充,力求不断完善,使其切实起到维护道路交通秩序、保障交通安全的作用。

8.2.1.3 道路交通安全法规的作用

道路安全交通法规主要有以下几个方面的作用。

(1)为交通参与者的安全提供法律保障。保护交通参与者的人身安全是体现以人为本的最重要原则,是强调人的生命价值至高无上的立法理念。道路交通安全法规既要保证公安交通管理部门及工作人员充分发挥职能作用,又必须保护交通参与者的合法权益,确保公民、法人和其他组织的合法道路交通权利受到法律保护,任何单位和个人不得非法侵害。道路交通安全法规规定了公民、法人和其他组织必须承担的道路交通义务,要求道路交通参与者履行交通义务,保障人们的交通权利,维护交通秩序。

(2)规范交通执法行为。公安交通管理部门在道路交通安全管理中的执法行为,直接涉及公民、法人和其他组织的权益。赋予公安交通管理部门以及交通警察过大的自由裁量权,难免在执法中出现失度的现象,影响道路交通活动的正常进行,损害公民、法人和其他组织的合法权益。作为道路交通管理执法依据的道路交通安全法规,对执法的适用条件、范围和程序都做出了明确的规定,以规范交通警察的执法行为。

(3)规范交通参与者交通行为。道路交通安全法规是道路交通参与者的行为规范,明确了交通参与者在道路交通活动中受到支持与鼓励、限制、禁止和惩戒的行为,以国家强制性规定来规范交通参与者的交通行为,引导人们自觉地将自己的行为纳入道路交通安全法规所规定的范围内,有效地保障了道路交通安全、畅通、有序。

8.2.1.4 道路交通安全法规的适用范围

(1)对道路的适用范围。《中华人民共和国道路交通安全法》规定:道路,是指公路、城市道路和虽在单位管辖范围但允许社会机动车通行的地方,包括广场、公共停车场等用于公众通行的场所。

(2)对人的适用范围。道路交通安全法规中所指的人主要包括驾驶人、行人、乘车人及道路上从事施工、管理、交通秩序维护及交通事故处理等工作的人员,此外还有一些特定的单位,即可称为"法人"的道路施工单位、交通设施养护管理部门、道路主管部门、专业运输单位等。

(3)对车辆的适用范围。车辆主要包括机动车和非机动车。机动车是指以动力装置驱动或者牵引,在道路上行驶的供人员乘用或者用于运送物品及进行工程专项作业的轮式车辆。非机动车是指以人力或者畜力驱动,在道路上行驶的交通工具,以及虽有动力装置驱动但设计最高时速、空车质量、外形尺寸符合有关国家标准的残疾人机动轮椅车、电动自行车等交通工具。

8.2.2　道路交通安全法规体系及主要内容

8.2.2.1　我国道路交通安全法规体系发展历程

新中国成立以来，随着道路交通安全管理体制的重新建立和几次改革，我国道路交通安全管理法规也在不断完善和升级。按照道路交通管理体制和法律法规地位的变化，大致可以分为三个阶段：第一阶段为1949～1985年，第二阶段为1986～2002年，第三阶段为2003年至今。

第一阶段，新中国成立后至20世纪80年代初，我国道路交通安全管理由交通部门与公安部门在不同区域实行"两家分管"，但以交通部门为主。新中国成立初期，公安部门仅负责18个大中城市的交通监理（车辆管理、驾驶人管理与交通秩序管理）；20世纪70年代，逐步扩大到39个大中城市；1983年，《国务院关于公安与交通部门交通管理工作分工问题的通知》作出局部调整：各省、市、自治区人民政府驻地城市和一些对外开放的旅游城市（共计105个城市）市区的交通监理工作改由公安部门负责。

第二阶段，实现一个部门统一管理。1986年10月，面对多家分管格局带来的交通秩序混乱、交通事故形势严峻的困境，《国务院关于改革道路交通管理体制的通知》宣布全国城乡道路交通由公安机关负责统一管理。该决定基本实现了道路交通安全的统一管理，基本做到了道路交通安全路面执法主体的统一。随后国家又颁布了《中华人民共和国道路交通管理条例》《道路交通事故处理办法》《高速公路交通管理办法》等交通法规。这一阶段，我国道路交通安全法规体系向形成全国一盘棋和不再"政出多门"的局面迈出了坚实步伐，为以后颁布更高法律《中华人民共和国道路交通安全法》打下了坚实的基础。

第三阶段，2003年10月，我国颁布了道路交通安全管理史上具有划时代意义的《中华人民共和国道路交通安全法》。它首次以国家法律的形式对道路交通安全管理体制做出了明确规定，为道路交通安全形势的持续向好发挥了重要作用。《中华人民共和国道路交通安全法》于2007年12月、2011年4月以及2021年4月进行了三次修正，进一步完善了道路交通安全法规体系。

近年来，随着智能交通、智能汽车、新能源、数字经济与新基建等新技术的发展，国务院、交通运输部以及地方政府推行了一系列发展规划及实施意见。2021年，国务院《"十四五"现代综合交通运输体系发展规划》提出：完善综合交通运输信息平台监管服务功能，推动在具备条件地区建设自动驾驶监管平台；稳妥发展自动驾驶和车路协同等出行服务，鼓励自动驾驶在港口、物流园区等限定区域测试应用，推动发展智能公交、智慧停车、智慧安检等。

8.2.2.2　我国道路交通安全法规基本体系

我国道路交通安全法规体系主要由与道路交通安全有关的法律、行政法规、部门行政规章、地方性法规、地方性规章、技术标准以及其他法律法规中涉及道路交通安全的规范性条款组成。

(1)法律。道路交通安全的法律是由全国人民代表大会及其常务委员会制定的在全国范围内普遍适用的道路交通安全管理规范性文件,由国家主席签署颁布。我国目前涉及道路交通安全的现行法律主要是《中华人民共和国道路交通安全法》。

(2)行政法规。道路交通安全的行政法规是由国务院制定和发布的具有较高法律效力的规范性文件的总称。我国目前有关道路交通安全的行政法规主要包括《中华人民共和国道路交通安全法实施条例》《国务院关于改革道路交通管理体制的通知》。

(3)部门行政规章。部门行政规章是指由国务院所属职能部门依据法律和行政法规制定的,并不得与宪法、法律、行政法规相抵触的规范性文件,主要包括《道路交通安全违法行为处理程序规定》《道路交通事故处理程序规定》《机动车驾驶证申领和使用规定》《机动车登记规定》《机动车维修管理规定》《机动车驾驶员培训管理规定》。

(4)地方性法规。地方性法规是指省、自治区、直辖市的人民代表大会及其常委会,根据宪法、法律及行政法规,结合本地区的实际情况制定的,并不得与宪法、法律、行政法规相抵触的规范性文件,如《北京市实施〈中华人民共和国道路交通安全法〉办法》《江苏省道路交通安全条例》。

(5)地方性规章。道路交通安全的地方性规章是地方国家行政机关根据法律、行政法规和本行政区的地方性法规规定制定的规范性法律文件,如《北京市道路交通安全防范责任制管理办法》等。

(6)安全标准。道路交通安全标准是道路交通安全法规的延伸与具体化。按标准对象特性分类通常可以分为三类。

①基础标准:对道路交通具有最基本、最广泛指导意义的标准。因具有最一般的共性,因而是通用性很广的标准,如名词、术语等。

②产品标准:对道路交通系统有关产品的型式、尺寸、主要性能参数、质量指标、使用、维修等所制定的标准。

③方法标准:关于方法、程序、规程、性质的标准。如试验方法、检验方法、分析方法、测定方法、设计规程、工艺规程、操作方法等。

道路交通安全标准有《道路交通标志和标线》《机动车安全运行技术条件》(GB 7258—2017)、《机动车安全技术检验项目和方法》(GB 38900—2020)、《汽车、挂车及汽车列车外廓尺寸、轴荷及质量限值》(GB 1589—2016)等。

(7)其他法律法规中涉及道路交通安全的规范性条款。在我国其他法律法规中,涉及道路交通安全的规范性条款主要包括《中华人民共和国刑法》中对交通肇事罪的规定、《中华人民共和国公路法》中关于超限运输的规定、《中华人民共和国安全生产法》中关于安全责任和事故救援的规定、《中华人民共和国大气污染防治法》中关于汽车尾气排放的规定、《中华人民共和国突发事件应对法》中关于事故应急管理的规定等。

8.2.2.3 我国道路交通安全法规的主要内容

(1)道路通行主体的安全管理。道路通行主体一般包括车辆、驾驶人、骑车人、行人等。道路交通安全法规中关于车辆安全管理的内容主要包括车辆的登记、检验、报废、保险和特种车辆的使用与管理,关于驾驶人安全管理的内容主要包括驾驶人驾驶资格培训、考试、记分和驾驶车辆上路行驶前的要求及驾驶人证件的审验等,对非机动车的规定主要包括车辆行驶条件、车辆登记、通行权限等内容,对乘客和行人的规定主要是交通规则管理规定。

《中华人民共和国道路交通安全法》作为交通管理领域的最高准则,规范了道路通行主体的行为标准,《中华人民共和国道路交通安全法实施条例》则辅助说明了实施的要点。《机动车登记规定》《机动车维修管理规定》《机动车修理业、报废机动车回收业治安管理办法》等规章及规范,为车辆管理规范的实施提供了具体细则和标准依据。《机动车驾驶证申领和使用规定》《机动车驾驶员培训管理规定》等规章及规范则为驾驶人管理法规的实施提供了具体细则和标准依据。

(2)道路交通秩序管理。道路交通秩序管理的内容主要包括道路通行条件和道路通行规定。道路通行条件是指为保障道路交通安全、有序、畅通而对道路、交通信号、交通标志、交通标线以及相关交通安全设施提出的基本要求,是保障"道路为交通所用"的关键。道路通行规定依据车辆右侧通行、各行其道、优先通行、安全通行等原则对交通活动做出规定,同时兼顾了交通参与者在各类交通活动中遇到问题时所采取的合理解决办法。

《中华人民共和国道路交通安全法》中的第3、第4章对道路通行条件和道路通行规定做了具体规定,《中华人民共和国道路交通安全法实施条例》的第3、第4章对其中的实施要点做了详细的解释。《公路工程技术标准》(JTG B01—2014)、《道路交通标志和标线》《公路养护安全作业规程》(JTG H30—2015)等规范标准为道路通行条件提供了基础标准。

(3)道路交通事故调查与处理。道路交通事故调查与处理是公安机关交通管理部门依据有关规定,对发生的交通事故进行处理的过程,主要包括道路交通事故的现场勘查、收集证据、认定事故责任、开具处罚、调解赔偿等。道路交通安全法规对交通事故的认定、交通事故现场处理措施和责任、交通事故处理程序、交通事故责任认定、交通警察执法职责、交通事故赔偿方案调解、交通事故案件解决等多方面有全面的规定。

《中华人民共和国道路交通安全法》对交通事故的调查和处理做了总体要求,《中华人民共和国道路交通安全法实施条例》则对应将各条予以详细解释。《道路交通事故处理程序规定》和《道路交通事故现场痕迹物证勘查》(GA/T 41—2019)对交通事故的调查取证、现场管理、责任认定、事故记录等做了具体的规定,对交通事故的处理更具直接指导性。《道路交通安全违法行为处理程序规定》和《道路交通安全违法行为记分管理办法》对交通事故中的违法行为处理做了相应的规定。

(4)交通违法行为处理。道路交通安全法规对交通违法行为处理的规定一般属于行政处罚的范畴,是对违反道路交通安全法规行为人应当承担的法律责任的规定,但也有属于刑法范畴的内容,如醉酒驾驶等。道路交通安全法规对违法行为处理的规定,主要包括处理主体的管辖范围、违法行为界定、处理程序、调查取证、行政处罚措施的使用等几个方面。

《中华人民共和国道路交通安全法》和《中华人民共和国道路交通安全法实施条例》

中车辆和驾驶人管理、道路通行条件、道路通行规则、交通事故处理等内容中均有对交通违法行为的描述;《道路交通安全违法行为处理程序规定》对交通违法行为的处理过程及具体细节予以详细的解释和规定;《道路交通安全违法行为记分管理办法》《公安机关办理行政案件程序规定》等法规、规章也有与交通违法行为相关的规定内容;《中华人民共和国刑法》对醉酒驾驶、肇事逃逸等严重交通违法行为也做了相应的规定。

(5)执法监督。道路交通安全的执法监督是道路交通安全管理相关部门、新闻媒体以及广大民众对交通管理部门的执法行为、执法过程、执法效果、执法公平性等方面实施的监督制度。交通安全执法监督属于行政执法监督,我国主要的监督方式有各级人民代表大会及其常务委员会的权力机关监督、行政机关监督、司法机关监督、社会组织监督、舆论监督和人民群众监督几种类型。关于加强公安机关交通管理部门规范执法的措施主要有加强交通警察队伍建设,明确执法原则,规范警容风纪,严格执行收费、罚款规定,实行回避制度、行政监察监督以及内部层级监督、社会和公民的监督及检举、控告制度,加强对交通执法行为的保障等。

《中华人民共和国人民警察法》《公安机关内部执法监督工作规定》《公安机关人民警察执法过错责任追究规定》等法律法规对公安机关交通警察执法过程有较为明确的总体要求,《中华人民共和国道路交通安全法》《道路交通事故处理程序规定》《道路交通安全违法行为处理程序规定》等道路交通法律法规对交通警察的执法过程有更为详细、具体的规定。

8.3 道路交通安全管理规划

8.3.1 道路交通安全管理规划概述

8.3.1.1 基本概念

道路交通安全管理规划是指在对历史及当前的道路交通安全状况(主要包括道路使用者的交通安全行为、道路交通路网条件、道路交通安全设施布局、道路交通安全管理实效性等)进行调查的基础上,分析规划区域存在的道路交通安全问题,探讨交通流在时间上及空间上的安全特性,对未来道路交通安全需求进行科学预测,依据《中华人民共和国道路交通安全法》及有关法规、标准等,运用现代化技术、方法、措施,确定未来道路交通安全设施合理结构与布局,提出道路交通安全法规意识建设和交通安全管理高效一体化规划方案,并对不同方案进行评价比选,确定推荐方案,同时提出管理实施方案。

道路交通安全管理规划的目的分为以下三个方面:首先是指导各级政府及其职能部门科学地开展道路交通安全工作,消除交通安全法盲区、纠正道路交通违法行为以及预防和减少交通事故发生;其次是为现有的道路交通安全设施进行安全指导并对规划建设的道路交通安全设施进行安全评价;最后是协调道路安全管理系统,实现资源最大化的整合。

8.3.1.2 规划原则和流程

制定道路交通安全管理规划时，必须根据《中华人民共和国道路交通安全法》及其实施条例以及现行的政策、法规、标准和规范的有关规定，与当地的社会经济发展规划和区域或城市总体规划相适应，与综合交通规划、道路交通管理规划相协调，并以系统工程的方法为指导。

道路交通安全管理规划的制定应遵循以下原则。

(1)前瞻性原则。应明确道路交通安全管理的发展方向和城市道路交通安全管理发展战略，同时规划要与当地的社会经济发展战略相适应，与区域或城市总体规划、综合交通规划和道路交通管理规划相协调。

(2)系统性原则。着眼于道路交通网络和整个交通系统及其管理措施，针对道路交通安全存在的问题，从总体上找出解决问题的办法，将人、车、路、环境有机地整合起来。

(3)实用性原则。规划要立足当前，以减少交通事故为目标，从宏观和微观的角度，定性、定量地分析、诊断道路交通安全存在的问题，尊重客观条件，在此基础上形成相应的操作性强、有针对性的交通安全管理措施。

(4)以人为本原则。通过实施道路交通安全管理规划，实现事故的事前预防，为居民创造有序、安全、畅通、舒适的出行环境。从城市可持续发展的角度出发，规划要做到减少交通环境污染、提高市民生活质量、改善城市环境和面貌并考虑所有出行群体的安全问题。

(5)滚动性原则。在制定规划时，要在交通安全现状分析、交通安全预测、交通安全系统规划中体现规划的滚动性，在充分解决当前交通安全问题的基础上为未来发展留有余地，以适应城市建设的飞速发展，满足道路交通条件和需求不断发展的要求。

(6)近期与中远期结合原则。在分析现有道路系统安全性的基础上，通过科学预测，对城市道路交通安全的可持续发展提出合理的发展建议和对策。

在上述原则指导下，制定道路交通安全管理规划，管理规划的实施流程如图8-1所示。

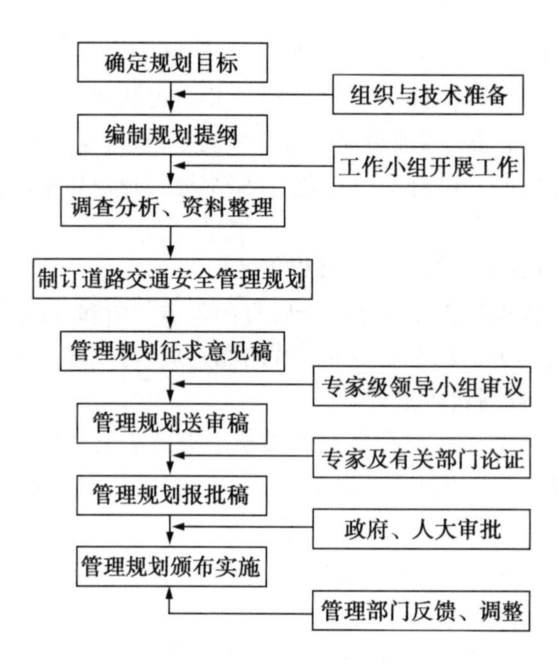

图8-1　道路交通安全管理规划实施流程

8.3.1.3　规划层次

根据道路交通安全工作的特点及规划范围和规划侧重点的不同,道路交通安全管理规划一般可细分为道路交通安全管理战略规划、道路交通安全管理实施行动规划和道路交通安全专项整治规划,一般规划年限分别为5～10年、3～5年和1～3年。

在同一行政区域内,道路交通安全管理实施行动规划应服从于道路交通安全管理战略规划,道路交通安全专项整治规划应服从于道路交通安全管理实施行动和道路交通安全管理战略规划。地方政府可根据实际需要,单独制定某个层次的规划,或者根据不同规划期的需求,将各个层次的规划融合在一起制定。

8.3.2　道路交通安全管理规划的基本内容

道路交通安全管理规划的基本内容通常包含以下几个方面:道路交通安全现状调查、分析与评价,社会经济和道路交通安全发展趋势预测,道路交通安全管理规划方案设计,道路交通安全管理规划方案评价与选择以及实施规划的对策与措施等。具体如图8-2所示。

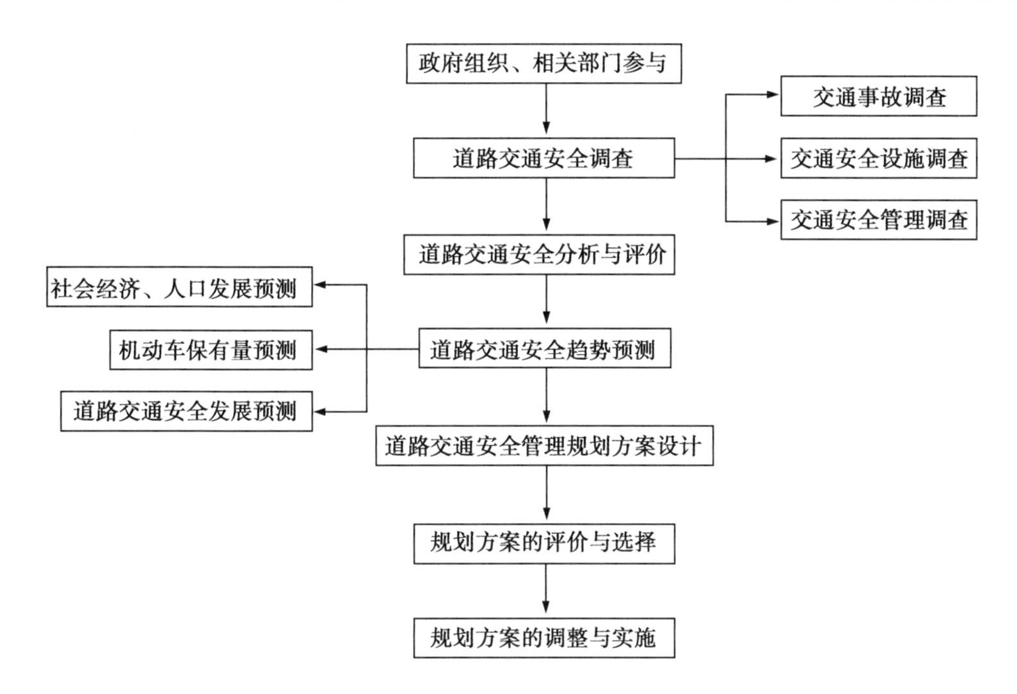

图8-2 道路交通安全管理规划基本内容

8.3.2.1 道路交通安全现状调查及分析

(1)调查内容。现代的交通安全管理理念以交通违法事件为重点,以交通安全管理的综合和互动性为重点,以交通安全治理的有效性及高效率为重点,从交通安全规划、设计、管理等方面抓起,通过全面系统的交通安全调查,采集相关数据资料进行科学地整理、储存、分析、预测、评价等。

交通安全调查的内容主要有:交通违法行为调查、交通事故调查、交通参与者的行为和安全意识调查、车辆安全性能调查、道路交通网络安全调查、交通安全管理调查、交通安全环境调查等。通过交通安全调查,系统地收集基础资料,进行深入细致的综合分析,揭示交通安全内在的规律和发展的趋势,从而制定相应的对策和措施,有效地解决交通中存在的各种隐患和发生的新情况、新问题。

(2)资料收集与调查。道路交通安全管理规划资料的调查要达到以下三个目的:第一,了解规划区域中交通安全存在的问题,为交通安全管理方案的制定提供依据;第二,掌握规划区域交通事件的发生及发展规律,为交通安全发展水平预测提供依据;第三,为建立交通安全管理信息数据库提供基础资料。

经总结,道路交通安全管理规划的调查工作一般有以下八个方面:交通事故资料调查、社会经济资料调查、土地利用与规划资料调查、道路建设资料调查、常规交通安全设施资料调查、电子交通安全设施资料调查、道路交通资料调查和交通安全管理资料调查。

(3)道路交通安全管理评价。交通安全管理评价是对交通系统存在的危险性、障碍性进行定性与定量分析,对交通安全设施分布进行实效性分析,对交通参与者进行客观分析,对政府管理部门的安全管理工作进行全面评估,对安全管理的手段、政策进行评价,从而了解交通系统整体管理水平及效果。

道路交通安全管理评价主要从道路交通安全管理机构与对策、道路交通安全管理设施、道路交通安全源头管理、交通警察管理、道路通行安全管理和道路交通事故管理、道路交通安全科技装备评估这七方面进行。

8.3.2.2 道路交通安全趋势分析与预测

道路交通安全趋势的分析与预测主要是分析社会、经济和道路交通的特点和趋势,预测规划期内社会、经济发展水平,考虑国家现有或未来可能采取的政策对未来道路交通安全的影响,从而科学地预测未来道路交通安全的发展趋势。

(1)社会经济及道路交通发展趋势分析。经济社会发展趋势分析主要是对规划区域的城镇和人口分布、经济结构、产业结构和运输结构等进行相关分析,并分析社会经济发展的趋势和规划区域内可能产生的新变化和新特点对道路交通安全的影响。

道路交通发展趋势分析主要是对规划区域内机动车保有量、交通量、交通组成、交通的时空分布等进行预测和分析,采用多种方法预测规划期内机动车保有量水平。

(2)道路交通安全发展预测。道路交通安全发展预测主要是分析规划期内交通事故特征的变化趋势,提出规划期内道路交通事故的起数、死亡人数等指标预测水平。

目前的交通安全预测主要是两方面的预测:交通违法事件预测和道路交通事故预测。其中国际上和国内的交通违法事件预测方法还不成熟,仍处于摸索阶段。道路交通事故预测一般可采用专家法和模型法,专家法是以专家系统的经验为依据,对预测指标及其预测结果进行判断,并根据专家意见进行修正,直至基本满意为止。对于模型法,常用的预测技术有综合系数法、时间序列法、回归分析法、灰色预测法、层次分析法和组合预测法等。

道路交通安全发展预测应以社会经济发展规划和综合交通运输发展规划为依据。规划区域无明确的社会经济发展规划和综合交通运输发展规划时,应对规划区域社会经济的发展和综合交通运输的发展进行分析预测,但预测的结果需经有关部门认可或专家咨询后才能使用。

8.3.2.3 道路交通安全管理规划方案设计

(1)基本环节。在全面掌握规划区域的道路交通安全现状,科学预测道路交通安全发展趋势,明确近、中、远期的道路交通安全发展目标之后,从人、车、路、环境、管理等环节综合入手,根据交通事故“预防为主,防治结合”、管理手段“软硬兼施”、安全隐患“标本兼治”的原则,集成法规、行政、技术和工程手段,设计兼备科学性、全面性、前瞻性和可操作性的道路交通安全管理规划方案。规划方案主要涉及以下环节。

①交通安全管理体制与政策。完善道路交通安全工作综合协调机构,强化道路交通安全联席会议制度,建立和落实道路交通安全管理责任制,建立道路交通安全工作专报和公告制度,建立道路交通安全督察制度等。

②交通事故统计分析。规范交通事故统计分析工作,提高事故黑点判断能力,建立交通安全管理数据库,开发交通事故决策支持系统等。

③交通安全源头管理。加强机动车驾驶人管理和机动车辆管理,增强车辆的安全性能等。

④交通安全设施建设。依据城市总体规划和交通规划的部署,加强道路基础设施建设,并尽可能改善和提高道路的安全性,完善道路标志、标线等交通管理设施等。

⑤交通安全宣传教育。针对不同交通参与者群体的心理和行为特征,开展具有针对性的安全宣传教育,注重宣传手段的多样化等。

⑥交通事故快速反应。建立交通事故快速抢救联动机制,提高事故伤员现场急救护理水平,建立交通事故"绿色通道"等。

⑦交通执法队伍建设。提高交通安全管理人员的素质,增强交通安全执法装备水平,提高交通安全执法部门及相关职能部门的工作效率等。

(2)具体内容。根据上述七个环节,规划方案应包括行政管理、安全技术、安全设施和安全预警四项规划。

①道路交通安全行政管理规划。道路交通安全行政管理规划包括交通安全管理机构、政策、勤务、战略和技术行政信息系统规划等。

②道路交通安全技术规划。道路交通安全技术规划是在综合考虑交通安全影响因素的前提下,从人、车、路和环境等方面进行技术管理层面的规划。

③道路交通安全设施规划。道路交通安全设施包括道路安全设施、车辆安全设施、驾驶人安全设施、行人安全设施、残疾人安全设施、交通安全环境设施、交通安全训练设施、交通安全救援设施、交通安全救护设施等内容,道路交通安全管理规划应提出上述设施的建设和管理方案。

④道路交通安全预警系统规划。道路交通安全预警系统是一个复杂的系统,其运行原理要遵循事故管理、预警管理、安全管理的基本原理。它的功能是在道路原有职能的基础上构建新的预警机制,包括报警职能、矫正职能和应急职能,并共同构成道路管理职能系统的新的预警功能体系,与GIS、ITS系统共同进行道路监测、事故成因分析、责任认定及损害赔偿判定,并科学地做出反应。

8.3.2.4　道路交通安全管理规划方案评价

道路交通安全管理规划方案评价的内容主要是研究建立道路交通安全评价指标体系和评价方法,对道路交通安全管理规划方案进行综合评价,包括技术评价、经济评价以及规划方案实施后可能产生的社会效益评价。将评价中提出的问题和建议反馈于方案制定环节,并根据调整了的规划内容和实际需要列出资金预算和实施时间表,以利于规划的顺利执行。

(1)技术评价。技术评价是评价规划方案实施后的安全状况。通过对道路交通安全管理规划方案的定量化评价,在方案实施前分析该方案实施的效果,以避免产生决策失误。一般的评价方法有价值函数法、层次分析法、模糊综合评价方法、数据包络分析法以及运用神经网络进行评价等。具体的指标体系可以从体制、政策、安全技术、道路安全设施、交通安全管理的措施、安全法规教育、交通秩序状况、交通安全状况以及信息化服务的水平等方面选择。

(2)经济效益评价。经济效益评价的根本目的和重要原则,是要以最少的投资获得交通系统的最佳安全效果和经济效益。通过比较各规划方案的建设、运营成本和效益,并结合规划期未来资金供需分析,对方案的经济合理性进行分析论证。

(3)社会环境评价。社会环境评价是分析规划方案对规划区域社会环境方面的作用和影响,包括促进国土和自然资源的开发利用,水土保持和环境保护条件的改善以及对区域政治、经济、文化古迹及风景名胜等方面的影响。相对技术评价和经济评价,社会环境评价具有宏观性、长期性、多目标性、间接效益多、指标定量难等特点。

8.3.2.5 道路交通安全管理规划的实施与滚动

(1)道路交通安全管理规划的实施计划。道路交通安全管理规划的实施计划是将已确定的道路交通安全管理规划方案分成一系列建设项目,根据经费和实际道路交通安全情况来确定各项目的实施顺序,一般按季度、年度等阶段分为近期、中期和远期计划。近期计划要做到详细和明确,中期计划要做到有轮廓和有准备,远期计划要做到有目标和想法。

(2)道路交通安全管理规划的滚动实施与调整。通过评价,当发现所提出的道路交通安全管理规划方案不能满足交通安全的要求或者不能达到道路交通安全管理的目标时,就必须对安全管理规划进行调整。同时,由于道路交通安全管理规划的实施和调整会促使道路信息的变化以及近、中、远期计划随时间的推移会有不确定因素的出现,所以道路交通安全管理规划必须滚动实施。

8.4 交通事故处理

交通事故处理工作是公安交通管理机关依据有关法律规定和方针、政策,在管辖和职权范围内进行的对交通事故现场勘查取证、情况调查、责任鉴定、当事人之间的损害赔偿调查,对负有法律责任的当事人予以处罚以及事故档案管理、事故分析等专门业务工作的总称。

交通事故处理的依据是《中华人民共和国道路交通安全法》《中华人民共和国道路交通安全法实施条例》《道路交通事故处理程序规定》,需要追究责任人刑事责任的,依照《中华人民共和国刑法》和《中华人民共和国刑事诉讼法》的有关规定处理。

8.4.1 事故结案类型及处理期限

在事故处理过程中,无论事故大小都要查清责任,严肃处理,并注意区分责任事故、非责任事故和破坏事故。

(1)责任事故。因有关人员的过失而造成的事故为责任事故。

(2)非责任事故。由于自然因素而造成的不可抗拒的事故,或由于未知领域的技术问题而造成的事故为非责任事故。

(3)破坏事故。为达到一定目的而蓄意制造的事故为破坏事故。

重大事故、较大事故、一般事故，负责事故调查的单位应当自收到事故调查报告之日起15天内做出批复，特别重大事故，30天内做出批复，特殊情况下，批复时间可以适当延长，但延长的时间最长不超过30天。

有关机关应当按照政府的批复，依照法律、行政法规规定的权限和程序，对事故发生单位和有关人员采取行政处罚，对负有事故责任的国家工作人员进行处分。负有事故责任的人员涉嫌犯罪的，要依法追究刑事责任。

8.4.2　道路交通事故处理程序

《道路交通事故处理程序规定》中规定了两类处理程序，即简易程序和普通程序。

8.4.2.1　简易程序

道路交通事故中，对于案情简单、因果关系明确、当事人争议不大的轻微伤害事故和财产损失事故，公安机关交通管理部门可以适用简易程序处理，但是有交通肇事、危险驾驶犯罪嫌疑的除外。

适用简易程序的，可以由一名交通警察处理。交通警察适用简易程序处理道路交通事故时，应当在固定现场证据后，责令当事人撤离现场，恢复交通。拒不撤离现场的，予以强制撤离；对当事人不能自行移动车辆的，交通警察应当将车辆移至不妨碍交通的地点。

撤离现场后，交通警察应当根据现场固定的证据和当事人、证人叙述等，认定并记录道路交通事故发生的时间、地点、天气、当事人姓名、机动车驾驶证号、联系方式、机动车种类和号牌、保险凭证号、交通事故形态、碰撞部位等，并根据当事人的行为对发生道路交通事故所起的作用以及过错的严重程度，确定当事人的责任，制作《道路交通事故认定书》，由当事人签名。

注意事项：当事人不同意使用简易程序的，不适用简易程序；当场调解未达成协议或者调解书生效后任何一方不履行的，当事人可以持公安交通管理机关的调解书或者调解终结书依法予以民事诉讼。

8.4.2.2　普通程序

对造成重大财产损失、人员伤亡等不适用简易程序处理的道路交通事故，采用一般程序处理。公安机关管理部门对事故处理的步骤一般分为报警与受理、现场处置与调查、责任分析与认定、处罚执行、损害赔偿等。

(1)报警与受理。事故受理前一般需立案，立案是事故处理的前提，只有经立案才能展开调查工作。交通事故经先期调查，凡是符合规定的交通事故案件立案条件的，应由工作人员填写《交通事故立案登记表》。

(2)现场处置与调查。事故调查是交通事故受理立案后的重要内容，也是分析和处理事故的基础性工作，实际中事故调查做得越细致，对事故分析和处理越有利。现场调查与现场处置包括时间调查、空间调查、当事人生理和心理状况调查、事故后果调查、车辆和交通环境调查。

(3)责任分析与认定。事故责任的分析和认定以案情分析为基础,根据当事人的行为对发生道路交通事故所起的作用以及过错的严重程度,确定当事人的责任,并做出《道路交通事故责任认定书》。事故责任分为全部责任、同等责任、主要责任和次要责任四个类别。

(4)处罚执行。在责任认定明确后,对当事人的道路交通安全违法行为依法做出处罚。

(5)损害赔偿调解。在交通事故原因已查明、事故责任得以认定、交通事故损失确定后,由事故处理机关对当事人有关人员协调解决事故赔偿。一般由公安机关交通管理部门执行,调解期限一般为60天,调解次数为2次,经调解达成协议后公安机关制作《调解书》,各方签字后生效,不服调解的,可上诉至法院。

8.4.3 交通事故案件办理程序

为了正确执行《中华人民共和国道路交通安全法》,保证依法办案,提高办案质量和效率,公安机关在办理交通事故案件时,必须遵循统一的办案程序,包括从立案、事故调查到善后处理的各个主要环节,交通事故处理流程如图8-3所示。

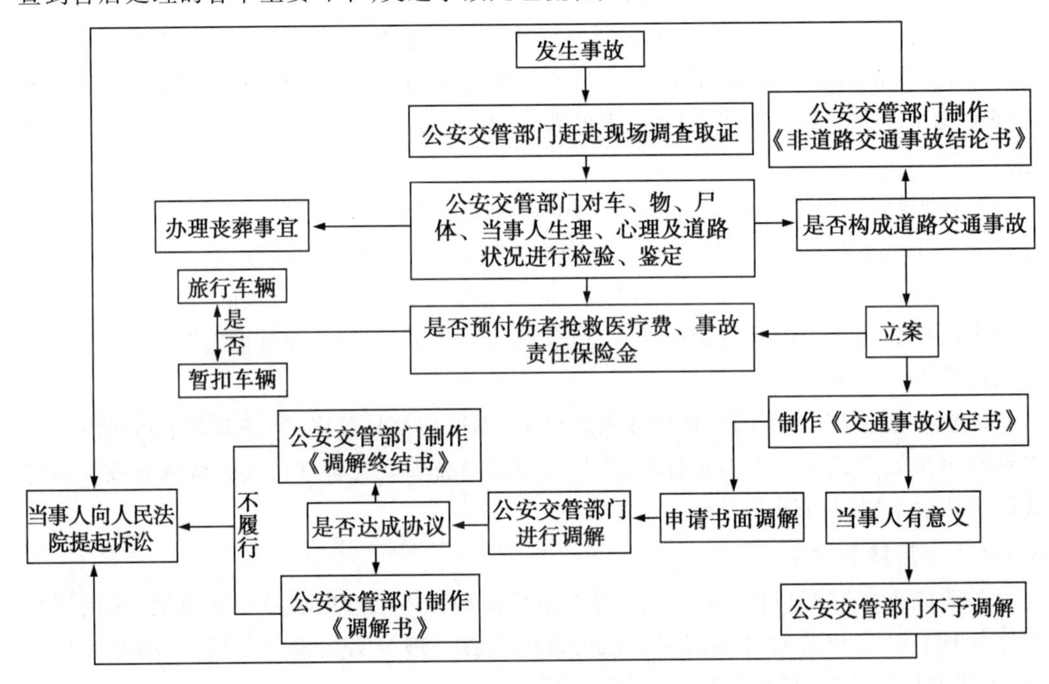

图8-3 道路交通事故处理流程图

目前,在处理交通违法行为时,公安部门开发的"交管12123"等软件工具,使得人民群众足不出户就能在手机上办理违章处理、驾考预约等大量的交管业务,真正践行了"让数据多跑路,让人民少跑路"的服务宗旨。

在事故处理时,运用无人机开展交通事故处理的新方法被广泛使用,它能帮助公安城市交管部门共同解决大中城市交通顽疾,不仅可以从宏观上确保城市交通发展规划贯彻落实,而且可以从微观上进行道况监视、交通流的调控,进而构建水—陆—空立体交管模式，实现区域管控，确保交通畅通，应对突发交通事件时可以实施紧急救援。

8.4.3.1　道路交通事故责任认定与分析

道路交通事故责任是指驾驶人、行人、骑车人、乘车人以及其他道路交通活动相关人员违反《中华人民共和国道路交通安全法》和其他道路交通安全法规或因过失造成人身伤亡、财产损失所应承担的责任。

(1)道路交通事故责任分类。根据合理、准确、可行的指导思想，把事故责任分为全部责任、主要责任、同等责任、次要责任和无责任五类。

①全部责任，即道路交通事故完全是由一方当事人的交通违法行为造成的，另一方当事人没有任何违法行为，或者虽然有违法行为但其违法行为和交通事故无因果联系，则应由导致交通事故发生的一方当事人负该起交通事故的全部责任，另一方当事人则不负事故责任。

从道路交通事故类型来看，承担全部责任的情形主要有：当事人肇事后逃逸造成事故现场变动、证据灭失，导致公安机关交通管理部门无法查证交通事故事实；当事人故意破坏、伪造现场，毁灭证据。除了以上两种情形外，承担全部责任的情形还包括机动车驾驶人不遵守交通规则导致交通事故，而另一方无过错，一方当事人承担全部责任。

②主要责任和次要责任。交通事故中，双方当事人都有违反交通法规的行为存在且双方的违法行为和交通事故发生都有因果关系，但是程度有区别，情节有轻重，有的违法行为是造成事故的主要原因，有的违法行为是造成事故的次要原因，则应由违法情节较严重、造成事故主要原因的一方当事人承担事故的主要责任，另一方当事人承担事故的次要责任。

③同等责任。交通事故当事人都有违反交通法规的行为存在，这种违法与交通事故的发生都有因果关系，且违法的情节轻重一样，在很难分清主次的情况下，则由双方当事人负事故的同等责任，即双方各负50%的责任。

④无责任，即事故当事人不承担道路交通事故责任。当事故当事人均无导致事故发生的过错，属于意外交通事故的，各方均无责任。一方当事人故意造成交通事故的，他方无责任。

(2)道路交通事故责任认定原则。清楚分析导致交通事故发生的原因之后，交通事故的责任也就基本确定。"以事实为依据，以法律为准绳"是我国司法工作的基本原则之一，也是交通事故责任认定的基本原则。在责任认定过程中，要将定性原则与定量原则相结合。

①定性原则应遵循以下条款。

a.当事人无交通违法行为，不应负事故责任。

b.当事人有交通违法行为但与事故发生无因果关系，不应负事故责任。

c.当事人有违法行为且与事故发生有因果关系，应负事故责任。

②定量原则应遵循以下条款。

a.当事人违法行为扰乱了正常的道路交通秩序，破坏了交通法规中路权原则，是导致交通事故主要的、直接的原因时，直接的原因时，此当事人的责任相对大于对方当事人。

b.当事人违法行为在事故的发生中只是促成因素并且起着被动或只起加重后果的作用,即违法行为是交通事故次要的、间接的原因时,此当事人的责任小于对方当事人。

8.4.3.2 事故当事人责任追究

现行的责任追究方式包括:对构成刑事犯罪的情况,应依法追究当事人刑事责任;对不构成刑事犯罪的情况,应依照交通安全有关法律法规对当事人给予拘留或罚款、吊扣或吊销驾驶执照处罚。我国现有的处罚方式有行政处罚、民事处罚和刑事处罚。

(1)民事责任及其追究。道路交通事故的民事责任追究是指由于交通事故引起当事人人身安全受到伤害和财产受到损失而实施的责任追究。由于道路交通事故中是因交通肇事者的侵权行为而导致他人人身安全受到伤害或财产受到损失,因此肇事者应承担侵权责任。

(2)行政责任及其追究。交通安全法规属于行政法范畴,大部分的道路交通事故责任属于行政责任,对发生道路交通事故负有责任的当事人,当其法律后果尚不够刑事处罚时,均应追究其行政责任。

行政处罚根据《中华人民共和国道路交通安全法》规定执行,根据违法行为确定处罚方式,包括警告、罚款、吊扣驾驶证、吊销驾驶证及行政拘留等。

(3)刑事责任及其追究。对事故当事人的刑事责任追究是在交通肇事者的行为触犯了《中华人民共和国刑法》相关条款的情况下进行的。《中华人民共和国刑法》第一百三十三条规定:违反交通运输管理法规,因而发生重大事故,致人重伤、死亡或者使公私财产遭受重大损失的,处三年以下有期徒刑或者拘役;交通运输肇事后逃逸或者有其他特别恶劣情节的,处三年以上七年以下有期徒刑;逃逸致人死亡的,处七年以上有期徒刑。

2021年新实施的《中华人民共和国道路交通安全法》对醉驾进行了修订:醉酒驾驶机动车的,由公安机关交通管理部门约束至酒醒,吊销机动车驾驶证,依法追究刑事责任,五年内不得重新取得机动车驾驶证。醉酒驾驶营运机动车的,由公安机关交通管理部门约束至酒醒,吊销机动车驾驶证,依法追究刑事责任,十年内不得重新取得机动车驾驶证,重新取得机动车驾驶证后,不得驾驶营运机动车。饮酒后或者醉酒驾驶机动车发生重大交通事故,构成犯罪的,依法追究刑事责任,并由公安机关交通管理部门吊销机动车驾驶证,终生不得重新取得机动车驾驶证。

8.4.3.3 事故损害赔偿与调解

(1)损害赔偿。交通事故责任者应当按照所负的交通事故责任承担相应的损害赔偿责任。损害赔偿的总数额就是交通事故的直接经济损失,具体项目有医疗费、误工费、生活补助费、护理费、残疾用具费、死亡补偿费、交通费、车物损失折款等。

各当事方的赔偿金额按式(8-1)计算。

$$P_i = K_i \cdot Q \tag{8-1}$$

式中:P_i——当事人各方赔偿标准($i=1,2,\cdots,n$);

K_i——当事人各方的赔偿系数($i=1,2,\cdots,n$),全部责任$K_i=1$,主要责任$K_i=$

$0.51 \sim 0.99$,同等责任 $K_i = 0.5$,次要责任 $K_i = 0.01 \sim 0.49$,$\sum_{i=1}^{n} K_i = 1$;

Q——直接经济损失。

(2)调解与调解终结。调解和调解终结是公安交通管理机关在事故处理中采用的两种结案方式。

①调解。交通事故的调解可以通过会议的形式进行,也可以个别协商。调解取得一致意见,对经济责任及有关事宜达成协议后,形成调解书,当事各方签字生效。调解书的内容主要包括事故的简要经过、因果关系分析、违章行为及违反规定的具体条款、当事人责任的具体划分、造成的损害及经济赔偿的项目和金额、善后处理意见。调解期限为60天,必要时可以延长15天。调解时间从治疗终结之日、定残之日、规定的丧葬时间结束之日或确定财产损失之日起计算。

②调解终结。调解终结是在结案工作条件已经基本成熟,调解期满后,但一方、双方或多方持反对意见,拒绝接受处理意见,经过反复做工作后仍不接受时,事故处理机关不再调解,当事人可以向人民法院提起民事诉讼。调解终结书的内容除应具有调解书的内容之外,还应写明意见的分歧、裁决的依据和处理结论。

8.5　智能交通管理系统

随着经济高速发展,交通拥堵、交通事故造成的环境污染、经济损失等问题日益突出。同时,随着计算机技术、大数据、人工智能等新兴技术的发展,智能交通管理系统应运而生,并已成为国内外交通管理领域的重要手段。

8.5.1　智能交通系统及组成

8.5.1.1　基本概念

智能交通系统(Intelligent Transportation Systems,ITS)是未来交通系统的发展方向,它是将先进的信息技术、数据通信传输技术、电子传感技术、控制技术及计算机技术等有效地集成并运用于整个地面交通管理系统而建立的一种在大范围内、全方位发挥作用的,实时、准确、高效的综合交通运输管理系统。

近年来,信息通信技术(Information and Communication Technology,ICT)的快速发展推动智能交通系统发展领域不断变迁,各个国家或地区的智能交通系统发展的框架性、规划性文件的内容也随之不断更新,自动驾驶、数据共享、出行即服务(Mobility as a Service,MaaS)等成为智能交通系统未来的发展方向与热点。与此同时,云计算、大数据、物联网、移动互联、人工智能等技术也逐步被引入智能交通系统并在某些场景中逐渐发挥越来越显著的作用。而“新基建”的提出也表明了未来要在信息基础设施建设的基础上加强融合基础设施及创新基础设施的建设。

8.5.1.2 组成部分

一个完整的ITS系统,主要是由以下七大子系统组成。

(1)出行信息服务系统(TIS)。先进的出行信息服务系统是建立在完善的信息服务网络之上的,交通参与者通过装备在道路上、车上、换乘站上、停车场上及气象中心的传感器和传输设备,可以向交通信息中心提供各处的交通信息。该系统得到这些信息并经过处理以后,实时向交通参与者提供道路交通信息、公共交通信息、换乘信息、交通气象信息、停车场信息及与出行有关的其他信息,出行者根据这些信息确定自己的出行方式、选择路线。

(2)交通管理系统(TMS)。先进的交通管理系统面向交通管理者,通过对交通运输系统中的交通状况、交通事故、天气状况、交通环境等进行实时的数据采集和分析,对交通进行管理和控制,如信号灯、发布诱导信息、道路管制、事故处理与救援等。

(3)公共交通系统(PTS)。先进的公共交通系统主要用来收集公共交通实时运行情况,实施公共交通优先通行措施,并通过向公共交通经营者与使用者提供基础数据或公共交通信息,提高经营管理效率与公共交通的利用率。

(4)车辆控制系统(VCS)。从当前的发展看,车辆控制系统可分为两个层次。一是车辆辅助安全驾驶系统,该系统有以下几个部分:车载传感器(微光雷达、激光雷达、摄像机、其他形式的传感器等)、车载计算机和控制执行机构等。行驶中的车辆通过车载的传感器测定出与前车、周围车辆及与道路设施的距离和其他情况,由车载计算机进行处理,对驾驶人提出警告,在紧急情况下,强制车辆制动。二是自动驾驶系统,装备了这种系统的汽车也被称为智能汽车,它在行驶途中可以做到自动导向、自动检测和回避障碍物。在高速公路上,能够自动在较高的速度下保持与前车的距离。但是车辆控制系统完全功能的发挥,还需要得到公路自动化系统的支持,不然就只能起到辅助安全驾驶系统的作用。

(5)商用车运营系统(CVOS)。商用车运营系统通过接收各种交通信息,对商用车辆进行合理调度。其功能包括对驾驶人提供路况信息、道路构造物(桥梁、隧道)信息、限速、危险路段信息等辅助驾驶人驾驶车辆,特别是对危险品运输车辆提供全程跟踪监控、危险情况自动报警、自动求救等服务。

(6)电子收费系统(ETC)。电子收费是针对现行交通收费采用的人工收费、现金收费方式存在效率低下、容易出错、不易监管、对车流干扰大、安全性差等不足而提出的利用先进电子信息技术,以非现金、非手工方式,自动完成与交通相关的收费交易过程。电子收费系统通过与安装于车辆上的电子卡或电子标签进行通信,实现计算机自动收取道路通行费、运输费和停车费等功能,以减少使用现金带来的时间延误,提高道路通行能力和效率,同时可利用该系统自动统计的车辆数,作为交通数据的来源予以利用。

(7)紧急事件管理与救援系统(EMS)。紧急事件管理与救援系统是一个比较特殊的系统,它的基础是交通信息服务系统、交通管理系统及有关的救援机构和设施,通过交通信息服务系统和交通管理系统将交通监控中心、交警支队、道路养护管理机构、交通救援机构、灾害处置管理中心等机构联成一个有机的整体,为道路使用者提供现场紧急处置、拖车、现场救援、排除事故车辆等服务。

8.5.2　智能交通管理系统的研究现状

作为智能交通系统的重要组成部分,智能交通管理系统一直是ITS发展的重要内容并关联着众多其他领域的智能交通子系统,在过去半个多世纪中得到了全面的发展。

8.5.2.1　国外发展历程

美国于20世纪60年代末开始了交通系统智能化的研究工作,在《Mobility 2000》中对交通管理系统的定义强调:监视、控制和管理交通。"监视"交通的关键是采集、存储和传输交通信息。近年来,美国高速公路智能交通管理系统呈现出的一个明显趋势是跨越地理区域、跨越行政区域、跨越多部门的开放互通管理。美国东部地区的I-95号州际高速公路形成了I-95通道联盟,通道联盟的目标是区域网络之间无障碍互通互联,形成更加安全、开放、友好的智能交通管理系统。要实现这个目标,主要通过跨管辖区域、跨交通模式的部署和管理来达到信息资源的无缝衔接,这体现了未来高速公路网络智能交通管理系统的发展趋势。

日本于20世纪70年代开始智能交通系统研发工作,于1993年提出UTMS(Universal Traffic Management System)计划。日本"21世纪交通管理系统"(UTMS'21)致力于实现"安全、舒适和环境友好的交通社会"。UTMS'21的核心是利用红外车辆检测、高清图像处理技术,实现车辆与控制中心之间的交互式双向通信。UTMS'21的目标是主动管理,即管理指挥中心主动地将实时交通流信息及时有效地传递给驾驶人,进而完成交通诱导工作,实现先进的交通信息管理。UTMS'21系统更加复杂化、智能化,是目前世界ITS领域最先进的智能交通管理系统之一。

在交互式交通控制方面,德国柏林交通控制中心的建设目标是高度集成化。通过采集、融合、分析路网实时交通流及环境数据,预测所有路网的短期、中期、长期交通状况和环境污染情况,并将信息实时传递到区域管理部门。交通管理部门会结合未来15分钟至30分钟的交通状况预测数据来优化交通管控。同时,柏林的多模式动态路径规划服务系统,可以融合公共交通与私人驾驶等多种出行方式于一体进行路径规划,进一步提高交通参与者出行效率。

8.5.2.2　国内发展历程

同发达国家的发展情况相比,我国智能交通系统研发起步较晚、发展相对落后。近年来,我国以北京为首的大中型城市开始大力发展城市智能交通管理系统。

北京市自2004年起逐步建立起了以"一个中心、三个平台、八大系统"为核心的智能交通管理系统体系框架。北京市利用浮动车采集交通数据,相关信息用于交通控制、交通组织子系统。据统计,北京市浮动车涵盖出租车、公交车和社会型志愿者车辆。据统计,浮动车数据目前每天可达100 GB,已经达到发达国家城市水平。

深圳市自2000年建立智能交通管理体系至今,智能交通管理系统已经进入第四代建设期。根据城市发展特点,建成了"一个中心,八大系统"。交通控制子系统的主体是实时视频交通监视系统。近年来，在视频监控应用中，深圳市创新性地建立了视频检测行人过街试点，利用视频检测到的行人过街信号关联信号控制机，减少行人等待时间。这体现了在视频检测技术下的人机界面友好互联。在新兴技术方面，如3S领域[3S领域是指遥感(Remote Sensing)、地理信息系统(Geographic Information System)和全球定位系统(Global Positioning System)这三种技术的综合应用领域]，国内有200多家企业从事相关技术领域的研发工作，相关研发成果也已投入市场并占据一席之地。

智能交通管理系统的发展所需要的最核心的基础是智能化水平的提升，即是拟人化的智能的实现。因而，近年来形成了“交通大脑”等提法，以期能够从人类智能加人工智能的混合智能角度发展，从而提升智能交通管理系统的水平。2018年，杭州市城市大脑1.0版的试点设在杭州中河——上塘高架道路、莫干山路主干道，道路平均延误指数相比试验前分别下降15.3%和8.5%，高架道路出行时间节省了4.6分钟。目前，杭州市交通数据大脑2.0版实行，系统支持该市各区、县的分域应用，在改善交通、服务民生方面，实现了包括掌握全局交通态势、警情闭环处置、实施人工智能配时、拓展民生服务渠道在内的4项新突破。比如，通过多元数据融合，城市大脑2.0版提取了拥堵指数、延误指数等7项能够反映城市交通运行是否健康的核心数据，以数据量化形式精准刻画出实时、全局的城市交通态势，为公安交警部门指挥调度提供可靠支撑。

8.5.3 智能交通管理系统发展趋势

未来，智能交通管理系统发展的两个重点方向如下。

(1)形成新的交通治理体系。智能交通管理系统的“智力”发展不仅仅是技术问题，而要基于对城市交通系统社会技术系统属性的认识，通过对社会域(含人员、组织等)与信息物理系统的关系的深入认识，利用新的思维和理念对交通系统进行系统化构建，综合运用技术手段以及各类人员的广泛参与，实现共建共享、协同治理的过程。新的交通治理体系的实现要综合考虑硬件、软件、组织、流程等在内的因素，需要融合人类智能与人工智能，在技术上当以数据驱动为基础、以智能技术为支撑，或可以通过云控系统、平行系统等类似的方式去实现。

(2)注重提升效率与调整需求并重。近年来交通系统的矛盾之一是需求的增速远超供给能力的提升，要想实现交通系统的良好运行，智能交通管理系统的内涵也需外延。基于信息技术等的快速发展，智能交通管理系统的建设重点需要从侧重提升物理系统(交通基础设施等)运行效率转向调整出行行为与改善物理系统运行效率并重的角度发展，例如MaaS与主动交通管理系统的整合等，从而优化交通出行的总量、出行时间、方式、路径等，以更好地实现交通系统的各类平衡。

习题

(1)简述道路交通安全管理的构成体系。

(2)道路交通安全法规的主要特征是什么？

(3)简述我国道路交通安全法规体系及主要内容。

(4)道路交通安全管理规划的主要流程有哪些?

(5)简述道路交通事故处理的基本步骤。

(6)简述道路交通事故责任分类、认定原则及方法。

(7)智能交通系统的组成有哪些?什么是智能交通管理系统?

第9章　道路交通安全评价与事故预测

道路交通安全评价与事故预测在道路交通安全方面起着越来越重要的作用,认识并利用道路交通事故的客观发展规律,对道路交通事故的发展变化进行客观评价与科学预测,对于预防和控制道路交通事故具有重要意义。

9.1　道路交通安全评价概述

9.1.1　基本概念

9.1.1.1　道路交通安全评价

道路交通安全可以通过主观的安全感受和客观的安全程度进行评价。交通行为者在参与交通的过程中,会随时产生不同的心理感受,即安全感受,如感到放松或紧张等,这是交通安全情况在人们头脑中的反应,是一种主观感受。而安全程度可以通过选取合适的评价指标、采用各种量化方式来量化,用以客观反映交通事故的情况,它是改进道路交通安全情况、评价交通安全管理水平的重要指标。

9.1.1.2　交通事故预测

交通安全评价与交通事故预测密不可分。从某个角度来说,交通事故预测是交通安全预评价的一种方法,即交通安全预评价包含交通事故预测。道路交通事故是随机事件,事故发生的时间、空间和特征等呈现出偶然性。实际上,道路交通事故偶然性的表象始终受其内部的规律所支配,而且这种规律在一定条件下经常起作用,并决定着道路交通事故的发展变化。

道路交通事故预测的目的是掌握道路交通事故的未来状况和发展趋势,以便相关人员及时采取相应的对策,避免工作中的盲目性和被动性,有效控制各影响因素,减少道路交通事故数量。

9.1.2　道路交通安全评价的分类

9.1.2.1　按研究对象分类

依据评价对象的不同,道路交通安全评价可分为宏观评价与微观评价。

(1)宏观评价。宏观评价的主要目的在于分析随着区域的社会变革、经济和技术的发展,道路安全状况的变化,研究区域经济、车辆保有量、人口及其构成与道路安全(道路事故率)的相互关系,并在此基础上制定宏观的技术和政策方面的道路安全性改善对策。不少国家将宏观层面上的道路安全问题列入国民健康范畴进行研究。

(2)微观评价。微观评价是从不同的角度分析影响道路安全、产生道路交通事故的各种具体因素,制定技术与政策措施,以改善道路安全状况。对于道路与交通工程领域的工程技术人员,则着重研究道路、交通环境因素与道路事故的关系,以指导道路安全设计。但由于影响道路安全的因素很多,并且相互有交叉,因此还必须从其他角度考虑安全问题。

9.1.2.2　按评价时间分类

对于道路交通安全评价,按照评价时间范围可分为事前评价和事后评价。事前评价采用的是道路开通前的信息,事后评价采用的是道路营运后的信息。

9.1.3　道路交通安全评价的意义及展望

9.1.3.1　道路交通安全评价的意义

道路交通安全评价的意义具体体现在以下几个方面。

(1)从国家和区域层面上宏观分析道路交通安全与人口、机动化水平、路网、经济等因素的关系,依此制定宏观的技术和政策方面的道路交通安全改进对策,从而持续地、有针对性地减少国家、区域的交通安全事故数量。

(2)在道路规划、设计阶段,通过进行交通安全评价,预先找出方案的不安全因素,修改设计,提高安全水平,减少道路交通事故引发的减速、拥堵,减少事故数量、降低事故严重度。

(3)在道路运营阶段,通过安全评价可以找出危险路段,进行安全治理,提高安全水平,减少事故率,降低事故严重度。

(4)通过实施道路交通安全评价,使各方更关注道路规划、设计阶段的安全性,进而促进道路交通安全方面的技术、标准规范的进步。

(5)加强道路交通安全的研究,建立科学有效的管理方法,对提高我国城市道路安全水平、保障人民生命财产安全、增加社会效益具有重要的现实意义。

9.1.3.2　未来展望

当前的道路交通安全评价架构多基于传统经验思想,数字化、智能化、创新性、前沿性有待加强。我国的道路交通模式正向新一代变革迈进,应逐步推进智能信息交通技术发展,加强通信平台、人机交互系统、终端集成的技术创新,同时继续完善相关法律法规,提高道路交通安全依法治理能力。

(1)应大力发展大数据收集和处理技术,将GPS、车载终端、交通诱导设备等的数据广泛应用在交通安全评价体系中,结合大数据技术,提出符合新交通模式的"立体化"评价结论,更加客观科学地分析道路交通安全存在的问题。

(2)探索实施道路设施、驾驶行为、车辆和天气等多源数据融合的道路安全风险评估方法,推动道路安全性评价体系和评价制度创新,不断提升主动、系统、精准防控道路安全风险隐患的能力和水平。

(3)完善相关立法、加强科技创新应用、建立实时更新的大数据档案、加强安全教育,能为我国道路交通安全评价与风险防控做出贡献。

9.2 道路交通安全评价指标与方法

道路交通安全可用交通安全度来表征。交通安全度即交通安全的程度,是使用各种统计指标,通过一定的运算方式评价得到的客观的交通安全情况。交通安全度是改进道路交通安全情况、考察交通管理部门水平的一个重要评价依据。

9.2.1 评价指标

9.2.1.1 绝对指标

交通安全度评价绝对指标有四项,即事故次数、死亡人数、受伤人数、直接经济损失。这四项指标是安全评价的基础资料,它们可用于同一地区或同一城市在同一时期的交通安全状况的考核与分析,也可用于同一地区或同一城市在不同时期的交通安全状况的比较。

由于经济发展状况、机动车保有量水平等条件的不同,因而无法用这四项指标对不同地区或不同城市的交通安全状况进行横向比较,更无法与国外交通安全状况进行对比,即绝对指标缺乏可比性。此外,这四项指标也不能对事故量、事故后果和发生事故的可能性做出全面评价,缺乏系统性。

9.2.1.2 相对指标

除四项绝对指标外,根据交通安全度评价方法的不同,可采用适当的相对指标来评价道路交通安全状况。

(1)万车交通事故死亡率。万车交通事故死亡率是指一定时期内交通事故死亡人数与机动车保有量的比值,侧重于评价机动车数量对事故死亡人数的影响,是反映交通事故死亡人数的相对指标,其计算方法如式(9-1)所示。

$$R_{\mathrm{V}}=\frac{D}{V}\times 10^{4} \tag{9-1}$$

式中:R_{V}——每一万辆机动车的事故死亡率;

D——整年或一定时期内的事故死亡人数;

V——机动车保有量。

(2)万人交通事故死亡率。万人交通事故死亡率是指一定时期内交通事故死亡人数与人口数量的比值,也是反映交通事故死亡人数的相对指标,侧重于评价人口数量对交通事故死亡人数的影响。因交通环境相差较大,其可比性较差,不适用于在不同的地区或国家之间进行比较。其计算方法如式(9-2)所示。

$$R_{P}=\frac{D}{P}\times 10^{4} \tag{9-2}$$

式中:R_{P}——每一万人的事故死亡率;

P——统计区域人口数。

(3)交通事故致死率。交通事故致死率是一定时期内交通事故死亡人数与交通事故伤亡总人数的比值。它可以综合反映车辆性能、安全防护设施、道路状况、救护水平等因素的影响,是衡量交通管理现代化水平及交通工具先进性的一个重要指标,其计算方法如式(9-3)所示。

$$R_{Z}=\frac{D}{D+S}\times 100\% \tag{9-3}$$

式中:R_{Z}——交通事故致死率;

S——整年或一定时期内的事故受伤总人数。

(4)亿车公里事故指标。亿车公里事故指标包括亿车公里事故率、亿车公里受伤率、亿车公里死亡率,侧重于评价交通量和路段长度对交通事故的影响。这一组评价指标可综合反映交通工具的先进性、道路状况及交通管理的现代化水平,也是国外评价交通安全的常用指标之一。其计算方法如式(9-4)所示。

$$R_{N}=\frac{A}{N}\times 10^{8} \tag{9-4}$$

式中:R_{N}——一年间亿车公里事故次数或伤亡人数;

A——全年交通事故次数或伤亡人数;

N——全年总计运行车公里数。

(5)综合事故率。综合事故率是万车事故死亡率与万人事故死亡率的几何平均值(或万车死亡率和亿车公里死亡率的几何平均值),其计算方法如式(9-5)所示。它同时考虑了人与车两个方面的因素,但未考虑车辆行驶里程。

$$R=\frac{D}{\sqrt{VP}}\times 10^{4} \tag{9-5}$$

式中:R——综合事故率(死亡系数),指一年间或一定时期内交通事故死亡率。

(6)交通事故预测指标。道路交通事故预测指标一般是对交通事故死亡人数或事故次数进行的预测。它是根据历史资料整理得出回归方程,代入所求年度参数,进而求出此年度道路交通事故死亡人数或事故次数的预计值。将此预计值与当年实际值进行比较,可以对安全状况的改善程度进行评价。在回归方程中,最著名的是英国斯密德(R.J. Smeed)模型,此外还有特里波罗斯模型、奥尔加模型和北海道模型等。这些回归方程考虑的影响因素各不相同,往往对同一地区不具有较高准确性。

9.2.2 评价方法

国内外关于道路交通安全度的评价方法较多,其中宏观评价主要是研究较大范围的问题,往往是以国家或省、市为对象,微观评价法主要是研究局部的具体问题,如一条或一段道路、一个交叉口等。常见的评价方法如图9-1所示。

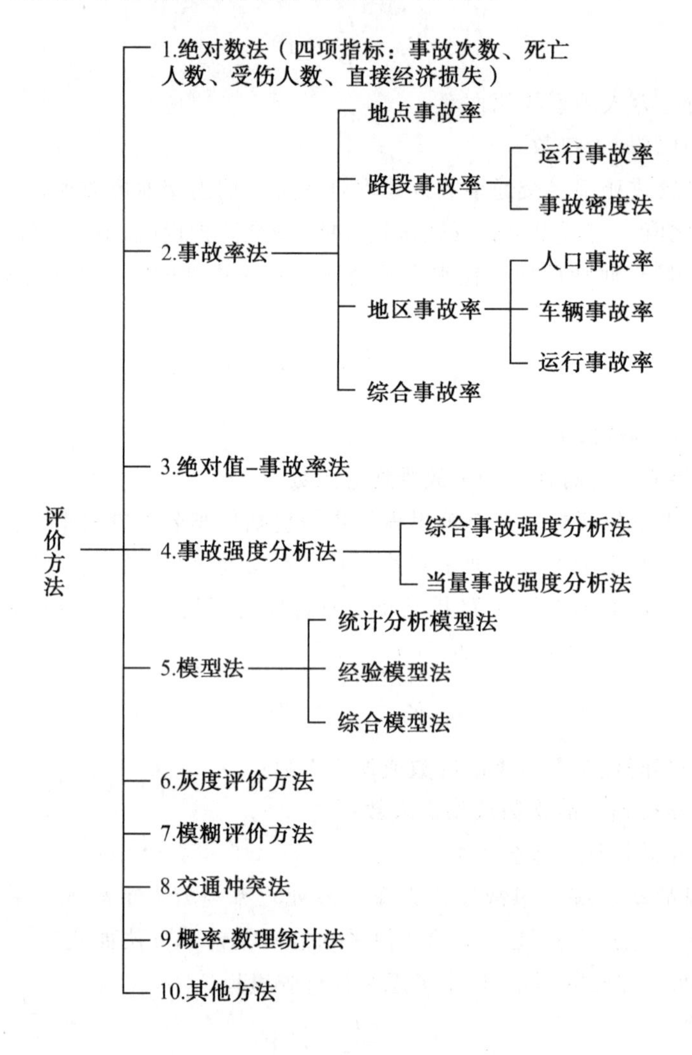

图9-1 常见的道路交通安全评价方法

9.2.2.1 宏观评价方法

(1)绝对数法。绝对数法是用事故次数、死亡人数、受伤人数及直接经济损失四项绝对指标评价交通安全度,是目前我国应用的最普遍的方法。这种方法比较简单直观,但由于不涉及影响交通事故发生的主要因素的差异,因而不能揭示交通安全的实质。

(2)事故率法。常用的有人口事故率法、车辆事故率法和运行事故率法等方法。其中,人口事故率法和车辆事故率法能够反映交通安全的不同方面,运行事故率法较为科学,但目前交通运营量难以及时掌握,一般采用估算值。

总的来说,事故率法的优点是应用简便,缺点是单独从人口、车辆和交通运营量对交通事故的影响来分析、评价道路交通安全状况,带有一定的片面性。

(3)模型法。现行模型法有两类:一类是统计分析模型,利用多元回归法建模;另一类是经验模型。前者国外应用较多,后者国内使用更加广泛。

①统计分析模型。

模式1:斯密德(R.J.Smeed)模型。

R.J. Smeed模型是一种用于研究交通事故死亡率与机动车辆数量之间关系的统计学模型,它由英国交通学家斯密德于1949年提出,其公式如下。

$$D = 0.0003\sqrt[3]{NP^2} \tag{9-6}$$

式中:D——当年事故死亡人数,人;

N——当年机动车登记数,辆;

P——当年人口数,人。

模式2:意大利特里波罗斯多元回归模型(Theil-Triple Regression Model)。

意大利特里波罗斯多元回归模型是一种用于分析多个自变量和一个因变量之间关系的统计学模型。该模型由荷兰经济学家Theil和意大利统计学家Triple于1966年独立提出。在人口事故率方面,其回归模型如下。

$$y = 58.770 + 30.322x_1 + 4.278x_2 - 0.107x_3 - 0.776x_4 - 2.87x_5 + 0.147x_6 \tag{9-7}$$

式中:y——人口事故率,死亡人数/10万人;

x_1——交通工具机动化程度,%;

x_2——平均每平方公里道路长度,km/km^2;

x_3——居住在大城市中的人口比例,%;

x_4——19岁以下青少年所占人口比例,%;

x_5——65岁以上的老年人口比例,%;

x_6——小客车与出租车在车辆中所占的比例,%。

②经验模型。经验模型是由我国的研究者于20世纪80年代中期提出来的,采用公式(9-8)计算,根据其数值的大小,确定它们的排序。

$$R = \frac{a_1D_1 + a_2D_2 + a_3D_3 + D_4}{365 \times K_1 \times 10^3} \tag{9-8}$$

式中:R——当量交通事故损失,万元/(1000车公里·年);

D_1——交通事故直接死亡人数,人;

D_2——交通事故轻伤人数,人;

D_3——交通事故重伤人数,人;

D_4——交通事故直接经济损失,万元;

K_1——经换算后的辖区道路长度内车辆运行公里数;

a_1、a_2、a_3——交通事故死亡人数、轻伤人数、重伤人数与直接经济损失的当量换算系数。

(4)事故强度法。

①综合事故强度分析法。综合事故强度分析法(Comprehensive Accident Severity Analysis, CASA)是一种用于分析交通事故严重程度的方法。通过分析事故发生的车辆和人员等信息,预测事故的严重程度,并为交通管理和规划提供决策依据。

$$K=\frac{M}{\sqrt{RCL}}\times 10^4 \tag{9-9}$$

式中:K——死亡强度指标,K越小,安全度越高;

M——当量死亡人数,$M=D_1+0.10D_2+0.33D_3+2D_4$,其中字母含义同公式(9-8);

C——当量汽车数,C=汽车数+0.4×摩托车数+0.4×三轮车数+0.3×自行车数+0.2×畜力车数;

R——人口数,$R=0.7P$(当年人口总数);

L——不同道路条件下的修正系数,如表9-1所示。

表9-1 不同道路条件下的修正系数

公路等级	里程/km				
	<50	50~500	500~2 000	2 000~10 000	>10 000
一	0.8	0.9	1.0	1.1	1.2
二	0.9	1.0	1.1	1.2	1.3
三	1.0	1.1	1.2	1.3	1.4
四	0.9	1.0	1.1	1.2	1.3
等外	0.8	0.9	1.0	1.1	1.2

②当量事故强度分析法。当量事故强度分析法(Equivalent Property Damage Only, EPDO)是根据车辆受损程度和人员受伤程度综合计算得到的一个综合指标,旨在反映事故对财产和人身安全的损失程度。

$$K_{\mathrm{d}}=\frac{D_{\mathrm{d}}}{\sqrt[3]{PN_{\mathrm{d}}L}}\times 10^3 \tag{9-10}$$

式中:K_{d}——当量综合死亡率;

D_{d}——当量死亡人数;

N_{d}——当量车辆数;

P——人口数,人;

L——公路里程,km。

该方法综合地考虑了人、车、道路与交通事故的关系,但并未表现人、车、道路在交通事故产生过程中所起作用的程度,会导致评价结果可比性降低。此外,道路里程的标准化问题尚需进一步研究。

(5)概率-数理统计法。概率-数理统计法主要基于大量的事故数据,运用概率论和数理统计学的方法,对交通事故的发生概率进行分析和计算,以评估交通事故的严重程度、危险性等参数。

$$Z=\frac{Y-\tilde{Y}}{\sqrt{\bar{Y}}} \tag{9-11}$$

式中:Z——路段安全度;

Y——事故的数目;

$\tilde{Y}$——事故理论允许值;

$\bar{Y}$——事故发生次数的估计值。

其中,Z取值越小表明越安全。正常事故数:$-1.96\leqslant Z\leqslant 1.96$;异常事故数:$Z<-1.96$或$Z>1.96$。

(6)四项指标相对数法。四项指标相对数法是把不同类型道路交通事故的四项指标的绝对数占总数的百分比作为一个相对指标,利用此相对指标可深入地认识各种道路类型交通事故的对比情况,判断各种道路类型交通事故发生的比例,计算公式如(9-12)所示。

$$\eta=\frac{A_i}{\sum A_i}\times 100\% \tag{9-12}$$

式中:η——指标的相对数;

A_i——不同道路类型的交通事故各项指标的绝对数;

$\sum A_i$——各种道路类型的交通事故各项指标总数。

应用四项指标相对数法可以从总体上对各种类型道路的交通事故情况进行分析,确定不同类型道路的交通事故比例分布。

(7)灰色评价法。针对交通安全信息不完全的特点,可通过对少量已知信息的筛选、加工、延伸和扩展,运用灰色理论评价方法,将道路交通安全水平确定在某一区域内,对道路交通安全进行宏观和微观评价。具体评价方法详见本书7.4节。

9.2.2.2　微观评价方法

交通安全微观评价分为路段评价与交叉口评价两个方面。

(1)路段评价。

①交通事故率法。路段交通事故率指标,以每亿车公里交通事故次数表示,即

$$AH=\frac{N}{QL}\times 10^8 \tag{9-13}$$

式中:AH——事故率,次/亿车公里;

Q——路段年交通量,$Q=365\times\mathrm{AADT}$,年平均日交通量;

L——路段长度,km;

N——路段内发生的交通事故次数。

交通事故率表征了某一路段发生交通事故的危险程度,它与交通参与者遵章行驶的

状态有关,与交通流量紧密相连,是较为科学的路段安全评价指标。

②绝对数-事故率法。绝对数-事故率法是将绝对数法和事故率法结合起来评价交通安全度的方法。该方法以事故绝对数为横坐标,以每公里事故率为纵坐标,按事故绝对数和事故率的一定值,将绝对数-事故率分析图(见图9-2)划出不同的危险级别区。Ⅰ、Ⅱ、Ⅲ区分别代表不同的危险级别。Ⅰ区为最危险区,即道路交通事故数和事故率均为最高的事故多发道路类型。据此,可以直观地判断不同路段的安全度。

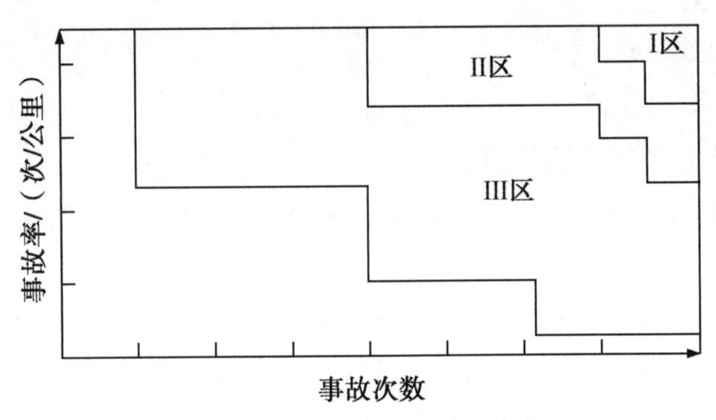

图9-2　绝对数-事故率分析图

③事故率系数法。事故率系数法属于微观、定量和基于非事故数据的评价。每个路段的道路交通事故相对概率可用总事故率系数K来评价,系数由各部分相对事故率系数的乘积组成。这些系数表征了交通条件的恶化程度,是由道路平纵线形、横断面及路旁地带的各组成部分对交通条件的影响情况与路面宽度、加固路肩、粗糙路面的道路对交通条件的影响相对比而确定的。总事故率系数的计算公式为:

$$K = K_1 K_2 K_3 \cdots K_n \tag{9-14}$$

各部分的事故率系数K_i的值可按国内外统计资料来确定,它们考虑了交通量与道路平、纵、横断面各组成部分之间的关系。

(2)交叉口评价。

①交通事故率法。交叉口事故率是评价路口安全的综合指标,一般以求得的数据和安全目标值相对照,确定交叉口的危险等级。交叉口事故率用每百万台车发生交通事故的次数表示,如公式(9-15)所示。

$$A_{\mathrm{I}} = \frac{N}{M} \times 10^6 \tag{9-15}$$

式中:A_{I}——交叉口事故率,次/100万台车;

N——交叉口范围内发生的事故次数,次;

M——通过交叉口的车辆数,辆。

②速度比辅助法。速度比以通过交叉路口的机动车行驶速度与相应路段上的区间车速的比值表示,如公式(9-16)所示。

$$R_{\mathrm{I}} = \frac{v_{\mathrm{I}}}{v_{\mathrm{H}}} \tag{9-16}$$

式中：R_I——速度比；

v_I——路口速度，km/h；

v_H——区间速度，km/h。

一般在交叉路口冲突点多、行车干扰大、车速低，甚至会造成行车阻滞。因此，速度比能够表征交叉口的行车秩序和交通管理状况。由于这是一项综合指标，且所求值无量纲，它可以与交通事故率法结合使用，使之更具有可比性。

9.2.3　交通冲突评价方法

9.2.3.1　交通冲突的定义

交通冲突技术（Traffic Conflict Technique，TCT）于20世纪50年代开始在美国应用。1967年，帕金斯（Perkins）和哈里斯（Harris）最早进行了系统开发与应用，其目的是调查通用汽车公司的车辆在驾驶时是否与其他车辆一样。该法很快被一些交通安全组织应用于预测评价交叉口潜在事故数及鉴别系统缺陷中。

1977年，瑞典学者在挪威召开的第一届交通冲突国际学术会议上最先提出了交通冲突的基本定义，即在可观测的条件下，两个或两个以上道路使用者在一定的空间和时间上相互接近到一定程度，以至于如果任何一方不改变其运动状态，就有发生碰撞危险的交通现象。

随后，1979年在法国巴黎举办了第2届国际交通冲突技术会议，以后瑞典、德国、比利时等国家也相继举办了多届国际会议，并出版了国际交通冲突会议论文集。目前，交通冲突技术在世界许多国家得到了广泛的应用，成为国际上用于定量研究多种交通安全（特别是地点安全）问题及其对策的重要方法。

交通冲突有很多种定义，其中我国对交通冲突的定义为：交通冲突是指两个或多个道路使用者在一定的时间和空间上彼此接近到一定程度，如果其中一方不及时采取避险行为，必然导致事故发生的交通事件。

就一定意义而言，交通事故属于交通冲突范畴，交通事故与交通冲突的成因及发生过程完全相似，两者之间的唯一区别在于是否存在损害后果，即凡造成人员伤亡或车辆损害的交通事件为交通事故，否则为交通冲突。图9-3为交通冲突的发生过程。

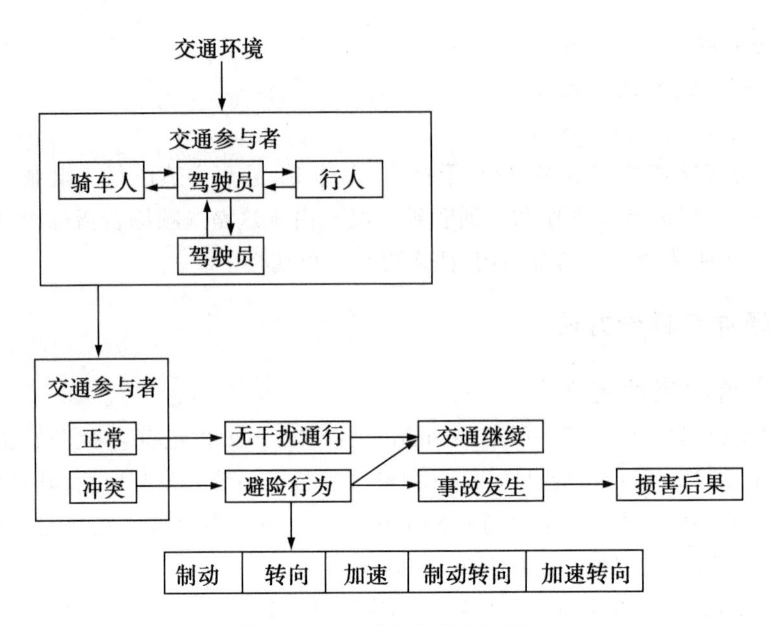

图 9-3　交通冲突的发生过程

9.2.3.2　交通冲突的分类

根据不同的分类方法,交通冲突具有以下种类。

(1)按测量对象的运动方向可分为:左转弯冲突、直行冲突、右转弯冲突。

(2)按冲突的严重程度可分为:严重冲突、非严重冲突。

(3)按发生冲突的状态可分为:正向冲突、侧向冲突、超车冲突、追尾冲突、转弯冲突。

冲突发生状态的划分通过冲突角来划分。所谓冲突角(碰撞角度)是指发生交通冲突的行为者的行驶方向之间的夹角。

冲突角 $\theta \in [135°, 180°]$ 时的交通冲突称为正向冲突,主要表现为冲突车辆以相反的方向相互逼近,是车头与车头之间的冲突碰撞;冲突角 $\theta \in [45°, 135°]$ 时的交通冲突称为侧面冲突,主要表现为冲突车辆以交错的方式相互逼近,是车头与车辆中部之间的冲突碰撞;冲突角 $\theta \in [0°, 45°]$ 时的交通冲突称为追尾冲突,主要表现为冲突车辆以相同的方向相互逼近,是车头与车尾之间的冲突碰撞。

9.2.3.3　交通冲突指标

(1)交叉口冲突率。类似于交通事故率,交通冲突也有各种表示方法,典型的有单位时间内的冲突数(P)、单位时间内每千辆通过平交路口车辆产生的冲突数(P_n)和单位交通量通过平交口所产生的冲突数(P_c),表达式如下所示。

$$P = \frac{\text{交叉口冲突数}}{\text{产生冲突总时间}} \tag{9-16}$$

$$P_n = \frac{\text{交叉口冲突数}}{1000\text{辆车} \times \text{产生冲突总时间}} \tag{9-17}$$

$$P_c=\frac{交叉口冲突数}{交叉口交通量} \tag{9-18}$$

(2)交叉口冲突严重度。在冲突严重性划分的基础上,可以用冲突严重性指标建立评价模型对交叉口安全度进行评价。常用的冲突严重性指标模型如式(9-19)所示。

$$\begin{cases} RI_j=\sum_{i=1}^{n}RI_{ij} \\ RI_{ij}=K_i\times IV_{ij} \\ K_i=\dfrac{W_i}{\sum_{i=1}^{n}W_i} \end{cases} \tag{9-19}$$

式中:RI_j——交叉口j的危险度;

RI_{ij}——交叉口j的第i种冲突的危险度;

K_i——第i种冲突的相对权重;

W_i——第i种冲突的严重性分值;

IV_{ij}——第i种冲突在平交口j的冲突数或冲突率。

上述模型中的W是基于主观定量的标准,例如可以把冲突严重程度划分为三等,低危险的冲突分值为1.0,中等危险的分值为2.0,高危险的分值为3.0。IV_{ij}是与参与冲突的交通量相联系的,定义为每千辆车进入交叉口所产生的冲突数或每小时所产生的冲突数。

(3)路段交通冲突法。路段交通冲突法也可以采用冲突数和冲突率进行评价,采用冲突率评价时不仅要考虑交通量,还要考虑路段长度,计算式为:

$$f=\frac{TC}{QL} \tag{9-20}$$

式中:f——车公里冲突率,次/每辆公里;

TC——冲突数;

Q——交通量,辆/h;

L——路段长度,km。

在交通事故数据获取困难的情况下,可以采用交通冲突法进行交通安全评价,该方法属于微观、定量和基于非事故数据的评价。该方法的缺点是每个人对交通冲突的判别标准不一致,会导致不同的人观测到的交通冲突数有一定的差别。

9.3 交通事故预测

9.3.1 交通事故预测的必要性

目前，我国正处于“两个一百年”奋斗目标的历史交汇点，迈入高质量发展新阶段，人、车、路等道路交通要素仍将持续快速增长。预计到2025年，我国机动车保有量、驾驶人数量、公路通车里程将超过4.6亿辆、5.5亿人和550万公里。然而，我国的道路交通事故目前仍处在多发的关键时期，交通事故在最近两年还将随着车辆保有量的增加等因素，呈增长的趋势，传统问题和新型矛盾交织叠加，道路交通安全工作面临诸多新形势、新任务、新挑战。

预测是指根据客观事物的发展趋势和变化规律，对特定对象未来发展的趋势或状态做出科学的推断与判断。交通事故预测是对交通系统中事故次数、经济损失、死亡人数、道路所处风险状态以及由交通事故引起的二次灾害后果的变化趋势或状态进行科学的推测与判断。因此，做好道路交通事故预测工作，对提高交通安全管理工作水平，减少未来交通事故的数量，具有十分重要的意义。

道路交通事故预测的作用主要有以下几种。

(1)预测道路交通事故的发展趋势，为制定预防道路交通事故的对策和交通安全宣传教育提供依据。

(2)预测道路交通事故的变化特点，为制定有针对性的防范措施和交通法规提供依据。

(3)预测道路交通事故的近期状态特征，为制定合理的交通安全管理目标提供依据。

9.3.2 交通事故预测程序

道路交通事故预测一般分为三个阶段。

第一阶段是设计过程。从确定目标，经过收集、分析有关信息，到初步选定预测技术。在事故预测中一般应采取定性预测和定量预测相结合的方法进行预测。

第二阶段是建模过程。建立预测模型，并验证模型的合理性。

第三阶段是评价过程。进行预测并对预测值进行验证、评价。在此过程中，要综合分析各种因素的影响，采用多种方法研究和修正，通过科学的判断后，得到最后的预测结果。此后，要对预测结果继续进行跟踪监测，以证实它是否适用，并在必要时建议修正预测值。

道路交通事故预测的程序框图如图9-4所示。

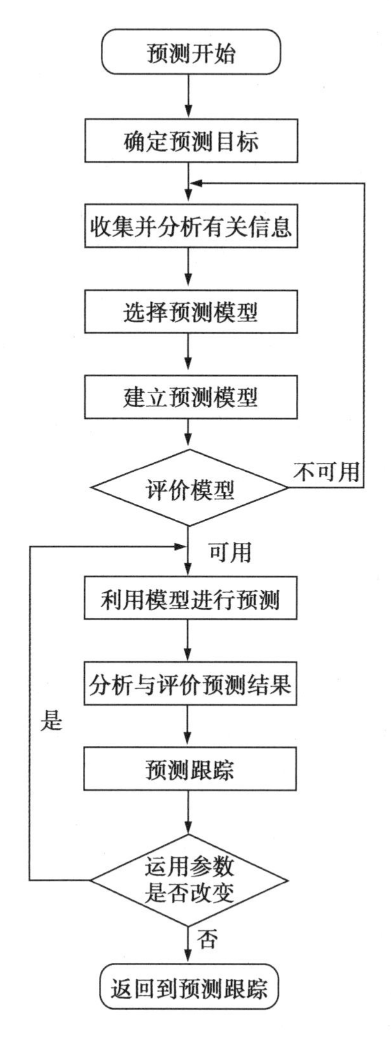

图9-4　道路交通事故预测程序

(1)确定预测目标。交通事故预测目标是指预测的项目、类型、范围,以及预测精度要求等。预测目标应根据决策的要求确定。预测目标直接影响预测过程的具体要求和做法。

(2)收集并分析有关信息。有关信息是指与道路交通事故预测相关的各种数据和资料,这是进行预测的基础。因此,应根据预测目标的具体要求,收集预测所需的各种数据和资料。同时,对收集来的各种信息进行分析、处理,整理出真实而可用的信息。

(3)选择预测模型。每项预测虽然可以使用多种预测方法。但是,由于预测目标的要求、预测条件和环境的限制,实际预测中,只能选择一种或几种预测方法。在预测方法选择过程中,包括选择原则和比较分析。

(4)建立预测模型。选定了预测模型后,就要估计预测模型的参数,建立预测模型。然后,通过检查和评价,确定预测模型能否反映道路交通事故未来的发展规律。如果能,则说明该模型可用；如果不能或误差较大，则应舍弃该模型，重新建立模型。

(5)进行预测。根据收集并分析和处理的与预测相关的数据和资料，利用预测模型，进行预测计算或推测出预测结果。

(6)分析与评价预测结果。利用预测模型预测的结果不一定与实际完全相符。因此，有必要对预测结果加以分析和评价。常见方法如下。

①根据经验检查、判断预测结果的合理性和真实性，并对预测结果加以修正；

②可以采用多种方法进行预测，然后经过比较或综合，确定出最佳预测结果；

③通过对政策、重大事件及突变因素对交通事故产生的影响的分析，对预测结果进行合理修正。

(7)预测结果跟踪。在获得预测结果后，还需要对可能得到的实际数据进行跟踪，以便解释预测结果或必要时对预测结果进行修正。并在预测过程中不断地修改完善预测模型，使之继续适用。预测结果追踪的另一个作用是可以分析预测误差的主要原因。

9.3.3 交通事故预测方法

9.3.3.1 定性预测分析方法

定性预测是在数据资料掌握不多，或需要短时间内做出预测的情况下，结合专家的经验和判断能力，运用逻辑思维方法，把有关资料予以加工，对交通事故的发展趋势和特点做出定性的描述。常用的定性预测技术有专家会议法、德尔菲法、主观概率法、趋势判断法、类推法和相互影响分析法等，本文对前两种方法进行简单介绍。

(1)专家会议法。用这种方法预测道路交通事故简便易行，有助于互相启发与补充，容易产生一致意见。但在实施过程中，专家容易受社会压力、多数人的观点和权威人物意见的影响。因此，预测结果不一定能反映各位专家的真实想法。

(2)德尔菲法。德尔菲法是专家会议法的发展，其实质是多次反复无记名的咨询。德尔菲法不同于专家会议法把一组专家召集在一起对预测对象发表意见，它通过中间机构以匿名的方式征求专家的意见，最后取得专家比较一致的预测结果。参加预测的成员相互并不了解，可以消除成员间的相互影响，成员也可以改变自己的意见而无需做公开说明。

德尔菲法一般要经过四轮反馈，其步骤如下。

①由预测主管部门提供背景资料，并列出预测事件一览表，由咨询对象填写具体意见。

②整理与归纳咨询意见，将结果作为反馈信息告诉咨询对象，再由咨询对象发表意见。

③上述过程重复3～5轮，再对咨询的结果统计处理，最后得出预测结果。

9.3.3.2 定量预测分析方法

定量预测是依据历史数据和统计资料，运用数学或其他分析技术，建立可以表现数量关系的模型，利用它来预测交通事故在未来可能出现的数量。常用的定量预测方法有回归分析法、时间序列法、灰色预测法和组合预测法等。

(1)回归分析法。回归分析法是应用数理统计找出交通事故这种随机事件的统计规律，确定对交通事故影响较大的相关因素，建立交通事故与相关因素定量关系的表达式。一般分为两种：一种是一元回归法，即用两个相关因素进行分析与预测，如机动车拥有量与交通事故的关系。另一种是多元回归法，是用几个相关因素进行综合分析与预测，如道路、人口、机动车拥有量、经济水平等与交通事故的关系。

回归分析法可分为两个步骤：

第一步：根据试验或观察所得的数据，绘制散点图，大体确定变量之间的相互关系。

第二步：根据散点图初步确定相关关系方程表达式的类型，建立经验回归方程。在绘制散点图之前，应先根据实验或观测取得一组互相对应的数据并编制成数据表，然后根据数据表画出散点图，再进行计算和分析。

回归分析法在交通事故预测中应用较为普遍，在实际应用过程中，需要根据已有的调查资料情况建立交通事故预测模型。这里对多元线性回归模型的一般形式做简要介绍。

多元线性回归模型的一般形式为。

$$Y = a + b_1 x_1 + b_2 x_2 + \cdots + b_i x_i \tag{9-21}$$

式中：Y——多元线性回归因变量；

x_i——多元线性回归自变量；

a——参数；

b_i——Y对x_i的回归系数。

关于交通事故预测，已有一些典型的回归预测模型，主要包括以下几种。

①英国伦敦大学斯密德公式。斯密德教授于1949年根据对欧洲20个国家的交通事故调查结果，用回归分析的方法，得出交通事故死亡人数的非线性回归模型，具体公式见本章第二节。

该预测模型以一个国家的汽车拥有量、人口数作为影响因素，在1960年至1967年间对欧、美、亚、非许多国家的交通事故死亡人数进行了预测，其预测值与实发数基本上相符。但该模型不适合拥有大量自行车的中国，也不能预测人类对交通安全管理所采取的措施。

②美国的伊阿拉加尔公式。伊阿拉加尔通过对美国48个州的道路交通死亡事故的30多个相关因素的分析，选出影响较大的6个因素，然后建立了回归方程来预测“百万辆汽车的事故死亡率y”，具体公式如(9-22)所示。

$$y = 0.5215x_1 + 0.8542x_2 - 0.2831x_3 - 0.2597x_4 + 0.1447x_5 - 0.1396x_6 \tag{9-22}$$

式中：y——死亡数/百万辆汽车；

x_1——公路通车里程/总里程；

x_2——汽车经检验的数量；

x_3——道路面积/地区面积；

x_4——年平均温度；

x_5——地区内人均收入；

x_6——其他因素。

由于交通事故的发生是多个因素共同作用的结果，因此，在利用回归分析法建立事故预测模型时，通常采用多元回归方式。但当变量数量大于3个时，手工计算已很困难，一般采用计算机及专用软件计算。

(2)时间序列法。时间序列法是根据时间序列的变化趋势特征等信息，选择适当的模型和参数建立预测模型，并根据惯性原则，假定预测对象以往的变化趋势会延续到未来，从而做出相应的预测。

时间序列法主要包括移动平均法、加权移动平均法和指数平滑法等。该类预测方法的一个明显特征是所用的数据都是有序的，预测精度偏低，通常要求研究对象具有相当的稳定性，历史数据量要大，数据分布具有较明显的趋势，一般只适用于短期预测。

①移动平均法。移动平均法是将原来时间序列的时间跨度扩大，采用逐项推移的方法计算时间序列平均数，形成一个新的时间序列，以消除短期及偶然因素引起的变动（即不规则变动），从而使事物的发展趋势更加明显地表现出来。其中，一次N元移动平均法的数学模型如下。

$$S_{t+1}=\frac{1}{n}\sum_{i=t-n+1}^{t}x_i=\frac{1}{n}(x_t+x_{t-1}+\cdots+x_{t-n+1}) \tag{9-23}$$

式中：S_t——t时间上的预测值；

x_t——t时间上的实际观测值；

n——取平均数据的个数（即相加数据的个数）。

②加权移动平均法。加权移动平均法对各个时期的历史数据赋予不同的权值，来反映不同时期数据对预测对象的影响。一般来说，距预测期较近的数据，对预测值的影响也较大，因此，其权值也较大，距预测期较远的数据，对此预测值的影响也较小，因此其权值也较小。加权移动平均法的数学模型为。

$$S_t=\frac{\sum_{i=t-1}^{t-n}W_i x_i}{\sum_{i=1}^{n}W_i} \tag{9-24}$$

式中：W_i——与x_i相对应的权值。

③指数平滑法。指数平滑法与前两种方法基本原理相同，都是利用历史数据进行平滑来消除随机因素的影响。指数平滑法更为灵活，该方法只需本期的实际值与预测值便可预测下一期的数据，不需要保存大量的历史数据。一次指数平滑法的数学模型为。

$$S_{t+1}=\alpha x_t+(1-\alpha)S_t=S_t+\alpha(x_t-S_t) \tag{9-25}$$

式中：α——系数（$0<\alpha<1$）；

x_t-S_t——前期预测值的误差。

上述时间序列预测模型中涉及三个参数：n、W和α，在具体使用时，要经过不同参数值的试算后才能确定，以便尽可能地使预测值接近实际值。通常将预测值与实际值进行比较，或者计算预测值与实际值的绝对误差，以选择接近实际值的预测模型。如：对移动平均法，可选 $n=3$、5或6；对加权移动平均法，可选 $W=3$、2、1或5、3、1；对指数平滑法，可选 $\alpha=0.1$、0.3或0.9。具体哪个参数对应的预测值更接近实际值，就选择其对应的预测模型。

(3)灰色预测法。灰色系统(Grey System)理论是我国著名学者邓聚龙教授于20世纪80年代初创立的一种兼备软硬科学特性的新理论。该理论将信息完全不明确的系统定义为黑色系统，将信息部分明确、部分不明确的系统定义为灰色系统。

灰色预测的基本思路是将已知的数据序列，按照某种规则构成动态或非动态的白色模块，再按照某种变化、解法来求解未来的灰色模型。该方法不同于时间序列法，它是一种现实和动态的分析和展望，不必罗列影响道路交通事故的因素数据，而是从道路交通事故自身时间数据序列中寻找有用信息，探究其内在规律，建立相应的模型进行预测。

交通事故是一个随机事件，其本身具有偶然性和模糊性。在整个道路交通系统中既存在一些确定因素，如道路状况、照明条件等，也存在一些不确定因素，如交通流量、驾驶人心理状态、气候情况等。因此，可以认为整个道路交通系统是一个灰色系统，并可应用灰色系统理论进行研究和预测。

本书应用灰色系统理论GM(1,1)模型对交通事故进行预测。

设原始离散数据序列 $\boldsymbol{x}^{(0)}=\{x_1{}^{(0)},x_2{}^{(0)},\cdots,x_n{}^{(0)}\}$，其中 n 为序列长度，对其进行一次累加生成处理，得如下公式。

$$x_k{}^{(1)}=\sum_{j=1}^{k}x_j{}^{(0)},k=1,2,\cdots,n \tag{9-26}$$

以生成序列 $\boldsymbol{x}^{(1)}=\{x_1{}^{(1)},x_2{}^{(1)},\cdots,x_n{}^{(1)}\}$ 为基础建立的灰色生成模型为：

$$\frac{\mathrm{d}\boldsymbol{x}^{(1)}}{\mathrm{d}t}+a\boldsymbol{x}^{(1)}=u \tag{9-27}$$

称为一阶灰色微分方程，记为GM(1,1)，式中 a、u 为待辨识参数。设参数向量为：

$$\hat{\boldsymbol{a}}=[a\ \ u],\ \boldsymbol{y}_n=[x_2{}^{(0)},x_3{}^{(0)},\cdots,x_n{}^{(0)}]$$

$$\boldsymbol{B}=\begin{bmatrix}-\dfrac{x_2{}^{(1)}+x_1{}^{(1)}}{2} & 1\\ \vdots & \vdots\\ -\dfrac{x_n{}^{(1)}+x_{n-1}{}^{(1)}}{2} & 1\end{bmatrix}$$

则由下式求得 $\hat{\boldsymbol{a}}$ 的最小二乘解。

$$\hat{\boldsymbol{a}}=(\boldsymbol{B}^{\mathrm{T}}\boldsymbol{B})^{-1}(\boldsymbol{B}^{\mathrm{T}}\boldsymbol{y}_n) \tag{9-28}$$

将式(9-28)求得的 $\hat{\boldsymbol{a}}$ 代入式(9-27)，再将时间响应函数离散化，对微分方程进行求解，得到道路交通事故GM(1,1)模型。

$$\hat{x}_{k+1}^{(1)}=\left(x_1^{(1)}-\frac{u}{a}\right)\mathrm{e}^{-ak}+\frac{u}{a} \tag{9-29}$$

式中：$x_1^{(1)}=x_1^{(0)}$。

将$\hat{x}_{k+1}^{(1)}$计算值作累减还原，即得到原始数据的估计值。

$$\hat{x}_{k+1}^{(0)} = \hat{x}_{k+1}^{(1)} - \hat{x}_{k}^{(1)} \tag{9-30}$$

GM(1,1)模型的拟合残差中往往还有一部分动态有效信息，可以通过建立残差GM(1,1)模型对原模型进行修正。记残差$\varepsilon_{k+1}^{(1)} = (x_k^{(1)} - \hat{x}_k^{(1)})$组成的序列为$\varepsilon_k^{(1)} = (x_k^{(1)} - \hat{x}_k^{(1)})$，一般$N' \leqslant N$。用上述方法建立累加残差生成模型如下。

$$x_{k+1}^{(1)} = \left(\varepsilon_1^{(1)} - \frac{u_1}{a_1}\right)e^{-a_1 k} + \frac{u_1}{a_1} \tag{9-31}$$

式中，a_1和u_1均为残差模型参数。累减后得$\varepsilon^{(1)}$的还原估计值如下。

$$\hat{x}_{k+1}^{(1)} = \left(\varepsilon_1^{(1)} - \frac{u_1}{a_1}\right)\left(e^{-a_1(k+1)} - e^{-a_1 k}\right) \tag{9-32}$$

9.3.3.3 预测方法比较

不同的预测方法有不同的应用特点和适用的时间、空间范围，各种预测方法的不同特点分析见表9-2。

表9-2 交通事故预测方法分析比较

预测方法	适用空间范围	适用时间范围	方法应用特点
专家会议法	省、市事故宏观趋势预测	近、短期	预测速度快，预测误差易偏移，计算简单
德尔菲法		中、长期	预测速度慢，匿名性、反馈性和收敛性，计算简单
移动平均数法	县、区或某条路线，交叉口等小范围事故预测	近、短期	运用数据少，计算简单，对事故发展趋势变化反应迟钝，无法预测转折点
加权移动平均法		近、短期	运用数据少，计算简单，对事故发展趋势变化反应迟钝，无法预测转折点
指数平滑法		短期	运用数据少，计算简单，对事故发展趋势变化反应迟钝，无法预测转折点
回归分析法	适应范围较广	长、中、短期	要求历史数据多，且稳定，外推性能差，运算较复杂，检验性能好
灰色预测法	适应宏观预测	中、短期	应用在数据少、资料突变的情况，运算较复杂

道路交通事故是一种十分复杂的随机现象，它不仅与交通管理水平和车辆有关，而且受道路条件、交通组成、人的交通行为、社会经济及政治等各种因素的影响。因此，交通事故的变化规律也呈现出复杂多样的特点，选择交通事故预测技术，一定要根据具体的预测目标、数据性质、预测精度要求等综合考虑，确定合理有效的预测方法。

习题

(1)试述目前我国道路交通安全现状如何,未来应怎样发展?

(2)简述用于道路交通安全宏观评价与微观评价的方法及其适用条件。

(3)简述用于事故预测与评价的交通冲突分析法的优点及不足。

(4)道路交通事故的预测方法主要包括哪些?试分析各预测方法的优缺点及其适用条件。

参考文献

[1]中华人民共和国住房和城乡建设部.城市综合交通体系规划标准:GB/T 51328—2018[S].北京:中国建筑工业出版社,2019.

[2]中华人民共和国交通运输部.公路工程技术标准:JTG B01—2014[S].北京:人民交通出版社,2015.

[3]中华人民共和国交通运输部.公路路线设计规范:JTG D20—2017[S].北京:人民交通出版社,2018.

[4]中华人民共和国国务院.中华人民共和国道路交通安全法实施条例[EB/OL].(2017-10-07)[2022-08-27]. http://www.gov.cn/zhengce/2020-12/27/content_5574617.htm.

[5]全国人民代表大会常务委员会.中华人民共和国道路交通安全法[EB/OL].(2021-04-29)[2022-09-13]. https://flk.npc.gov.cn/detail2.html?ZmY4MDgxODE3YWIyMzFlYjAxN2FiZDYxN2VmNzA1MTk%3D

[6]全国道路交通管理标准化技术委员会.道路交通信号灯:GB 14887—2011[S].北京:中国标准出版社,2012.

[7]中华人民共和国交通运输部.公路护栏安全性能评价标准:JTG B05-01—2013[S].北京:人民交通出版社,2013.

[8]中华人民共和国交通运输部.公路项目安全性评价规范:JTG B05—2015[S].北京:人民交通出版社,2016.

[9]过秀成.道路交通安全学[M].2版.南京:东南大学出版社,2011.

[10]徐吉谦,陈学武.交通工程总论[M].3版.北京:人民交通出版社,2008.

[11]裴玉龙.道路交通安全[M].北京:人民交通出版社,2007.

[12]肖贵平,朱晓宁.交通安全工程[M].2版.北京:中国铁道出版社,2011.

[13]徐重岐.道路交通安全工程[M].成都:西南交通大学出版社,2014.

[14]岳颖,程书波.中国道路交通事故原因甄别与对策建议[J].科技与创新,2021(04):21-24.

[15]严宝杰,张生瑞.道路交通安全管理规划[M].北京:中国铁道出版社,2008.

[16]林徐勋,隽志才,倪安宁.城市道路交通系统可靠性研究综述[J].计算机应用研

究,2012,29(08):2817-2820.

[17]王殿海,祁宏生,徐程.交通可靠性研究综述[J].交通运输系统工程与信息,2010,10(05):12-21.

[18]张君超.路径行程时间可靠性研究[J].西华大学学报(自然科学版),2010,29(03):73-75.

[19]刘浩学.道路交通安全工程[M].北京:人民交通出版社,2013.

[20]房曰荣,沈斐敏.道路交通安全[M].北京:机械工业出版社,2019.

[21]严宝杰, 张生瑞.道路交通安全管理规划[M].北京: 中国铁道出版社, 2008.

[22]路峰,马社强.道路交通安全工程[M].北京:中国人民公安大学出版社,2013.

[23]郭忠印,方守恩.道路安全工程[M].北京:人民交通出版社,2003.

[24]杨佩昆,吴兵.交通管理与控制[M].2版.北京:人民交通出版社,2003.

[25]宗芳.道路交通管理[M].北京:机械工业出版杜,2012.

[26]王炜.交通规划[M].北京:人民交通出版社,2007.

[27]许金良.道路勘测设计[M].重庆:重庆大学出版社,2013.

[28]王望予.汽车设计[M].4版.北京:机械工业出版社,2004.

[29]余志生.汽车理论[M].5版.北京:机械工业出版社,2009.

[30]刘浩学, 刘晞柏.交通心理学[M].西安: 陕西科学技术出版社, 1992.

[31]张雨青.城市拥堵与司机驾驶焦虑调研[R].北京:中科院心理研究所,2012.

[32]陆键,张国强,项乔君,等.公路平面交叉口交通安全设计指南[M].北京:科学出版社, 2009.

[33]王小凡,朱永强,杨金顺,等.道路交通环境对驾驶行为影响综述[J].湖北工程学院学报,2019,39(06):124-127.

[34]崔建伟.公路景观对交通安全的影响[J].四川水泥,2015(07):76.

[35]董云鹏.基于心理及行为的倒计时信号对交通安全的影响机理研究[D].青岛:青岛理工大学,2015.

[36]马超群, 王建军.交通调查与分析[M].北京: 人民交通出版社, 2016.

[37] 中华人民共和国公安部.道路交通事故处理程序规定[EB/OL].(2017-07-22)[2022-09-28].https://app.mps.gov.cn/gdnps/files/c8279758/8295196.pdf

[38]陈燕芹.城市道路交通事故多发点的鉴别方法研究[D].西安:长安大学,2015.

[39]吴丽娜.道路交通事故多发点鉴别方法对比分析及改进研究[D].哈尔滨:哈尔滨工业大学,2007.

[40]孙婷婷.基于交通安全数据挖掘的高速公路事故多发点研究[D].青岛:山东科技大学,2017.

[41]裴玉龙,马骥.道路交通事故道路条件成因分析及预防对策研究[J].中国公路学报,2003(04):78-83.

[42]房曰荣,沈斐敏.道路交通事故发展趋势分析与预测[J].中国安全生产科学技术,2012,8(03):141-146.

[43]齐庆杰，吴宪，温秀红．道路交通安全评价方法[J]．辽宁工程技术大学学报，2005(03)：309-312.

[44]刘志强，葛如海，龚标．道路交通安全工程[M]．北京：化学工业出版社，2005.

[45]潘福全，张丽霞，杨金顺．交通安全工程[M]．北京：机械工业出版社，2018.

[46]宁乐然．道路交通安全通论[M]．北京：中国人民公安大学出版社，2006.

[47]王建军，严宝杰．交通调查与分析[M]．2版．北京：人民交通出版社，2004.

[48]张殿业．道路交通安全管理评价体系[M]．北京：人民交通出版社，2005.

[49]严宝杰，张生瑞．道路交通安全管理规划[M]．北京：中国铁道出版社，2008.

[50]牛学军．道路交通安全管理规划相关理论与方法研究[D]．北京：北京交通大学，2009.

[51]张兴强．城市交通安全[M]．北京：北京交通大学出版社，2015.

[52]成卫，张瑾，李学敏．城市道路交通安全理论模型与方法[M]．昆明：云南科技出版社，2005.

[53]刘志峰．2021：新中国道路交通法规走过71年——《道路交通安全法》颁布18周年[J]．商用汽车，2021(08)：24-33.

[54]上官伟，李鑫，柴琳果等．车路协同环境下混合交通群体智能仿真与测试研究综述[J]．交通运输工程学报，2022，22(03)：19-40.

[55]王武宏．车辆人机交互安全与辅助驾驶[M]．北京：人民交通出版社，2012.

[56]魏春璐．智能交通管理系统现状与发展趋势分析[J]．警学研究，2018(06)：111-114.

[57]李瑞敏，王长君．智能交通管理系统发展趋势[J]．清华大学学报(自然科学版)，2022，62(03)：509-515.

[58]王史记，董岩岩．道路交通安全评价综述[J]．西部交通科技，2022(05)：168-169.

[59]沈斐敏，张荣贵．道路交通事故预测与预防[M]．北京：人民交通出版社，2007.

[60]刘建齐，陈兰，刘建武．道路交通事故预测中的灰色预测GM(1，1)模型[J]．广西交通科技，2003(04)：106-109.

[61]蒋建平，陆慧萍，张勤彬等．我国道路交通事故的致因分析与预测模型研究[J]．装备制造技术，2020(01)：170-173.